U0392202

长春城市景观的
历史构造与美学阐释

1800—1945

邸小松 著

人民出版社

序

　　城市是文化的聚集空间，是一部历史、一种美学的象征。每一座城市也许都有一个史诗般的传说，有许许多多故事在讲述，也有一系列的事件和秘密沉睡着，在等待倾心者的洞察和释放。长春市的起源、历史变迁，以及多种文化的融合与积淀，当然也记录着它往日的故事和文化。就城市景观而言，长春虽与国内一些城市有着某些共同的文化痕迹，但由于它的地理环境，各历史阶段被赋予的政治和文化功能，不同时期建设主体和住民们审美追求的注入，使其显示着鲜明的特色。《长春城市景观的历史构造与美学阐释（1800—1945)》（以下简称《城市景观》)，仿佛带领读者返回了长春城市景观的历史现场，恍有"登览之顷，万象森列，千载之秘，一旦轩露"（宋濂：《阅江楼记》)之感。

　　据我所知，在历史纵深与城市空间动态坐标上来系统研究长春城市景观的著作，本书是第一部。当我们借助阅读，唤醒书中所呈现的长春城市景观的长卷的独特历史构成时，会注意到作者的关注点虽是长春，但其学术"探头"却暗自寻找着多维风景和认识，其视域覆盖着更广阔的城市案例，这不得不让我们意识到，就某种意义而言，长春的城市景观既是中国的，也是世界的。本书虽看起来关注的是长春一个城市的景观，其研究却包含着某种普遍意义。

　　首先，这本专著可以说是长春城市规划、建设及其景观史研究的集大成者。由于研究需要，我读过许多中外文的相关论文和著作，迄今为止，没有见到类似题材的如此全面、系统的一本书。书中对长春每个有区分度时期的城市景观做出了令人惊叹的还原，这是一件很不容易的事情。作者借助调查到的各种文献及零散信息，重新还原建设者的身份和意图，城市规划和建成后的实际布局，每条街路的旧称和现名，对代表性建筑的专业性分析以呈现原貌等，难能可贵。譬如，从《城市景观》中可以知道，经过从清嘉庆五年（1800 年）在新立城建立了长春厅，后移址宽城子，到同治四年（1865 年）60 多年的建设，长春具备了政治、商业、文化、交通等城市职能，修建了完整的城墙。通过作者的讲述和描绘，还原了长春最初的地理边界和环境、建筑布局、城墙和城门等的构造和形象、设计和造型的文化来源、材质和颜色等，使一座具体的城市景观跃然纸上。

对俄国人所建的中东铁路在长春的站舍及"必需地"的描述，从1896 年中俄《合办东省铁路公司合同》签订开始，俄国人实际控制的东省铁路随即开始建设，经过 4 年左右的勘测、规划和建设，与水路、陆路、铁路互联互通，功能互动的宽城子车站站舍、站台、水塔、护路兵营等附属设施和建筑完成，到 1927 年东铁俱乐部的建成，除与车站有直接关系的设施之外，诸如住宅、学校、商店、工厂、邮局、银行、教堂、墓地、水塔、兵营、面包房、俱乐部、警察机构及其街路和广场等几乎所有的现代城市设施类型在中东铁路的"必需地"上全部出现，尤其对其宽城子车站和东铁俱乐部的建筑构成分析，完整性和专业性前所未有。我仿佛见到了长春大地上出现的一片异样的和崭新的城市区域，典型的俄式生活方式和习俗作为城市景观文化也以动态的姿态在这片城区里跳动、喧嚣和延续着，同时这种异质城市的景观和文化也向东南方向的老城区蔓延和渗透。

对日本殖民者进行的长春城市规划和实施的调查、还原、分析更是深入而精到（其中作者对城市规划和景观所包含的殖民霸权意图的洞察和分析，我们后文来讨论），比方对"满铁"附属地棋盘式布局还原和景观分析，从殖民地支配意图，城市经济、民生和文化功能，到诸如日本桥、大和旅馆等建筑设施的文化传统、功能、结构和造型的讨论，给读者提供了一种城市规划和景观的多维立体的认知空间。作者对这一时期的研究下的功夫更多，用了较多篇幅来描述和讨论。在这些文字里，我们不仅能够看到当时由街路、建筑等硬件设施所构成的物理性城市景观，也能看到发生在公园、影院、音乐厅、展览馆等空间中动态的文化景观。读过这些文字，在感觉上似乎返回到了当时的历史现场。

其次，深刻洞察并阐释了隐匿在城市景观背后的殖民意识和殖民霸权。在伪满洲国"建都"长春之前，"满铁"附属地的城市规划理念更多接受了"满铁"首任总裁后藤新平的三项原则，即：一是过去、现在、将来三世贯通原则，二是考虑自身历史与海外城市经验的内外透彻原则，三是在坚持前两项原则基础上不忘实现真善美原则。有一点我们都很清楚，即这些对长春都市规划仍然具有重要影响的原则，表面看是美好的，但它本身和落实到城市建设及其景观之中时，其背后的意图却是罪恶的殖民权力的实现，但我们如何在城市景观及其街路、建筑、文化活动等构成因素中，洞察到其中的殖民权力的实现意图，并做出令人信服的解释，这是研究者们经常遇到的困惑。作者经过近10年的调查、研究和深入思考，做出了非常可贵的解释。譬如，从书中我们可以更加清晰地知道，在长春的总体城市布局上，大体分为三个部分：东部的长春旧城区，主要是中国人居住或活动的区域；西部以顺天大街为轴线，以新"帝宫"为高点，沿顺天大街建起包含伪国务院、伪司法部、满鲜日报社、伪军事部、伪经济部、伪交通部、伪综合法衙等官厅楼的区域；中间是以中央通大街连接大同大街和大同广场一直向南，形成伪满"新京"的中轴线，在这条中轴线上，建成以日本关东军司令部和日本关东局及宪兵司令部为中心的，包括伪财政部、伪中央银行等殖民政治、军事、经济区域。作者从这一城市宏观布局中发现了殖民者的背后意图和殖民地统治权力的布局，即东部的旧城区是被忽略、监控和挤压的区域，西部的顺天大街新"帝宫"（未完成）及伪满官厅街不过是王权的象征，中部的大同大街一线是以殖民统治权力为中心的，掌握着伪满实际权力的区域。作者还就诸如日本桥的种族隔离用意，关东军司令部具有"王"字造型和日本"天守阁"造型所隐含的殖民统治权力与王权象征的重合意图。书中的分析和阐释亮点频出，不胜枚举。

再次，对在历史流变中长春城市景观所展开的审美阐释也令人印象深刻。《城市景观》将俄国人建的宽城子火车站和东铁俱乐部为代表的中东铁路"必需地"、中国政府不断改造的商埠地和道台衙门建筑群为代表的体现中国人城市建设意愿的区域、日本殖民者规划建设的区域放在一座城市景观视域中来审视，看到了俄式欧洲风格，"东洋"风格与中国现代新传统风格在一座城市景观整体中的碰撞和融合。作者对城市的绘画、音乐和电影等艺术空间，对这座城市最早的、为数不少的现代公园在城市景观中的审美意义也进行了充分的讨论。作者对宽城子火车站、东铁俱乐部、道台衙门、临时"帝宫"、关东军司令部，以及顺天大街两侧各式各样的官厅大楼的审美分析，不仅找到了造型元素的传统来源，也涉及海外建筑艺术的影响，还细致地分析了各种审美样式的融合，更深刻地阐释了城市规划和各种建筑的殖民与反殖民的政治美学。

最后，《城市景观》之所以具有重要的学术价值，从根本上说，不是写出来的，而是深入研究的结果。作者作为长春本土研究者所具有的地缘优势自不必说，其花了近10年时间搞清史实，不断追求卓越，使得文献中一些破碎的信息重新回到自己的位置。历史尘封的许多真相被作者用执着和汗水挖掘出来，作者对这一研究题材了解的全面性，可以说前所未有。对一个学术题材的研究首先是知道有什么，然后才是写作，了解真相是学术研究的前提，也是本书能够有重要学术价值的基础。当然，仅仅有条件告诉人们具有复杂历史变动的城市情况还不能算是出色的研究，在城市景观的背后还藏着很多意图和观念，长春的城市景观需要更多的讨论和阐释才能走向还原历史，形成对当下问题的关注，警示和提醒未来的城市认知和规划。在本书中，我的确读到了诸如殖民权力、住民活动、城市文化、城市美学等维度及其丰富性的讨论和阐释。同时，一项研究的学术价值，与作者的研究方法和学术视野息息相关，方法在研究对象之中，也在研究对象之外。作者从国内外相关研究成果中汲取了对长春城市景观研究的多方面的有效研究方法，加之作者身为设计学教师和美学博士的学术积累，良好的方法论和学识为这一成果的出色完成奠定了基础。

　　总之，在长春城市景观的历史流变及其动能、动态的城市景观及其文化、城市景观的美学认知及其呈现等方面，虽然尚有可深入和拓展的空间，但我有理由认为，本书是目前研究长春城市景观最丰富、最全面、最有启示意义和向未来开放的学术成果。

王　确

2022 年 8 月 5 日

目 录

引　论

一、问题的提出

本书以"城市景观"为问题视角，梳理并讨论近现代长春城市景观的生成、变迁的历史脉络；在此基础上，结合近现代城市史、建筑史、社会生活史与审美文化史等相关资料，对近现代长春城市景观进行历史的、审美的、文化的分析和阐释，从而透射出近现代都市文化与审美现代性生成的复杂关系。

近代向来被视为中国历史进程中的关键变革期，在这整体历史变革的诸多表象中，其中很重要的一点，就是近代城市的形成。城市发展与近代中国社会历史变迁有着明显的互动关系，直到当下，中国许多城市仍在近代城市的基础上延伸与扩大，有的还保持着近代城市的基本面貌和格局，至少还遗留着近代城市的各种痕迹。从这种意义上来说，人们依然还处在与这些 19—20 世纪形成的"近代城市"的遭遇中，近代历史的深刻的长远的影响还在持续。同时，当下中国正经历着新一轮的城市化浪潮，与上次（近代）城市化浪潮相似，我们当下的城市化进程对曾经有过类似城市化历史的欧美经验产生了极大的依赖，比如，西方城市史、城市理论的大量译介等均可以视为这一依赖的表征。同时，我们也开始注意到中国自身城市史的回溯与反思。

基于此种历史背景，以及城市在当下现代化进程中的地位和作用越来

1

越突出，关于中国近代城市的研究逐渐成为"显学"，并取得了丰硕成果。此类研究是从各自理论和研究视角出发，针对近代城市这一共同的研究对象提出来的。尽管出发点不同、方法各异，结论也不尽相同甚至互相龃龉，但此种聚讼纷纭的研究景象表明，"近代城市研究"是一个储量巨大的学术富矿，暗含着丰富的历史资源和广阔的学术空间。

近年来不时出现的有关长春城市史、区域史的论著，预示着一个新的学术增长点的出现，这构成了本书的基本学术背景。但就当下的研究成果而言，从城市景观的视角对近现代长春展开的研究尚未出现——近现代长春从建城以来经历了从传统社会到半殖民地社会再到殖民地社会的巨大变迁，本书正是在这一基本历史认知下，借助于"城市景观"研究的视角、方法和理论资源，对近现代长春展开探究。长春近二百年所经历的开埠、殖民、反殖民、光复以及新生的历史就沉淀在造型各异、色彩斑斓的城市意象和街路景观上，后者构成了一幅直观可感的历史图景，召唤着更加深入而透辟的剖析。在本书中，笔者不仅关注近现代长春城市景观的"新"与"变"，也注重发现近现代长春城市景观的"旧"与"常"，对近现代长春城市景观的生成、变迁历史作出历史的、审美的和文化的解读，以期为延续这一话题的学术生命力尽绵薄之力。

二、"城市景观"研究的理论、方法与关切重心

城市景观乃是人类审美意识投射于城市这一对象所生成的，因此，在中西方的古典文献中，对城市景观的描述一直普遍存在。但作为一种观察视角和理论方法的"城市景观"，却是晚近的产物。自20世纪60年代以来，随着环境美学兴起，城市景观受到了更多的关注。一方面，城市景观是城市规划、建筑（景观/园林）设计、审美领域的重要概念，是主导、参与城市设计、塑造城市的人所关注的核心点之一；另一方面，城市景观作为人类创造和改变生存环境之物，构成了人类日常生活的基本生存背景和要

素，它本身与生活、文化及社会活动保持着密切的关联与互动——上述诸多因素，都构成了"城市景观"研究之问题域的观照对象。总体而言，20世纪后期以来学术界有关"城市景观"研究的理论建构和方法探索的动态如下：

（一）"景观"的语义变迁与美学内涵

近现代以来，"景观"（landscape）一词相继进入艺术、地理学、文学、城市规划与设计、旅游等不同领域，成为具有审美欣赏、科学描述、设计规划等多重内涵的关键词。与此同时，"景观研究"也日渐成为当代西方学术界的热点话题之一，在20世纪80年代以来的学术场域中扮演着重要的角色，诸如景观美学研究、景观叙事学研究、景观人类学研究、景观生态学研究、城市景观学研究等。"景观"无疑构成了上述研究的交叉视角，然而，在不同的理论家和研究者的文本中，"景观"一词的内涵，却存在着较大的分歧。一方面，面对同一景观对象，不同学科会给出不同的解释，如美国地理学家梅尼格所说的"同一景象的多种版本"①；另一方面，"景观"一词在不同语言的使用过程中，存在转译过程中对"景观"含义的"再造"，如"landscape"一词就是17世纪的荷兰语"landschap"经不断变化、转译引入英语并固定下来沿用至今。同时因众多词形的变化而造成使用的"混乱"，如《牛津英语词典》对"landscape"一词所列词形变化就多达十余种。因此，在西方语用学的实践历程中，"landscape"一词的内涵在不断变迁，意义也在不断"增殖"。

"景观"为什么如此多义？在如此多义的情况下，如何把握和界定"景观"一词的概念？这就涉及整个西方景观研究的理论渊源与历史脉络。笔者以景观研究的核心概念——"景观"（landscape）入手，从语义变迁及

---

① D.W. Meinig, "The Beholding Eye：Ten Versions of the Same Scene", Landscape Architecture, No.1（1976）, pp.47–53.

其理论内涵的生成、演化为线索来探讨问题的答案。

1."景观"概念的历史考察

英语的"landskip"和古德语中的"landschaft"是现代"景观"（landscape）一词的两个源头。根据西方学者针对"景观"一词所做的语源学考察，"landscape"大约在 5 世纪后由德语系的民族引入英语。除该词的古英语变体"landskipe""landscaef"外，德语的"landschaft"、荷兰语的"landschap"等都属于同根词。在英语中，词根"land"的最初含义是指地球表面的一部分，与"earth"和"soil"相似；在更早的哥特语中，"land"指代耕地；在苏格兰，"land"甚至可以用来指"一个由人界定的空间，能够用法定术语来描述"的空间，甚至包括某种建筑空间。从其词根表达的意义而言，"landscape"一词最初的含义与我们今天的理解大相异趣，只是意指一个乡村农田空间的系统，或是"系统中相互关联土地的集合"[①]。而其词缀"scape"，则是一个在英语中"生产力"很强的后缀，在其广泛的用例中，大都表达与"视觉影像"有关的意义，诸如"earthscape"（大地景观）、"waterscape"（水景）、"cityscape"（城市景观）、"cloudscape"（云海）、"mountainscape"（山脉）等[②]。从这种意义上说，"landscape"又具有视觉性的意味，它暗含了人类的由近及远的投射性视角。同属日耳曼语系的古德语"landschaft"继续保持了这种原始的含义，被运用于对领土、区域土地的定义上——城镇周围的土地被认为是它的"景观"。在中古世纪的英国，"景观"一词与上述德语"landschaft"紧密相关，指由君王或特定人群所居住、掌控的土地及其外貌。19 世纪近代地理学兴起，"景观"首先被引入地理学并作为其专业词汇，用来概括地形演化的最终结果。从

---

① John Brinckerhoff Jackson, *Discovering the Vernacular Landscape*, New Haven and London：Yale University Press, 1984, pp.3–8.

② David L. Gold, "English Nouns and Verbs Ending in–scape", Revista Alicantina de Estudios Ingleses, No.15, 2002, pp.79–94.

上述分析来看，"景观"的最初内涵较为简单，仅指一块土地及其视觉影像而已。

在"景观"概念的演进过程中，风景画的兴起发挥了巨大的作用。作为风景的"景观"（Landscape）概念，来自荷兰语的"landscape"，正如它的德语词源"landschaft"一样，意味着人类对土地的占有，并将其视为值得描述的迷人事物。16世纪末，荷兰语"Landscape"输入英国，在英国口语中演变为"landskip"，"指向小河潺潺、满山金黄麦田的田园牧歌的发源地——众所周知的古典神话和圣经主题的辅助背景"①。这时"land-skip"已经不仅指君王或特定人群所居住、所掌控的土地，而"开始作为主客观的统一体来被普遍地认识和理解。"②文艺复兴时期，因城市逐渐繁荣，打破了人类与自然间原有的亲密关系，土地与人分离而成为商品和资源。按照地形学的观点来看，"每个城市都表现在景观的包围之中，而毗邻的乡村领土就被认为是城市的景观"③。与此同时，众多歌颂田园生活的文学作品大力推崇乡村美景带给人们的快乐，使人们不但向往田园牧歌式的生活，而且吸引了众多的诗人、画家、学者、探索者和旅行家前往乡村，并通过他们的作品向世界传播了人类对自然界更多的认识和了解。在绘画作品中，"风景"作为主题的辅助背景逐渐走向前景，成为独立的主题风景画（Landscape painting）。画家借助科学透视法表述视景的高度和纵深，制造出极具诱惑、逼真的空间幻觉与意象。由此，"景观"这一概念的语义重心，从作为视觉对象的大地，偏移到这一视觉对象所带给人的体验——美感上来。

16世纪，人们在描述地理事物时，与描述风景绘画时所使用的术语

---

① ［英］西蒙·沙玛：《风景与记忆》，胡淑陈、冯樨译，译林出版社2013年版，第8页。

② John Michael Hunter, *Land into landscape*, G. Godwin, 1985, p.1.

③ ［英］马尔科姆·安德鲁斯：《风景与西方艺术》，张翔译，上海人民出版社2014年版，第37页。

是一样的。德国、荷兰与意大利的画家与地图学者对自然景观的态度已然有了审美自觉，开始在美学的意义上使用"景观"一词，自然景观、园林开始成为美学上的怡神之物。"景观"的空间范围首先由其视点所确定，以此固定视点向周遭世界目及视阈展开。画家用想象的形式重构风景而走向了艺术；地图学者则用素描的形式忠实地描画需要的地形、地貌，走向了功能性的设计。从这种意义上来说，地图是在真实的空间中再现景观，风景画则是在想象的空间中形塑景观。借用柏拉图的观点，一个是再现，另一个则是再现的再现。因此，景观不但可以用地图形式来再现，也能用绘画来再现。"景观"的自然与文化的内涵"就这样演变为可视世界，不仅可以在地图、版画与绘画中加以图像展示，而且可以在作为地貌学与地理学出版的著述中加以文字描述"①。"景观"的这种内涵"增殖"与演变，在当时及以后欧洲诸国的有关"景观"的艺术和文化实践中，体现得尤为明显。比如在荷兰，"景观"从缘于对国土（被称为欧洲大沼泽）特殊性的认识，逐渐演变为画家按美的意图对风景进行的重构。荷兰画家有意把可辨识的古迹和其他景象虚构成一个整体画面，并常常夸大遗迹所在地的地形。"这种对典型的荷兰土地有意的形构和地点的选择、改造进行视觉化的处理，把政治、宗教、经济整合进独立的风景画中，形成新的景观，就是要赋予荷兰这个国家以新的含义。"② 在 19 世纪的英国，"如画美"成为一种审美标准进入风景绘画和城市园林中。而以法国画家命名的取景装置——克劳德镜的使用，不但改变了人们观看自然世界的方式，而且使人们对自然的日常审美欣赏成为可能。这种取景装置，能把最简朴的自然景色变得理想化，促使旅游、探险业的兴起。19 世纪近代地理学兴起之后，

---

① ［英］阿兰·R. H. 贝克：《地理学与历史学：跨越楚河汉界》，阙维民译，商务印书馆2008 年版，第 112 页。

② ［美］W. J. T. 米切尔：《风景与权力》，杨丽、万信琼译，译林出版社 2014 年版，第38—41 页。

"景观"更成为相关著作中极为常见的一个学术概念被广泛使用。

从文艺复兴时期开始，"景观"便奠定了其后世的基本内涵——审美性。"景观"被表现成为"一幅画中的土地，一处从一个单一、固定视角所看到的带有隐含边框、导向外部观者的景色"[①]。当"景观"被当作"风景"来感知的时候，我们的精神就发生了转变，按照我们惯有的概念——"美好景象"——对其进行创造和表现，从而形成景观。

19世纪之前，无论是艺术家还是科学家对景观的描述和把握，都从一个固定视点、一定距离对自然景观进行静态整体性观看。特别是画家遵循文艺复兴时期形成的透视法则，把对自然风景的观察记录移入画布进行重构、描绘和把握，以至于后来塞尚对传统绘画提出批评，"风景绘画并不是想象场景的具象化或梦幻外显的结果，而应是表象的精细研究，绘画不仅止于画室，更应该根据自然。"[②] 进入19世纪，随着地质时代的到来和科学技术的发展，一系列观看世界的"装置"被发明，彻底改变了人们对世界的感知，从而使通过风景画来感知自然的方式受到质疑。环境决定论提出，"我们与自身所处的环境无法分离；我们在对环境改造的同时也不断被它改造。"在这些观念的推动下，科学家和画家走进大自然，面对真正的自然世界进行研究和表现，在多元的自然世界中努力探索理性与感性结合的无穷可能性。正如英国视觉艺术研究学者马尔科姆·安德鲁斯在《风景与西方艺术》中所描述的那样："他们（印象派画家）将自己一个人完全沉浸在那个场景中，于是它不再只是一个视觉的领域，而是变成了一种复合的感觉——光线、颜色、气味、声音、触觉体验的综合体，它变成了一种'环境'，作为过程的自然体验——而不是作为图画的自然体验——依赖于将重心从'风景'转移到'环境'。景观是一种从一个相

---

① ［美］W. J. T. 米切尔：《风景与权力》，第130页。

② Maurice Merleau-Ponty, Cezanne's Doubt, *In Sense and Non-Sense*, trans.by Hubert L. Dreyfus & Patricia Allen Dreyfus, Northwestern University Press, 1964, pp.9—25.

对分离的视点进行控制的实践活动，环境则暗示了有机体与它周围之间的一种相互影响的关系。"[①] 至此，景观开始回嵌环境文本的上下文中，这种回嵌使得作为艺术的景观和作为科学的景观与自然的景观之间的对立消失。

2. 景观研究的多重视角与理论建构

在"景观"（landscape）一词的内涵中，视觉感知具有优先性。景观作为视觉感官概念最初主要的描绘对象正是"乡村农田空间系统、领土和区域的土地"，可以看作是"对这一'相互关联土地集合'的人眼视角的视觉感知。通过视觉对'相互关联土地集合'的尺度感知与界定，以及对'相互关联土地集合'鸟瞰视角下视觉特征的抽象表达。"[②] 无论是原初土地的功能意义还是后来对土地的艺术表达，"景观所包含的主体的感受（观），都是在主体的审美经验中形成的，因此，它成为美学研究的对象。"[③] 换句话说，当"景观"作为对象呈现在人们面前时，它首先是以视觉形象的方式显现出来的，不论人们试图对景观展开何种意义上的研究和考察，视觉感知都是其研究和考察的第一步。而视觉感知首先是审美的，就是将景观的美学内涵沉淀在不同学科和视角的景观界定、阐释和言说的共同性之中。

目前对"景观"的有关研究，主要涉及地理学、环境学、生态学、建筑设计和文化研究等几大领域。在上述领域中，对"景观"的研究，既体现出一定的共性，又闪耀着不同学科独特的光芒，它们构成了某种"家族相似"的语义关系。

地理学领域认为，"景观"是指相互隔离地段，按其外部特征的相似

---

① [英] 马尔科姆·安德鲁斯：《风景与西方艺术》，第 23 页。

② 黄昕珮：《论"景观"的本质——从概念分裂到内涵统一》，《景观园林》2009 年第 4 期。

③ [美] 史蒂文·C.布拉萨：《景观美学》，彭锋译，北京大学出版社 2008 年版，译者前言。

性，归为同一类型单位的地表自然景色或自然人文综合景观。德国地理学家洪堡则把"景观"定义为地球区域的总体特征；苏联地理学家贝尔格认为："景观是单一的不重复的地域形成物——地理区域（如中部西伯利亚台地等），它又是类型范畴，联结着地球上一定的地带内典型地重复着的基本地理综合体（如云杉林区、沼泽等）"①；美国人文地理学的景观学派创始人索尔说："德国地理学者大量使用的这一术语的英语对应词，在严格意义上，具有相同的含义：大地形态，这一含义中的形态并不能被认为是单纯自然的。因此，它可以被定义为由各种形态（包括自然形态与文化形态）千变万化的联系所构成的一个地区。"②

环境设计领域的环境学家、现代主义景观设计师西蒙兹认为："景观并非仅仅意味着一种可见的美观，它更是包含了从人及人所依赖生存的社会及自然那里获得多种特点的空间；同时，应能够提高环境品质并成为未来发展所需要的生态资源。"③ 环境艺术家吴家骅则认为："景观作为一个更加具体的美学概念，其意境不能被简单地看作意（观念）与境（场景）的叠加，它背后蕴含了丰富的情感、心理学和哲学意味。"④

景观建筑设计领域认为，景观从本质上来讲是人类量度其自身存在的一种视觉事物，它因人的视觉而存在。正如景观建筑学家彭一刚说："景观是存在于观察者眼中的，而不是存在于物体本身，只有多样统一堪称为形式美的规律。任何造型艺术都具有若干不同的组成部分，这些部分之间既有区别又有内在联系，只有把这些部分按照一定的规律有机地组合才能

① ［俄］А.Г.伊萨钦科：《地理景观及其在地图上的表现》，丘宝剑译，《地理译报》1956年第2期。

② ［英］阿兰·R.H.贝克：《地理学与历史学：跨越楚河汉界》，第111页。

③ 成玉宁：《现代景观设计理论与方法》，东南大学出版社2010年版，第1页。

④ 吴家骅：《景观形态学：景观美学比较研究》，叶南译，中国建筑工业出版社2003年版，第153页。

成为一个整体。"① 而景观工程学家筱原修则认为："景观是被眺望的对象物群体，并由此使人类心理产生各种情感、行为反应的现象"。②

生态学领域认为，景观是一个广义的概念，泛指人类生存空间有机系统和视觉总体。文化领域则强调，"文化对自然景观有着巨大的作用和影响，地表景观则是自然与人文景观兼收并蓄的视觉感知的景象。"③

从上述不同学科对"景观"的描述中，可以发现，景观在某种程度上意味着"被人类主观经验中介过的外部世界"，因而，它"不仅是我们所见到的世界，还是对世界的建构与组织，是观看世界的一种方式。"④ 因此，人与世界的交互关系，构成了景观得以生成的前提，而在这种关系类型中，笔者认为可以进一步提炼出五个核心的意义要素：

一、景观是人类感知、发现并不断塑造的产物，它是历史的，而不是先验的。二、景观是美学的。对景观美学言说的逻辑起点在于对审美对象进行形式的判断，受到对象的形式感动才能产生趣味，在趣味的调制下进入反思，才有对景观进行美学言说的可能。同时，无论是一瞥、静观或凝视还是走入景中的经验感知，审美都具有优先性。三、景观具有独特性，这种独特性体现在景观的形式与主题关系的明确性和整体性之中。景观"在特定的外在因素和内在因素的共同作用下拥有了一种组织方式，一个框架建立起景观的外部边界"。同时，"去掉框架，清空主题，景观就会溅溢成一个不成形的自然特征的集合"。⑤ 四、景观是作为一个系统存在。景观内部要素之间具有类型或范畴的关联性，并且内部各要素之间具有辩

① 彭一刚：《建筑空间组合论》，中国建筑工业出版社 1983 年版，第 33 页。
② ［日］筱原修：《新体系土木工程学——土木景观规划》，东京都技报堂 1999 年版，第 36 页。
③ 余以平：《城市景观的特性及塑造》，《中国园林》2000 年第 4 期。
④ Denis E. Cosgrove, *Social Formation and Symbolic Landscape*, Croom Helm London and Sydney, 1984, pp.13–15, 17.
⑤ ［英］马尔科姆·安德鲁斯：《风景与西方艺术》，第 11—12 页。

证的张力关系。五、景观具有开放性。景观作为物质实体是周围物质环境的一部分，在意义发生上景观的结构具有开放性，并与周围总体环境因素（物质、精神、文化）存在或多或少的关联性。

就此而言，可以说景观是人工创造的综合，以空间存在的一系列可见的类型化的物质实体，通过关系、比例形成具有多样性、统一性的整体和连续张力关系的形式外表。景观不仅是历史、社会和文化建构的具有主题性的产物，而且还是一种"观看方式"。它不仅仅是人类看到的世界，还是一种观念或意识的构建，通过感知和意向塑造，传达相关世界的总体关系。因此，景观"在某种意义上包含了对景观的鉴别，它包括构想的景观与记忆的景观，并将这两种景观综合到地点的意识之中。同时，也将景观视为在构想、文学形式、艺术中或地面本身所实现的文化表述。"①

（二）城市景观的问题意识、理论谱系与方法论

城市是人类最伟大的成就之一，是人类文明的标志。城市景观是人类塑造的特殊景观，它作为景观的特殊类型，呈现独特的文化意义。尽管"城市景观"（Urban Landscape）一词直到晚近才出现，城市景观（Urban Landscape）一词最早出现在 1944 年 *The Architectural Review*（《建筑评论》）1 月号上，当时的标题是 Exterior Furnishing or Sharawaggi：The Art of Making Urban Landscape。② 但正如前文所说，有关城市景观的描述早已存在。到了文艺复兴时期，新兴的城市贵族为了实现一种社会的、经济的和政治的新秩序，基于"理想"，开始运用科学以及严格的比例关系和美学原则规划着城市。而从 19 世纪开始，"城市作为文明与高雅之象征的

---

① ［英］阿兰·R.H. 贝克：《地理学与历史学：跨越楚河汉界》，阙维民译，商务印书馆 2008 年版，第 113 页。

② 参见 George. R. Collins&C. C. Collins，*Camllo Sitte—The Birth of Modern City Planning*，Rizzoli International Publications，1986，p.126；陈烨：《城市景观的语境及研究溯源》，《中国园林》2009 年第 8 期。

形象被工业化彻底毁坏，成为丑陋的和恐怖的场所，而自然原野与田园成为逃避的场所"。① 在某些诗人和艺术家的都市生活中已经敏锐地体验到工业文明带来的恶果，比如在波德莱尔的《恶之花》中，敏锐地表达出在现代都市中工业文明所带来的现代性体验，勾画出在都市中忧郁和理想冲突交战的轨迹。这种都市体验不仅存在于诗人、文学家、艺术家群体，许多思想家、社会学家也开始反思城市问题。从那以后，人们开始将建筑与城市功能、城市的基础设施等看作是城市的整体结构组成，开始系统地研究如何建设一个健康的城市环境。

　　这一时期诞生了景观设计师、景观设计学以及被普遍地认为是现代城市规划开端的英国埃比尼泽·霍华德的田园城市思想——《明日的田园城市》②，该书最初名为《明日：一条通向真正改革的和平道路》，历经六个版本，每个版本都根据当时社会需要进行过删补。由此可见，该书自出版以来受到各国城市创造者的重视程度。霍华德更多关注社会问题，提出以绿地为空间手段解决城市社会卫生状况，以及以中心花园为核心的环状的空间结构框架，表达的是一种功能分区和合理平衡城市和乡村人口的观念。这一思想，无论在社会改革、社会价值观念和社会经济方面都具有划时代的意义。该书旨在通过新的城市规划思想来实现社会改革并解决伦敦严重的城市问题。这种新的规划模式以改良社会作为城市规划的目标，将物质规划与社会规划紧密地结合在一起。他的出发点是基于对城乡优缺点的分析以及在此基础上进行的城乡之间"有意义的组合"，他提出了用城乡一体的新社会结构形态来取代城乡分离的旧社会结构形态，融生动活泼的城市生活优点和美丽、愉悦的乡村环境为一体的"田园城市"将是一种"磁体"。这种田园城市模式和思想对后世尤其对第二次世界大战前后的城市规划学、

---

① 俞孔坚：《也谈景观》，《财经时报》2004 年 1 月 10 日。
② ［英］埃比尼泽·霍华德：《明日的田园城市》，金经元译，商务印书馆 2000 年版。

建筑学、社会学以及近代新建的殖民城市规划和实施影响至深。

　　埃比尼泽·霍华德、勒·柯布西耶和弗兰克·劳埃德·赖特被视为现代城市规划理论起源的三个源头。柯布西耶被誉为"现代建筑的旗手"，强调功能至上，颂扬科技，强调机械美，将工业化的"房屋是居住的机器"的思想大胆地带入了城市规划。1925年出版的《明日之城市》①一书，集中体现了他的现代城市理想。他通过对20世纪初的城市发展规律和城市社会问题的关注、思考和研究，提出了关于未来城市发展模式的设想，即希望通过对现存城市尤其是大城市本身的内部改造，使其能够适应未来发展的需要。柯布西耶主张关于城市改造的4个原则是：减少市中心的拥堵、提高市中心的密度、增加交通运输的方式、增加城市的植被绿化。基于这些基本原则，他以巴黎市中心为实例进行了300万城市人口规模的"现代城市"的规划设计。②柯布西耶理性主义的城市规划思想深刻地影响了第二次世界大战前后世界各国的城市规划和城市建设活动。赖特于1932年在《正在消失的城市》③以及《纽约时代》杂志的一篇文章中一直在讨论"分散化"布局的话题。1935年针对他这一思想制作了一个长宽12英尺的广亩城市模型，它描述了一个面积为4平方公里的地区，向人们展示了一个分散化的美国可能是什么样的，并准备了一篇题为《广亩城市：一个新的社区规划》的文章，作为展出该模型时解释之用。在这篇文章中他提出了"反集中的空间分散"的规划理论。赖特的这一思想对现代城镇和区域规划具有很大影响。针对当时的社会情境，以建立广亩城市来解决大城市以及科学技术带给人们的压抑生活，释放城市因过度发展而被剥夺了的人性。因此，在文中他认为由于交通和通信的发达，取消大城市，强调分散

---

① ［法］勒·柯布西耶：《明日之城市》，李浩译，方晓灵校，中国建筑工业出版社2009年版。

② ［法］勒·柯布西耶：《明日之城市》，中文版"序"。

③ F. L. Wright, *The Disappearing City*, New York, 1932.

可以提升人们的个性主义，增强人们的自我满足感，反对集体主义。他认为一切科学技术都要符合美学要求，有机性就是广亩城市的风格，这种风格有很多优良的形式。广亩城市会被这些有机形式分割得更具美学色彩。形式和功能是统一的，但是广亩城市并不是终结。① 根据实际需求，广亩城市可以生长和延伸。并从整体到细节，从住宅到公共设施，从绿植到小型景观，从街道到公路，从生活到社会关系等都做了详细解释。

与上述希冀通过建立理想城市进行社会变革思想相反，瓦尔特·本雅明则通过独特的视角透过城市"景观"对资产阶级文明现代性展开批判。在《巴黎，19 世纪的首都》② 中，本雅明以拱廊为研究对象，通过波德莱尔的眼睛（闲逛者），透过他笔下的巴黎，本雅明找到大都市异化景观所呈现的"资本文化盛世"的风景作为突破口。以一个"景中人"——闲逛者的"亲历"角度体验着这个城市、这个时代。他用美学的方式、辩证意象式的研究方法表达并阐释了对浮华背后巴黎城市的"震惊"。拱廊、全景画、世界博览会、居室、街道和街垒视为一个个星丛，它们看上去是艺术的结晶，美丽、浮华而具体，充满着光晕。这些充满光晕的星丛构成了巴黎——这个美丽的星云。当接近它们，进入它们，对它们看似毫不经意"一瞥"的时候，在星丛之间张力关系的缝隙中，显现了"资本盛世文化"的真面目——理性和技术获得全面胜利。在理性和技术面前星丛和艺术分离褪去了"光晕"。技术超越了内心并引领人自觉地投身到商品狂欢中。本雅明从物质层面到精神层面的辩证分析，描绘出一幅 19 世纪巴黎意象全景画，这为研究城市提供了新的理论视角和研究方法。

霍华德、柯布西耶和赖特都是为了解决工业化给城市带来的巨大的功能失调问题而提出了不同的改造城市的思想和理论，把城市作为一个和自

---

① [美] 弗兰克·劳埃德·赖特：《建筑之梦》，于潼译，山东画报出版社 2011 年版，第 171—181 页。
② [德] 瓦尔特·本雅明：《巴黎，19 世纪的首都》，刘北成译，上海人民出版社 2006 年版。

己对立的对象加以审视、改造和建设。从规划学的角度看，这些思想和理论对解决城市局部问题是有效的。但从美学角度看，强调功能至上原则而放弃美学原则，城市从里到外就会变成均一的、几何化的巨大景观。而瓦尔特·本雅明则以一个"景中人"的方式去体验城市，在体验中城市向他敞开。他"看"到各个景观（星丛）在交织中呈现出的工业化带来的城市审美"现代性"本质，"触碰"到了资本主义文化的内核。上述两者目的一致，都是在创造人类理想的栖居之地，但研究视角和所持立场、观点不一样，一个作为"景外人"对城市进行功能的改造和规划研究；一个作为"景中人"对城市进行美学的研究和批判。

20世纪60年代以来，西方环境美学诞生并迅速发展起来。近年来，随着部分环境美学理论和研究著作的译介，艾伦·卡尔松、阿诺德·伯林特、约·瑟帕玛等环境美学家的名字开始为人所熟知，环境美学的相关理论尤其关于人与自然、艺术与环境、审美与生活、美学与伦理之间的关系的理论，在城市规划研究与城市审美研究中所潜在的借鉴意义逐步凸显出来。

艾伦·卡尔松的《环境美学——自然、艺术与建筑的鉴赏》① 是在环境美学领域中颇具影响的一本专著。卡尔松认为，环境美学的主题是对原始环境与人造环境的审美鉴赏。他还讨论了环境美学的本体论问题，提出了自然审美鉴赏的"环境模式"，强调"科学知识"在"环境模式"鉴赏中的重要作用："这种知识，实际上是一些关于自然的常识/科学知识，对我来说，这种知识似乎是惟一可靠因素，就像艺术欣赏中我们关于艺术品风格类型、艺术传统之类的知识所起的作用一样"；"我们关于特定环境特征的知识促成了欣赏的适当界线、审美意义的独特聚焦，以及相应的视

———————

① ［加］艾伦·卡尔松：《环境美学——自然、艺术与建筑的鉴赏》，杨平译，四川人民出版社2006年版。

角，或是针对特定类型的环境而言，我们就有了一种模式，该模式足以回答自然环境鉴赏中的问题。"①同时，卡尔松在对艺术的鉴赏与自然的鉴赏比较之后，认为许多艺术美学的理论范畴是不适合环境美学的，环境美学面临着范畴重构的重大课题。针对这一问题，卡尔松提出了"自然全美"的理论观点，这是卡尔松环境美学的核心论点。该书阐释了介于天然与人造、自然与艺术之间的景观艺术与建筑艺术等，通过讨论环境艺术的评价问题，提出了"生命共同体"原则，它构成了卡尔松环境美学中最重要的审美原则。在后面有关园林、农业景观、建筑艺术、文学中的环境描写等的讨论中，他都是遵循"生命共同体"这样一个最基本的生态审美原则。卡尔松之后出版了《自然与景观》②一书，从自然和景观两个不同的环境维度，对环境美学进行了理论梳理和前景展望，对环境中自然和人工景观这两种与我们日常密切相关的两种景观类型作了详尽的美学剖析。

阿诺德·伯林特是著名现象学美学家、环境美学家，我国已经翻译介绍了他所著的《环境美学》③和他主编的《生活在景观中——走向一种环境美学》④与《环境与艺术：环境美学的多维视角》⑤。伯林特的《环境美学》包括环境美学的基本理论与环境批评、城市美学等实践领域。在基本理论方面，伯林特首先与传统的主客二分的"人类中心主义"将环境作为外在于人的客体的观念针锋相对，提出了自己的环境概念，并将环境美学与传统美学进行了区别。伯林特认为，在对"环境"的关注上，传统美学

---

① ［加］艾伦·卡尔松：《从自然到人文——艾伦·卡尔松环境美学文选》，薛富兴译，广西师范大学出版社 2012 年版，第 51—52 页。

② ［加］艾伦·卡尔松：《自然与景观》，陈李波译，湖南科学技术出版社 2006 年版。

③ ［美］阿诺德·伯林特：《环境美学》，张敏、周雨译，湖南科学技术出版社 2006 年版。

④ ［美］阿诺德·伯林特：《生活在景观中——走向一种环境美学》，陈盼译，湖南科学技术出版社 2006 年版。

⑤ ［美］阿诺德·伯林特：《环境与艺术：环境美学的多维视角》，刘悦笛等译，重庆出版社 2007 年版。

仅限于自然美，而环境美学必须打破自身防线而承认整个世界；在审美方式上，传统美学是一种静观美学，凭借视听等感官，而环境美学则是一种"参与美学"。伯林特将环境美学称作是一种"文化美学"，强调环境美学的文化向度，强调审美感知中所混合的记忆、信仰、社会关系等。他还对"参与美学"、"家园意识"、"场所意识"、环境现象学（环境批评）以及作为未来哲学的核心自然哲学即生态哲学与美学的关系等，展开了论述。在环境美学的实践领域，伯林特提出了"城市美学"的问题。《生活在景观中——走向一种环境美学》是伯林特环境美学思想的延续，通过"美学参与"与"环境连续性"的概念，伯林特提出了研究环境和生活意义的新整体方法的范例。同时还提出用体验的种类、意义和其特有的价值来定位环境美学的研究。

约·瑟帕玛的《环境之美》①从分析美学的基础出发对环境美学领域进行了系统化勾勒，构建了一个"环境美学的理论模型"：从本体论的层面而言，作为一个审美对象，环境是什么样的？作者讲的环境美大多是指与艺术品相似的风景之美。从元批评的层面而言，环境是如何被描述的？他认为人与自然的关系就是一种元批评的关系，一种描述与阐释的关系。此外，还有环境美学的实践维度。这三个问题联结成一个整体构成了瑟帕玛生态美学理论与实践体系。在对城市景观美学研究上也颇具理论与实践价值。

与环境美学大概同时，20世纪六七十年代，在后现代主义学术思潮的影响下，西方的城市研究也随之进入转型期，通过不断批判现代主义城市思想，构建后现代城市理论。《城市意象》和《拼贴城市》这两本书的思想正是在这种对现代主义批判中建立起来的。自中国译介出版以来，它们就颇受城市规划学、城市建筑学、城市社会学、城市美学等研究领域重

---

① ［芬］约·瑟帕玛：《环境之美》，武小西、张宜译，湖南科学技术出版社2006年版。

视。这两本译著为城市研究提供了两种不同的理论"意象"。凯文·林奇把环境心理学引入城市研究中，把人的活动和感受与城市的物质空间载体构建联系起来研究，他的《城市意象》①是有关城市面貌以及它的重要性和可变性的描述。城市的景观，在众多角色中，同样是人们可见、可忆、可喜的源泉。他通过研究城市市民心目中的城市意象，分析美国城市的视觉品质，主要着眼于城市景观表面的清晰或是可读性。作者将城市景观归纳为道路、边缘、地域、节点和标志五大组成因素。他认为市民就是通过这五大景观因素构成了城市意象并通过这意象去识别城市。因此，城市设计不应再是建筑师或城市设计师的主观创作，而应是在探索城市自然、文化特色和历史条件基础上形成的创造性成果——每座城市都要有自己的特点。在分析这五大因素时，他又引入空间、结构、连续性、可见性、渗透性、主导性等设计特性与之相结合，从而创造出一套崭新的城市设计理论和方法。凯文·林奇把人的活动和感受与城市的物质空间载体构建联系起来研究，认为一个好的城市应该具有一个"结构意象"，而且这种结构意象并非设计师强加的，而是从那些使用者的感知中获得的。柯林·罗和弗瑞德·科特把绘画中的拼贴技术作为观念引入城市的研究中，强调城市局部的差异性、多样性，消解现代主义城市规划的均质性。这种对城市新的感知理论和"拼贴城市"理论为笔者提供了新的思考维度。在《拼贴城市》②中，他们认为，现代主义为实现乌托邦式的理想而将城市变得整齐划一、理性而又充满秩序，以一种洁癖式的美学观念不加区分地破坏城市固有的文脉，这样一来，城市虽然可能实现物质空间上的人人平等，但却造成了空间尺度的冷漠化、原有文化的缺失以及构造趋同等诸多后遗症。城市是由诸多因素共同制约而形成的，是一种历史合力的产物。城市设计者毫无

---

① ［美］凯文·林奇：《城市意象》，方益萍、何晓军译，华夏出版社 2001 年版。
② ［美］柯林·罗、弗瑞德·科特：《拼贴城市》，童明译，李德华校，中国建筑工业出版社 2003 年版。

疑问地对城市影响巨大，可是城市并非城市设计者个人的城市，它是在人与人的相互影响与碰撞中得以诞生的，任何人对城市的认识或影响都是片断的和局部的，而城市的整体正是以局部拼凑的方式形成的。因此，他们十分重视城市各个部分的差异性，提出"拼贴城市"的主张：一个均质的城市只会变得索然无味，矛盾和冲突才是构成城市的现实基础。从人性的角度出发，城市可以是将各种异质风格组织在内的一种结构，古今中外皆是如此。所以，城市不应以均质的面貌而必然以拼贴的方式出现，以此形成一种"片断的统一"。在这种意义上，以"拼贴城市"的主张来消解占据主导地位的现代城市的建构理想，不仅是必要的，也是必然的。

刘易斯·芒福德的《城市文化》①是一部城市和城市社会学理论的经典著作。这里的"城市文化"并不是专指作为一个整体的、抽象的意义上的城市的文化，而是指具体的几类城市的文化，也就是芒福德在这本书中所提到的那些城市的文化，包括中世纪城市、巴洛克城市、工业城镇以及帝国城市。芒福德首先关注的是城市最基本的部分，以及城市的资源可以起到为人类创造美好生活的作用。书中所有的讨论都在说明这一点。他追溯了从中世纪到现代城市的发展，阐明了每一个阶段的社会变革对城市构造的影响。对城市规划者来说，芒福德创造了一种构架，在这个构架之内，规划者们可以好好地思考未来。他强调要用社会性原则指导城市规划，不但促使第二次世界大战前后欧洲的城市设计重新确定方向，还对整个世界产生了影响。

通过上述梳理可以发现，自 20 世纪 60 年代以来的城市研究和理论建构中，美学是暗含其中的一个基本视角。城市景观作为一种人工品，既具有人类活动背景的功能性，又具有装饰艺术性，是美学与功能的综合，

---

① ［美］刘易斯·芒福德：《城市文化》，宋俊岭、李翔宁、周鸣浩译，郑时龄校，中国建筑工业出版社 2009 年版。

"将审美和功能分离开来是不可能的"。① 就此而言，W.J.T. 米切尔对景观的理解能够给予我们新的启发。他说："'景观'应从名词变为动词——我们不是把景观看成一个供观看的物体或者供阅读的文本，而是一个过程，社会和主体身份通过这个过程形成"。② 同时，人还形成了一个具有完整而统一的并得到集中和强化的审美经验。③ 因此，在美学层面，从对城市景观外在形式把握到对景观深刻理解的过程中获得"具有整一性、丰富性、积累性和圆满性"审美经验。④ 在功能层面，城市景观被人们按需所取译解成各种文本系统，并同各种日常生活事件联系起来，社会和主体身份在这种交互过程中得到建构和确认。

三、学术回顾

近年来，对中国近现代城市的研究，成为了学术界的热点话题。与此相关的诸多问题，分别在城市规划史、建筑史、社会生活史、文化史等视角下相继获得了讨论。然而，具体到以"城市景观"为视角来对长春展开的研讨，还是很少见的。基于此种情况，本书在学术回顾中不仅梳理那些与主题直接相关的研究成果和文献，还对那些虽然与主题关系不很紧密，但在研究方法、视角上会对本书产生启迪的成果和文献加以介绍和评述。

（一）近现代长春城市景观的研究

有关近现代中国城市的研究在 20 世纪 80 年代兴起之初，研究者主要围绕少数大城市如上海、重庆等开展研究。90 年代以来对单体城市研究开始成为热点，并取得了较多的成果。同时期日本文部省向中国派遣留学

---

① ［美］史蒂文·C. 布拉萨：《景观美学》，第 28 页。
② ［美］W. J. T. 米切尔：《风景与权力》，第 1 页。
③ ［美］约翰·杜威：《艺术即经验》，高建平译，商务印书馆 2010 年版，第 46 页。
④ ［美］约翰·杜威：《艺术即经验》，译者前言 xiv。

生，掀起对中国建筑的研究热，尤其以近代殖民地建筑研究的成效最为显著。

在对近现代长春城市建筑的研究中，以越泽明、西泽泰彦、桥谷弘等日本学者最具代表性，代表作有越泽明的《满州国の首都计画》①《中国东北都市计划史》，西泽泰彦的《日本の殖民地建筑》②《日本殖民地建筑论》③《海を渡つた日本人建筑家：20世纪中国东北地方における建筑活动》④《图说"满洲"都市物语：ハルビン·大连·沈阳·长春》⑤，桥谷弘的《帝国日本と殖民地都市》⑥。

越泽明的《中国东北都市计划史》是其在东京大学的博士论文，书中对俄国人规划的大连、哈尔滨的背景及细节，对"满铁"在"南满"的附属地经营及伪满洲国的都邑计划等，从法规到实施情况都有详细的说明，并配之以大量数据和图表。关于长春，专门用了两章的篇幅作了评述，分别是"国都长春的都市计划"和"长春的建筑与建筑师"。该书大致描绘了包括长春在内的东北城市规划的发展历史的图景。由于全书的研究对象是整个东北的城市规划史，长春虽然在体例上占有一定的比重，但是仍缺乏系统的研究和评述。《满州国の首都计画》(中译本《伪满洲国首都规划》)延续了《中国东北都市计划史》的研究及叙述方式，对近代长春殖民过程中城市规划、实施和发展进行了详细考证与说明。作者对史料的收集与考证严谨，对史料的编选与组织值得借鉴，尤其是关于城市规划的历史梳理

①　[日]越泽明：《满州国の首都计画》，筑摩书房2002年版；中译本《伪满洲国首都规划》，欧硕译，社会科学文献出版社2011年版。

②　[日]西泽泰彦：《日本の殖民地建筑》，河出书房2009年版。

③　[日]西泽泰彦：《日本殖民地建筑论》，名古屋大学出版会2008年版。

④　[日]西泽泰彦：《海を渡つた日本人建筑家：20世纪中国东北地方における建筑活动》，彰国社1996年版。

⑤　[日]西泽泰彦：《图说"满洲"都市物语：ハルビン·大连·沈阳·长春》，河出书房2006年版。

⑥　[日]桥谷弘：《帝国日本と殖民地都市》，吉川弘文館2004年版。

十分详尽，颇有价值。

西泽泰彦的《日本の殖民地建筑》从建筑规划的背景、建筑团体及建筑师、建筑样式、建筑技术与构件4个方面对近代日本殖民地建筑加以详细考证与说明，配以大量数据、图表和建筑物比较图。而《日本殖民地建筑论》则从建筑计划、用途、功能、建筑构造、材料、技术、建筑样式、设计等不同的视角来论述日本建筑师在中国台湾、朝鲜半岛、中国东北的建筑活动并阐明其与侵略和殖民统治的关系。《海を渡つた日本人建筑家：20世纪中国东北地方における建筑活动》着重对在中国东北进行殖民活动的日本建筑师的活动进行了详细考证，并阐明这些日本建筑师与殖民当局以及伪满洲国之间的关系。《图说"满洲"都市物语：ハルビン・大连・沈阳・长春》以大量珍贵图片资料为主，对哈尔滨、大连、沈阳、长春四地的殖民建筑进行详细叙述，尤其对每处标志性建筑从设计师到建筑样式都进行了详细说明。以上著作对近现代长春景观研究极具史料价值。

此外，桥谷弘的《帝国日本と殖民地都市》也是运用大量史料对日本殖民地都市的形成、殖民地都市特征、殖民地建筑和都市计划进行描述。

国内学者专门对近现代长春城市规划和建筑研究著作极少。在有些著作中，近现代长春只是作为一个章节加以呈现。于维联主编，李之吉、戚勇执行主编的《长春近代建筑》[①]是目前最为详尽的关于长春近现代建筑方面的资料集成，对市区范围内重要的建筑都有沿革和建筑风格等方面的说明，另外附有照片和历史图片资料等，对研究长春近现代建筑具有一定价值。杨家安、莫畏的《伪满时期长春城市规划与建筑研究》[②]在规划学和建筑视域内对伪满时期长春的建筑进行了描述和分析。杨秉德

---

① 于维联、李之吉、戚勇：《长春近代建筑》，长春出版社2001年版。

② 杨家安、莫畏：《伪满时期长春城市规划与建筑研究》，东北师范大学出版社2008年版。

主编的《中国近代城市与建筑（1840—1949)》① 是对 1840—1949 年间我国有代表性的 13 个城市近现代的发展及近现代建筑的兴建情况做了系统的论述，并对近现代建筑发展的背景条件、风格演变、技术发展进行了简要分析，其中对近现代长春进行了要点式概述并配发了图片资料。张复合教授主编的《中国近代建筑研究与保护》是一部对中国近现代建筑及其保护研究的论文集，采取个案研究方法，围绕着中国近现代城市发展、城市规划、建筑以及保护展开论述。其中涉及近现代长春城市规划及建筑研究论文有《从几个殖民地城市看日本城市的规划思想的演变》②《1500—2000 年亚洲建筑的构图》③《旧南满洲铁道株式会社的住宅政策》④《"满洲式"建筑解析》⑤《长春市吉长道伊公署建筑考证及保护研究》⑥《远藤新与长春的"草原式住宅"》⑦《长春历史文化研究与紫线划定》⑧《长春伪满皇宫建筑调查》⑨《殖民地时期的城市规划与技术人员的流动——呼

---

① 杨秉德：《中国近代城市与建筑（1840—1949)》，中国建筑工业出版社 1993 年版。

② ［德］卡罗拉·海因：《从几个殖民地城市看日本城市的规划思想的演变》，载张复合主编：《中国近代建筑研究与保护》第 1 卷，清华大学出版社 1999 年版，第 282—287 页。

③ ［日］村松伸：《1500—2000 年亚洲建筑的构图》，载张复合主编：《中国近代建筑研究与保护》第 1 卷，第 429—444 页。

④ ［日］西泽泰彦：《旧南满洲铁道株式会社的住宅政策》，载张复合主编：《中国近代建筑研究与保护》第 2 卷，清华大学出版社 2001 年版，第 87—102 页。

⑤ 李之吉：《"满洲式"建筑解析》，载张复合主编：《中国近代建筑研究与保护》第 3 卷，清华大学出版社 2004 年版，第 27—31 页。

⑥ 陈苏柳：《长春市吉长道伊公署建筑考证及保护研究》，载张复合主编：《中国近代建筑研究与保护》第 3 卷，第 506—515 页。

⑦ 李之吉：《远藤新与长春的"草原式住宅"》，载张复合主编：《中国近代建筑研究与保护》第 4 卷，清华大学出版社 2004 年版，第 249—252 页。

⑧ 张复合：《长春历史文化研究与紫线划定》，载张复合主编：《中国近代建筑研究与保护》第 5 卷，清华大学出版社 2006 年版，第 123—146 页。

⑨ 莫畏、尚伶艳：《长春伪满皇宫建筑调查》，载张复合主编：《中国近代建筑研究与保护》第 5 卷，第 445—450 页。

和浩特、长春、大同的城市规划比较》①《长春近代城市发展分期研究》②《南满洲铁路附属地所施行的建筑规则之特征》③《中东铁路站舍及附属地建筑中的中国影响》④《中东铁路南支线附属地及其建筑特征（1898—1907)》⑤ 等。与近现代长春城市规划与建筑研究直接相关的论文只有6篇，作为整体一部分论及的有7篇，这说明关于长春近现代城市规划与建筑文化的研究比较薄弱，并且研究视角单一，都是从建筑形制和建筑样式的角度探讨近现代长春的建筑文化。除论著、文集外，对近现代长春建筑研究的还有《长春近代城市建筑文化研究》⑥，该文从史学角度对长春近代建筑进行了文化描述和梳理。

相较而言，国内学者对近现代长春建筑研究无论是论文还是专著，其研究都基于建筑形式和建筑设计的描述，日本学者的研究也有此倾向，但在史料的收集、考证和编排上非常严谨。换言之，中日学者的关切重心，是城市规划与建筑文化，而在城市规划与建筑文化背后的历史、文化、审美的"故事"，则不在他们的关切之内。这就为本书以"城市景观"为视角的研究和阐释，留下了大量的学术空间。

① 包慕萍：《殖民地时期的城市规划与技术人员的流动——呼和浩特、长春、大同的城市规划比较》，载张复合主编：《中国近代建筑研究与保护》第6卷，清华大学出版社2008年版，第470—561页。

② 莫畏、崔煜：《长春近代城市发展分期研究》，载张复合主编：《中国近代建筑研究与保护》第7卷，清华大学出版社2010年版，第38—43页。

③ [日]西泽泰彦：《南满洲铁路附属地所施行的建筑规则之特征》，载张复合主编：《中国近代建筑研究与保护》第8卷，清华大学出版社2012年版，第635—642页。

④ 司道光、王岩：《中东铁路站舍及附属地建筑中的中国影响》，载张复合主编：《中国近代建筑研究与保护》第8卷，第247—253页。

⑤ 丁艳丽、吕海平：《中东铁路南支线附属地及其建筑特征（1898—1907)》，载张复合主编：《中国近代建筑研究与保护》第8卷，第254—261页。

⑥ 刘威：《长春近代城市建筑文化研究》，博士学位论文，吉林大学，2012年。

（二）其他相关研究成果

何一民主编的《近代中国城市发展与社会变迁（1840—1949）》①是对中国当前近代城市史研究的综合性总结，其特点是将近代城市的发展置于近代社会变迁的全过程中来考察，并着重探讨城市的发展与社会变迁之间的关系。城市史的研究着眼点在于社会各个层面的变迁，对单纯从物质形态上研究城市是十分有益和必要的补充。

曲晓范的《近代东北城市的历史变迁》②一书对日俄等国在"中东铁路附属地"和"满铁"附属地规划建设、伪满时期城市建设对其市政近代作用进行了实证分析。该书的两个关键词是"东北区域城市化"和"城市近代化"，以及其中附带论及长春的相关内容，对历史地认识长春城市近代化的背景与进程，具有重要参考价值。

吴晓松的《近代东北城市建设史》③是对近代东北城市的建设分期和基本类型展开了全面系统的探讨，论题涉及纵向的历史分期、横向的空间类型分析以及分析东北城市内在联系、发展规律，尤其后者对交通、近代工业的发展、人口迁移及帝国主义的殖民侵略对东北城市建设的影响做了较为系统的研讨，价值较大。书中也将长春专列一章进行了讨论，但是其下的小节没有依据建设分期划分，没有涉及太多城市规划史本身，也没有系统总结城市空间的形态特征。虽然该书的主要意图是对东北的城市进行类型学的研究，但是该书作者将近代工商业、交通、人口等历史条件和城市发展联系在一起考察的方法为笔者所借鉴。

汤士安主编的《东北城市规划史》④是东北三省各城市规划发展的汇编资料集。该书基本上对每一城市的评述着力相当，从地理位置、历史沿

---

① 何一民：《近代中国城市发展与社会变迁（1840—1949）》，科学出版社 2004 年版。

② 曲晓范：《近代东北城市的历史变迁》，东北师范大学出版社 2001 年版。

③ 吴晓松：《近代东北城市建设史》，中山大学出版社 1999 年版。

④ 汤士安：《东北城市规划史》，辽宁大学出版社 1995 年版。

革直到各时期的规划情况，内容较为翔实。该书的优点是对每一城市规划历史的阅读都能够获得东北城市发展的整体印象，作为基础资料汇编，该书有其价值，但缺少相关城市间的横向比较。

20世纪80年代以来，中国的城市史研究进入新阶段，城市文化史研究逐渐成为主要研究方向，在研究中以都市大众文化、城市文化史和城市社会史为主要内容，运用史学研究方法、从不同视角对中国不同城市、不同时段进行多维度、多层次、多侧面的研究，涵盖整个城市社会生活的方方面面。这种史学研究方法和对史料的运用对笔者的研究具有很好的借鉴作用。其中较有代表性的论著是姜进主编的论文集《都市文化中的现代中国》①。该书的论题涵盖了自明清到现代中国都市大众文化发展的各个方面，以史学的眼光对都市文化的阶级和性别、都市民生、民俗和认同、大众传媒与都市想象、都市文化空间和网络的构建、政治与革命中的都市文化等一系列问题进行了探索。此外，熊月之主编的《都市空间、社群与市民生活》②，从多时段、多角度、多侧面对上海城市社会生活进行研究，既有以空间为维度展开的，也有以职业、阶层为维度展开的，还有以国别、民族为维度展开的，关注点以广义的社会生活为主，兼及政治生活、精神生活。该书研究以近代上海为主，兼及古代和当代上海。从具体日常层面入手，揭示上海城市文化个性，特别是其异质文化交织的特质对笔者的研究，具有重要的方法论借鉴意义。

四、内容思路

城市在不同时期由于受政治、经济、社会、文化等因素的影响和作用会呈现出不同的形态特征。作为城市的物质显现"城市景观"也会对政治、

---

① 姜进：《都市文化中的现代中国》，华东师范大学出版社2007年版。
② 熊月之：《都市空间、社群与市民生活》，上海社会科学院出版社2008年版。

经济、社会、文化产生影响。它们不断拓展，相互叠加，逐步渗透，正是这种相互作用展现出城市的独特特征。近现代长春城市发展经历了特殊的历史时期，城市生长并非以中国传统封建城市的空间范式为基础，其核心并未呈现出强烈的中国传统式规划和自发性生长等特点，反而透射出近代殖民城市形态肌理的特征。殖民时期生长出来的城市景观作为罪的标记深深地印在被殖民的城市中，这种印记对处在当时情景的人和后人都产生了重大影响。本书选择以城市景观为中心，针对近现代长春城市景观的生发、演变以及由此折射出近现代长春城市景观所暗含的审美的、生活的、意识形态的复杂纠葛展开研究，力求揭示出这一论题在历史认识、艺术与审美以及当代城市景观建构中的价值与意义。基于上述考虑，本书主要针对以下问题展开讨论：

1. 从清政府到民国，意识形态和社会发展是如何影响长春城市规模、建设、空间布局以及景观变迁的？长春在被日本人占领之前，经历了怎样的发展过程（俄国殖民地的楔入及后来的日本"满铁"侵入）？长春的整体面貌，包括城市布局、景观和市民体验经历怎样的变化？

2. 日本占领长春后，殖民意图如何渗透在城市景观中？在这期间日本人带来了哪些"现代性"？这种"现代性"给中国人留下什么样的印象和感受？

3. 定位为政治及消费都市的殖民地"新京"，其政治景观、商业居住景观以及生活、娱乐景观的诸种表现形式及其带给置身其中的人的感官刺激、审美体验和文化的、民族的影响与抗争。

4. 日本殖民者对长春的第二期规划和未来想象以及日本战败后，长春近现代城市景观的历史定格。

5. 对近现代长春城市景观做出总体的历史把握和反思。

通过上述问题的梳理与阐释，本书要达到的研究目标为：

一是还原近现代长春城市景观发展的整体性和连续性，探寻主宰长春城市景观实现的历史因素。

二是揭示出近现代长春在城市景观中所隐含的生活、文化、美学和社会的图景，还原近现代长春城市景观中承载的历史记忆与理想。

三是在此基础上，对近现代长春城市景观进行历史把握、定位和反思，尝试建立有关近现代城市景观审美现代性的解释框架。

第 一 章
传统中国城市景观的区域呈现

在长春城市形成之前，中国已有相当多极为成熟的城市及城市文明。在长春初建之时，设计者和建设者就是在政治、经济、军事和审美气象的思考和判断基础上开始的，最初的长春尽管无论规模还是品质在今天看来都不算什么，但它是传统中国城市文明在此地理和文化区域中的因地制宜、具体显现的结果，其审美风貌必然在这一特殊的由时间与空间建构的场域中生成，从而体现为"地方化"的中国传统城市景观。

作为在近现代中国乃至东亚历史进程中具有重要地位的城市，长春所在的地域拥有着悠久的历史。早在辽金时代，长春这一区域就一度极为繁荣，而到了清初，它则成为蒙古郭尔罗斯前旗扎萨克辅国公之御封领地，在古代东北的历史时空中，占据着不容忽视的地缘位置。从最开始"借地养民"的长春厅，到初具规模的长春城，再到伪满洲国的"新京"，长春的历史文化经历了急剧而频繁的变革，而其所呈现出的城市景观，亦随之不断变迁。本章从长春城的起源、城市的萌芽和发展以及长春早期的城市开发面貌三个方面梳理长春城的早期城市景观，阐释其所潜藏的早期长春的政治、经济和文化生活。

一、皇家禁地边缘上的"浮城"

中国东北，堪当一个"大"字。西部、北部大小兴安岭同坐镇东南的长白山勾勒出大东北的轮廓。黑龙江、松花江、辽河以及它们的众多

支流一起冲积出了沃野长天的东北大平原。大山大河、连绵起伏的丘陵
与广袤无际的平原共同刻画出它的容貌。这里四季分明，尤其漫长的冬
季塑造了大东北区域的雪国气质，这是横向自然的。还有纵向人文的，
却是许多东北人自己也不知道的，大得超出许多人想象的东北史。随着
历史研究的深入发展和考古发掘不断地有所发现，学界对华夏文明有了
全新的认识，对东北历史和文化也有了让人欣慰的了解和揭橥，东北文
化也是古老而且丰富的，甚至比中原文化还要古老得多。考古探索的成
果表明，早在八千多年前，东北大地辽河流域就有了被考古学界称之为
"兴隆洼—赵宝沟"类型的前红山文化；此后继起的红山文化，则至迟在
五千年前，就与中原文化区系的仰韶文化，在大凌河上游发生了剧烈的
碰撞、聚变，绽放了"中华5000年文明的曙光"①。而在上古史研究领域，
傅斯年的《夷夏东西说》则从民族融合的角度，阐明了"发迹于东北渤海"
的殷部族在华夏文明从"多元"走向"一统"的历史进程中所扮演的举
足轻重的角色。②法国作家雨果曾将建筑视为一种史书，他在其著名小
说《巴黎圣母院》中说："建筑艺术一向是人类的大书，是人作为力量或
者作为睿智，在他发展各阶段的主要表达手段。"③——时至今日，历经时
间长河洗练的东北古史，仍以其独特而厚重的形式，屹立在博物馆、美术
馆乃至人们的日常生活中，尤其是那些体量宏大、形制完整的古代城市遗
迹和建筑，更已深刻楔入当代人的日常生活，构成了"现代城市文明"的
基地和背景——纵览东北古代建筑，新石器时代的半穴式住址，青铜时
代肃慎人用土坯与石块混合材料建出的房屋，春秋战国和秦汉时期的燕

---

① 苏秉琦：《华人·龙的传人·中国人——考古寻根记》，辽宁大学出版社1994年版，第
82—85页。

② 傅斯年：《夷夏东西说》，载傅斯年：《民族与中国古代史》，生活·读书·新知三联书
店2017年版，第23—29页。

③ [法] 雨果：《巴黎圣母院》，管震湖译，译文出版社2011年版，第180页。

秦长城以及城堡、烽燧，魏晋南北朝时期高句丽的山城，唐代渤海国的塔寺，辽朝契丹的大墓，金朝的京城，元代的城墙、街市、宫殿、苑囿、民居、寺院，明代的长城和清朝的盛京、船厂以及关外三陵，还有历朝历代各个民族的墓室建筑……这些古代建筑既有不同时期不同民族各自的特点，又随着历史的发展和文化的交流越来越深刻地汇入儒释道文化一体结构之中。其历史的、文化的底蕴自不待言，就本书的论题而言，它们所呈现出的"景观"的形式，以及由景观这种视觉形式所昭示的情感、心灵等美学意义，对认识长春城市景观的起源和演变来说，无疑构成了最关键的立足点之一。

今日的长春，乃是吉林省的省会。在今天吉林省的版图上，几万年以前就有"榆树人"和"安图人"活动的痕迹。① 经过八千年的繁衍生息，这片土地逐渐形成多民族聚集的地方。② 作为一座城市，长春的历史并不长，在很长的历史时期里，它一直只是一块属地，夏商周时属肃慎，两汉至西晋时属扶余国，东晋至唐初属高句丽，高句丽灭亡后属渤海国扶余府，辽时属东京道黄龙府，金时属上京路隆洲府，元代属开元路，明代初及明代中叶分别属奴尔干都司和兀良哈部，③ 明末清初，长春西部被封给蒙古贵族，为郭尔罗斯旗地。清嘉庆五年（1800 年），清政府于郭尔罗斯

---

① 文物编辑委员会编：《文物考古工作三十年（1949—1979）》，载吉林省考古研究室、吉林省文物工作队：《统一的多民族国家的历史见证——吉林省文物考古工作三十年的主要收获》，文物出版社 1979 年版，第 100 页。

② 传说虞舜时代中国东北古代民族肃慎人就来到中原。据《竹书纪年》记载："二十五年，息慎氏来朝，贡弓矢。""息慎"就是"肃慎"也称为"稷慎"。其后，秦以降有古扶余人、挹娄人、高句丽人、鲜卑人、勿吉人、靺鞨人、契丹人、蒙古人、女真人、满族人、汉人等多民族生活在这片土地上。参见曹殿举：《吉林方志大全》，吉林文史出版社 1989 年版，第 2—7 页。

③ 长春社会科学院编辑：《长春厅志·长春县志》，长春出版社 2002 年版，第 5 页。

前旗游牧垦地之长春堡置长春厅 ①，长春因此而得名。②

长春厅最初在长春堡的伊通河东岸修建起一座名为"新立城"的小城，靠近伊通边门。其管辖区域大致南至伊通边门十五里省城界，东至穆什河（沐石河，今长春市九台区境内）一百九十里，西至巴延吉鲁克山（今大屯富丰山）四十里，北至吉家窝棚（今农安县巴吉垒乡附近）一百七十二里，与郭尔罗斯前旗接界。③ 整个区域东西长约 230 里，南北宽约 180 里，下辖五乡、二十九处。④ 据史料记载，长春厅设治以后，人口猛增。考虑当时政治与经济形势的需要，清道光五年（1825 年）长春厅治从新立城迁到宽城子（又称"宽庄"）。⑤

宽城子在长春城市史上，是具有举足轻重地位的节点，以至于在很长的一段时间内，"宽城子"和"长春"两个名称并用，甚至直到今天，人们还把"宽城子"当作长春的旧称。有记载说宽城子在长春厅迁移之前就

---

① 曹殿举：《吉林方志大全》，第 141 页。

② 据《长春厅志》记载："长春厅境，蒙古郭尔罗斯前旗游牧地也。乾隆时，以垦荒民户安土重迁，遂有借地养民之举。嘉庆五年，始奏准设立理事通判于长春堡，并设巡检以管狱事。"长春社会科学院编辑：《长春厅志·长春县志》，第 3 页。这是清代开国以来在东北封禁之地上设立的第一个地方行政机构。长春厅之名来源于长春堡（今长春朝阳区永春乡）。长春设治之前，清政府的各种文书都提到长春堡。例如任命首任巡检的文书就直称"今授吉林长春堡巡检"。又如嘉庆五年七月戊子（1800 年 8 月 27 日），嘉庆皇帝给内阁的上谕中也以"长春堡界内"表示长春地方。参见《清实录·仁宗实录（卷七十一）》第 28 册，中华书局 1986 年版，第 946 页。

③ （清）萨英额等：《吉林外纪·吉林志略》，史吉祥等点校，吉林文史出版社 1986 年版，第 22 页。

④ 五乡为：抚安、恒裕、怀德、沐德以及农安。二十九处为：新立屯、东卡伦、挖铜沟、大青咀、大房身、岔路口、十二马架、靠山屯、太平庄、万金塔、郭家屯、鲍家沟、双山子、双庙子、朱家城、哈拉海城、扎克苏台、双城堡、万宝山、烧锅店、白龙驹、东城子、大岭、巴家垒、蕴可、小河隆、额附泉、天吉、农安城。参见长春社会科学院编辑：《长春厅志·长春县志》，第 9～10 页。

⑤ （清）长顺、讷钦修，李桂林、顾云纂：《吉林通志》（卷二十五），载凤凰出版社编：《中国地方志集成·省志辑·吉林》第 1 册，凤凰出版社 2009 年版，第 468 页。

已经是这一地区较大的聚落了。当时的宽城子位于长春厅初始设治地新立城的北面五十里处、伊通河岸边，地势相对较为平坦，交通十分便利，城内四通八达，"分别通向东南方的省城吉林、南部的昌图厅、北部的伯都纳以及郭尔罗斯前旗，紧靠伊通河，与松花江上通达省城吉林的码头老少沟也只有几十里"①。在长春厅迁址到宽城子之前，此地就设有良田和宅地等基本生活必备设施，城内农田、宅地、店铺相互交错。时任吉林将军富俊在奏折中，明确指出：

　　宽城，人烟稠密，商贾辐辏，五路通衢。②

　　此时的宽城子，虽然没有形成规模宏大的城市街道形式，但是城内设有固定的集市点和商业店铺，不仅设施齐全，而且已经有了相当大的人口规模。1825 年长春厅迁址宽城子之后，这里不仅修建了衙署和监狱等政府行政设施，还将宽城子进行了大规模街道、道路的划分；在正式更名为"长春"之后，还增添了城墙以及城门，使整个城市的规划更加完整。

　　1825 年后，宽城子在保留原有名称的同时被称为"长春厅"。在此前清朝推行"借地养民"政策期间，清政府开始在蒙古各地设立府厅州县等相关行政机构以实现对流入此地谋生的汉民进行有效管理，而这些府厅州县的名称，一般是由治地所在城镇村屯，或者是重新命名该地。宽城子是长春厅的旧称，但是由于其缺少文化内涵且与同时期河北承德宽城容易产生重复，所以"宽城子"这一名称，渐渐地淡出了人们的视野，取而代之

---

① 杨洪友：《宽城子起源及长春厅衙署移建考论》，《东北史地》2014 年第 4 期。
② 《道光五年五月初七日吉林将军富俊倭楞泰为请借支养廉银移建衙署易资弹压事由奏折》，中国第一历史档案馆，档案号 03—3627—006。

的则是"长春"一名。①

（一）山环水抱：长春的自然地理景观

东北中部，地势东高西低，绵亘自长白山系张广才岭向西南延长的哈达岭山脉，在今吉林省境内伸展开来。发源于此山脉青顶山北麓老道洞附近的伊通河与其支流以及其他河流纵横交错，不仅切割出独特的自然景观风貌，而且在这样的地理空间中还孕育出长春这座城市以及这里的文明与城市景观。

伊通河，也称一秃河、伊图河、伊屯河，满语的意思是"波涛汹涌的大河"。它出发源地青顶山北麓，向西北流过营城子，进入山间平川地带，纳入干沟子河、双庙子河、伊丹河等支流后，河谷渐宽，到新立城，伊通河穿行在低山丘陵、台地和平原间，在这样的地貌中，伊通河蜿蜒如带，最终在农安县靠山镇东注入饮马河。这条亘古存在的大河以及它所冲刷出的肥沃土地，为人类的生存提供了财富。于是，伊通河沿流两岸逐渐形成了许多村落，其中最大的村落聚集地当属长春。据史料记载，古时伊通河河水充盈，水面宽广，可承载百艘三丈五尺的大船航行②，每年春季冰雪消融，开江开河之时即是伊通河道繁忙之日，构成了长春境内"第一大水"

---

① 如清光绪二年（1876年）绘制的《长春厅舆地全图》中就标注了"长春厅即为宽城子"，后来吉林将军上书的奏折中也开始使用"长春"一词，并一度多达12处，这也进一步证实了清朝时宽城子已成为长春厅治所在的事实。不过，尽管在清朝末期"长春"这一地名已经初步被人们所接受，但是并不常用，只是在官员相互沟通的公文上少量地出现，被人们最多使用的还是"长春府城"。直到20世纪，"长春"一词才被大量使用，成为真正意义上的地域名称。参见于泾、杨洪友、孙彦平：《长春史话》（全二册），长春出版社2018年版，第9、65—67页。

② （清）长顺、讷钦修，李桂林、顾云纂：《吉林通志》（卷五十六），载凤凰出版社编：《中国地方志集成·省志辑·吉林》第2册，第4页。

的自然和人文景观。①

　　在长春西南与公主岭交界处有一座白龙驹山，②蒙古语为"巴彦济鲁山"或"巴迎吉尔克山"，意为"富丰"，白龙驹山又称作"富丰山"或者"富锋山"，后来白龙驹山的东面成立了大屯村，所以白龙驹山在民间也被称为大屯山。此山海拔两百余米，相对高度百米有余，19世纪外国地质学家曾来此考察，认定此山为世界上两座最古老的火山之一。早在乾隆年间，道士张本顺就在此山山顶修建了庆云观，这也是长春境内最早的宗教建筑，逐渐成为人们举办庙会以及祭祀之地，后来经过大规模山石开采，白龙驹山主体部分已经被大面积削去，庆云观也在1958年被拆毁，从此再无"长邑第一大山"。

　　除伊通河和白龙驹山外，在长春境内还有许多分支河流与山岭纵横交错。山岭如兴隆岭、兴隆山、太平山、鸡鸣山、南长岭、万宝山、长春岭、前潘家岭、后潘家岭、猴山、莲花山、对龙山、大青山、二青山、龙泉山、长岭子、刁家山、东西靠山屯山等；分支河流更是众多，如新开河、雾开河、驿马河、富河、新立城河、五里桥子河、高家窝堡河、赵家窝堡河、逯家窝堡河、小河沿子河、鲇鱼沟子、干务海河、二道河、富余河、头道沟、二道沟、三道沟、朝阳沟、兴隆沟、黑鱼泡、月牙泡、狐狸洞

---

① 伊通河，一名益褪水（《金史》），又名一秃河（《全辽史》），皆伊通之音转。源出伊通县磨盘山屯、板石屯之山腰水泡，由伊通边门流入县境，经乡一区新立城西北，纳新立城、五里桥子、小河沿子诸水，至县城南岭东北流，环东郭过铁岭屯，穿吉长路大桥，纳头道沟水，背郭而去，经小城子、烧锅岭、万宝山镇西甸子北流，至赵家店汇新开河水，迤逦至农安界，折而东北流，至三道桥子入德惠县界，纵贯县境，蜿蜒二百余里，实长邑第一大水也。参见《民国长春县志》（卷二），载凤凰出版社编：《中国地方志集成·吉林府县志辑》，凤凰出版社2006年版，第76页。

② 据记载："白龙驹山，一名阜丰山，为长白山支脉，崛起伊通县勒克山北部……高约五百丈，周约十里，面积约二百余顷，势甚突兀，为长邑第一大山，形如卧牛，首西向，前有小山如规，作犀牛望月状。故老相传，有神驹出现于此，因以得名，盖神话也"。参见《民国长春县志》（卷二），载凤凰出版社编：《中国地方志集成·吉林府县志辑》，第72页。

泡、洼中高泡以及莲花泡等。上述山岭与河流，在长春城市的形成与拓展史中，扮演了重要角色，逐步成为城市景观中的"山水"要素，并且，山环水抱、河流交错所造就的地形地貌，更深刻决定了长春城市景观的肌理与节奏。自然，一方面构成了整体性的"环境"，成为作为"前景"的城市景观的"背景"；另一方面镌刻在这"前景"之中，构成了城市景观的要素。

决定长春城市景观整体面貌的，还有这里的气候。中温带决定了这里季节交替分明的气候特征，也为大地披上不同颜色的衣裳。立春了，这里依然"猎猎悲风塞草黄"[1]，到了四月才闻"乳鹰啼，郊原见绿黄"[2]。夏季，慷慨的阳光使一望无际的大地蒙上一层绿毯，展露出勃勃生机。到了秋天，大地迅速枯黄，进入到"炕火难融被上霜"的境地[3]。而到了冬季，近7个月的封冻期，使这荒寒之地，不仅有着漫长的黑夜，而且时常出现"朔风狂吹，雪花如掌"的恶劣天气[4]，既有"气息着髯皆积雪，唾珠脱口即坚冰"的严寒威力[5]，也有"著树如花"的树挂美景[6]。法国著名的文艺理论家伊波利特·丹纳曾说："自然界有它的气候，气候的变化决定这种那种植物的出现；精神方面也有它的气候，它的变化决定这种那种艺术的出现。"[7]长春地域这种丰富而有力量感的崇高的自然情境，自然而然对未来长春的城市规划、建筑设计、景观营造施加具体而直接的影响，使长春城市景观显现出独特的美学特征。

本书要讨论的长春城，就位于这山水共存的松辽平原东部山地向西部平原

---

① 张玉兴：《清代东北流人诗选注》，辽沈书社1988年版，第166页。
② 张玉兴：《清代东北流人诗选注》，第150页。
③ 张玉兴：《清代东北流人诗选注》，第102页。
④ （清）长顺、讷钦修，李桂林、顾云纂：《吉林通志》（卷一百一十五），载凤凰出版社编：《中国地方志集成·省志辑·吉林》第2册，第786页。
⑤ 张玉兴：《清代东北流人诗选注》，第119页。
⑥ 张玉兴：《清代东北流人诗选注》，第337页。
⑦ ［法］伊波利特·丹纳：《艺术哲学》，傅雷译，人民文学出版社1996年版，第9页。

过渡的伊通河台地上，它依临伊通河，沟通松花江和辽河，很早以来就成为黑龙江到山海关乃至进入关内的交通要冲，是地理学家所称的"上吉之地"。①

经过历史长河的冲刷，昔日长春域内的山和水已经发生了翻天覆地的变化。伊通河依旧宁静地流淌在长春的大地上，作为长春的母亲河，抚育着这片土地，孕育着这里的文明，承载着各个时期人们有关政治、经济与文化的记忆。

（二）禁地与边门：前城市时代"崇高"的边地景观

从皇太极崇德三年（1638 年）至康熙二十年（1681 年），经过清王朝四十多年的建造，一条绵延七百余里呈大大的"人"字形的"地景"——柳条边墙终于在东北大地上生成。②

所谓"柳条边"，是一条柳条编织的篱笆墙，起着极为重要的区隔作用。众所周知，清王朝建立后，民族矛盾、阶级矛盾，乃至统治阶层的内部矛盾，都时刻威胁着清朝统治者的地位以及政治安全，乾隆皇帝更是提出了"征战纵图进，根本亦须防"的言论，从保护其"祖宗肇迹兴亡之所"安全这一政治考量出发③，采用建设柳条边的方式，不仅阻止了蒙古人和汉族人，尤其是汉族人进入龙兴之地，保护其内部安全，而且还能维护旗人的经济特权。

柳条篱笆墙，"是在宽度和高度各三尺的土台基础上，间隔五尺便插三根柳条，每根柳条之间用绳连接到一起，再插柳条枝，由此制成高五尺

---

① 据记载，长春"南扼伊通边门，迆北弥望平原，东通省会。出县境三十里，即陂陀起伏，松岭山脉沿柳边蜿蜒东走，此皆其尾脉也。自东清铁路告成，平夷洞达，商旅辐辏。逮日俄战事既终，北属东清，南为南满，此焉缩毂，乃扼三省交通之冲。境内农产，亦冠于各属"。参见李树田主编：《吉林地志 鸡林旧闻录 吉林乡土志》，吉林文史出版社 1986 年版，第 10 页。

② 参见杨余练、王革生、张玉兴等编：《清代东北史》，辽宁教育出版社 1991 年版，第 161 页；施立学：《柳条边伊通边门》，《满族研究》2006 年第 1 期。

③ 清王朝将当时盛京、吉林视为龙兴之地。参见施立学：《柳条边伊通边门》。

有余的篱笆状柳条边墙。"而且在边墙外"挖深、宽各八尺至一丈的沟渠作为护墙河，以禁止边外居民越过"①。除此之外，柳条边还是清王朝所划定的满、蒙势力范围的分野标志。对此，《奉天通志》中的记述尤为明确："清起东北，蒙古内附，修边示限，使畜牧游猎之民，知所止境，设门置守，以资镇慑，并稽查奸宄，以弭隐患而已。"②按照这里的记录，柳条边早在设置之初，就是禁止蒙古人和汉族人进入并起到震慑效果的标识。

柳条边共两条，除"南起辽宁凤城东，东北经新宾以东折向北至开原北，又折向西南至山海关以北连接长城的一条柳墙"即"老边"外，还有一条"系指开原东北至今吉林市的一道柳墙"，长春城四周围绕的即是这条开原东北的柳墙，即"新边"。"新边"以东为"皇家禁地"，以西为蒙古王公属地，柳条边经吉林、盛京以及蒙古，设置之初，柳条边上开设了一百六十八个边台以及二十一座边门，后改为二十座边门，其中设立在吉林境内的边门有四座，③处在今长春境内的，就是伊通边门。④长春城就

---

① 施立学：《柳条边伊通边门》。

② 王树楠、吴廷燮、金毓黻等撰：《奉天通志》（卷七十八），东北文史丛书编辑委员会1983年版，第1775页。

③ 四座边门分别为布尔图库苏巴尔汗边门、克尔素边门、伊通边门、法特哈边门。参见（清）杨宾撰：《柳边纪略》（卷一），商务印书馆1936年版，第1页。

④ 伊通边门，又称一统门、衣屯门，位于伊通河西岸。是二十座柳条边门之一。柳条边又称"条子边"，清代杨宾撰的《柳边纪略》是这样描述的："古来边塞种榆，故曰'榆塞'。今辽东皆插柳为边，高者三四尺，低者一二尺，若中土之竹篱，掘壕于其外，呼为柳条边，又曰条子边。"柳条边是清军入关后，为防止满族汉化，防止损害"龙脉"，同时便于行政与经济管理，把东北划为特殊地带，严禁其他各族人民尤其是汉族人入内，对东北实行封禁政策。顺治年间（1644—1661年），掘壕植柳，完成了西南起山海关，直抵辽东海滨凤凰城边门，共计十六座边门，全程约一千九百余里，当时也称盛京边墙。因修筑在先，俗称"老边"。清康熙前期（约在1670—1681年），从原有边墙最北端的威远堡西北起，修筑了至法特哈门东亮子山止的新边墙，全长约六百余里。这条边墙共有布尔图库苏巴尔汗门、克尔素门、伊通门（即易屯门）、法特哈门等四座边门。"老边"加"新边"总共有二十座边门，全部边墙大体呈"人"字形。参见长春社会科学院编辑：《长春厅志·长春县志》，第3页；施立学：《柳条边伊通边门》。

起源于禁地、伊通边门与伊通河的交汇处。

　　柳条边不仅有着隔离防御功能，清政府还借柳条边将东北地区的特产，如鹿茸、人参、貂皮等资源圈起，将柳条边外的相关产地划为禁区并进行了封锁。据记载，为了保护满族命脉发源地及丰富物产，清政府规定，出入边门需要持有清政府颁发的印票，如若无票入禁地偷采私猎，将受到严重的惩罚，轻则罚没、枷鞭、发配边疆，重则处以极刑①，失察管官及主官也将受到惩罚。诸如此类的惩罚措施有很多，而经过当地的车马也要照章纳税，出边门的纳二百文，进边门的纳四百文，死了人出葬经过边门也要纳钱，如果行人不从边门通过，亦会因"犯边"被定罪②。由此看来，柳条边的设置大大地约束了人们活动的范围，也保护了清廷及王公贵族的利益。"取之不尽山木多，植援因以限人过，盛京吉林各分界，蒙古执役严谁何。"③乾隆皇帝的这首《柳条边》诗句充分说明了柳条边的性质和目的。

　　伊通边门扼守千年古流伊通河运粮黄金水道。优越的地理位置使得伊通河流域附近的商业异常繁荣。为了控制交通枢纽，清政府特将柳条边上的边门设置在这往来必经之地。伊通边门驻扎了二十余人来掌管边门的相关事宜，"由满洲防御员一人，笔帖式一人，领催一人，满汉八旗兵二十

---

① 据记载：康熙十七年（1678 年）题准，私向禁地盗采人参者，为首拟斩监候，妻子家产牧畜并所获皆入官。又定，私入禁地采参捕貂被获，其主明知故遣者，不分王、贝勒、贝子、公、台吉皆罚俸九月。私入禁地盗砍木植偷打牧畜之犯，审系初次二次，发往乌鲁木齐等处种地，犯至三次，即发往乌鲁木齐等处给种地兵丁为奴。嘉庆十五年（1810 年）奏准，私入禁地偷打牲兽在十只以上，偷砍木植五百斤以上者，发遣河南山东。偷打牲兽在二十只以上，偷砍木植八百斤以上者，发遣湖广、福建、江西、浙江、江南。偷打牲兽在三十只以上，偷砍木植一千斤以上者，发遣云南、贵州、广东、广西。均交驿站充当苦差。参见（清）昆冈等编撰：《光绪大清会典事例》（卷九百九十六），光绪二十五年重修本。

② 施立学：《柳条边伊通边门》。

③ （清）长顺、讷钦修，李桂林、顾云纂：《吉林通志》（卷六），载凤凰出版社编：《中国地方志集成·省志辑·吉林》第 1 册，第 109 页。

人"。① 这无不体现了当时朝廷对柳条边以及各个边门的重视。

伊通边门的建造十分考究，从用料到做工均十分细致："边门建有门楼一座，以青砖红松木料、石料及灰色鱼鳞瓦构筑而成。门楼东西长六米，南北宽五米，高六米，房脊的东西两端及房檐四角均饰有兽型建筑，门洞宽、高各两米，门洞过木上方正中悬书'伊通边门'长方形立挂匾额，匾额的右上方小字写的是吉林将军所书。"② 这座在今天看来并不"雄壮"的伊通边门，矗立于三百年前广袤的平川沃野上，却堪称一幅威严、肃穆的政治、经济与军事景观。边门外不远处，即后来设立了长春厅的新立城所在，因此，这道边门，连同它所依凭的蜿蜒屹立的柳条边，就成了前城市时代长春地域触目可及的最重要的历史和人文景观。它存续三百年，到20世纪中叶才彻底消逝在历史的谷底。然而，直至今日，人们在追述长春城的历史起源时，仍然会在史料的重构和想象中，勾绘出伊通边门的风情与景观——尽管其设立的初衷在于隔离与防御，但柳条边墙的营造、边门的设立，作为一种视觉形象屹立在辽阔无垠的苍茫之地上，其"形式"本身，连同这形式所承担的政治和军事功能，都会在人的感性和心灵中引发一系列感触：一方面，在人们的视觉感知所及的范围内，横亘不绝的柳条边在空间的尺度上，就超越了个体感性所能把握的能力，在个体唤醒人的心灵固有的那种"超越了感官的一切尺度"的能力；另一方面，象征着军事和政治权力的"伊通边门"，对个体而言，则意味着一种"不可抗拒"的"威力的意志"——对挣扎在黑土地的"生死场"上谋求生存的细民而言，它唤醒的是震慑与恐惧，对超越了此种生存境遇的人而言，这一"形式"则意味着在主体意识中唤起一种超越于"不可度量"的自然强力的"优越性"，亦即"自我维护"的人类理性。清初因江南"科场案"流放宁古

---

① 施立学：《柳条边伊通边门》。
② 施立学：《柳条边伊通边门》。

塔的文人方孝标，在途经伊通边门时，便写道：

> 万里人烟绝，当关一木遮。
>
> 龙蛇惊过牒，鱼鸟乐奔车。
>
> 候吏葡萄酒，穹庐首蓿家。
>
> 重边凡几度，何处望京华。①

流放的行程自然是千辛万苦，但在方孝标眼中，边墙与边门却构成了审美的对象与诗材。诗歌首联中的"万里"与"一木"，在极致化的对比与反差所形成的语义张力中，凸显了博大苍茫的空间意识；颔联与颈联对边墙一带的自然和人文景观的描绘，则展现了东北地域独特的风情；尾联则以"重边"与"京华"的对比，寄予身世之感，但客观而言，这种对比也显示出诗人对边门、边墙的审美判断，所依据的乃是一种"地方—中国"的美学和文化背景。也就是说，将东北的自然和人文景观纳入"中国"的整体文脉中加以审美的鉴赏和判断，进而突出其作为"边地"与"关山"的审美特征，实际上构成了长春城市景观之不断生成、演进的先在的文化和审美心理结构。即使对于不断强化东北之"根本"地位的清统治者而言，这种文化和审美心理结构也同样具有效力，如康熙所写的《柳条边望月》云：

> 雨过高天霁晚虹，关山迢递月明中。
>
> 春风寂寂吹杨柳，摇曳寒光度远空。②

这首诗是康熙第二次东巡时在柳条边面对雨后美景所发出的赞叹。公允地说，这首诗所勾画的天高月明、春风拂柳、寒光摇曳的审美图像，在艺术上并不出色。但值得关注的是其中所使用的"关山"这一审美意象，作为一种"理念的感性显现"的形式③，其背后所蕴藏的"理念"，正是"中

---

① 张玉兴：《清代东北流人诗选注》，第 325 页。

② 卜维义、孙丕任编：《康熙诗选》，春风文艺出版社 1984 年版，第 45 页。

③ ［德］黑格尔：《美学》第一卷，朱光潜译，商务印书馆 1996 年版，第 142 页。

心"与"四方"、"中国"与"地方"的文化和审美心理结构。

就此而言，柳条边墙和伊通边门以及周边的自然和人文景观——前城市时代的长春所呈现出的"崇高"的边地景观，既是自然的，又是人文的；既是空间的，又是历史的；既是地方的，又是中国的，它在客观、主观两个维度上都显现了中国传统自然和人文的美学与文化特征。而这一区域化、地方化的中国传统自然和人文的美学与文化特征，在长春城后来的发展与演变所展现出来的城市景观变迁中，会显现得愈加明晰。

二、"浮动"的城市景观：早期长春城市景观的生成与拓展

在伊通边门雄踞伊通河畔一个多世纪后，一座崭新的城池——长春，渐渐破土而出。它的诞生，与清王朝一系列政治和经济举措密不可分。一方面采取民族隔离政策，加强对蒙古地区的控制，并禁止汉族人到蒙古地区开垦土地；另一方面清政府为了缓解关内大批汉族农民失去土地所造成的民族和阶级矛盾，从顺治初年至乾隆初年大约百年间，对汉族人流入蒙古地区开垦土地实行有条件的默许政策。尽管此期间清廷多次颁布驱逐汉民的回籍令①，但是仍然挡不住汉族人来到这里谋生糊口。

嘉庆五年（1800年），吉林将军秀林请求清政府在蒙地设置"长春厅"来"借地设治"，治地所在为新立城②。从这一年开始，伊通边门附近的长春堡四周就开始实行了"借地养民"的政策。这项政策实施后，长春外来

---

① 《清实录·高宗实录（卷三百四十八）》第 13 册，中华书局 1986 年版，第 798—799 页。
② 嘉庆四年（1799 年）奉旨，派吉林将军秀林会同盟长拉旺前往查办，秀林等以事阅多年，已开地二十六万余亩，居民二千余户，未便驱逐，奏请设立通判、巡检弹压，归吉林将军管辖。"借地治民"是一种独特的管理方式，清廷组织中央派遣官员管制少数民族地区内的汉族居民。这种管理方式，既不会改变原有的税收政策，又能有效地管理特定地区内的民众。1825 年之后，更是将"借地养民"的这种区域政策发挥到最大化，使得政府在长春厅境内实行"借地养民"以及"借地治民"的举措。参见（清）萨英额等：《吉林外纪·吉林志略》，第 22 页。

定居人口数直线上升。这充分说明了百姓对于土地租赁制度的欢迎，"借地养民"的政策为长春城的生成奠定了经济和人口基础。①

为了更好地管制境内居民，特在长春厅设置了理事通判和巡检各一名，二人负责办理刑钱事务。②因为是在蒙古地界，所以当时长春厅的首任通判也自然由蒙古族人出任，巡检则为汉人③。因"借地治民"政策所限，他们所管辖的范围只限于境内汉民及其相关事务，当地蒙古牧民及八旗人士都不在其管辖范围内。但这种政治上的"区隔"，并未影响文化上的交融。由于汉族人和蒙古人共同生活在这片土地上，所以当地很多习俗乃至建筑都形成了一种独特的汉蒙融合风格。不仅如此，"借地养民"以及"借地治民"的成功，使得长春厅加快了发展的步伐，朝廷设立在新立城的衙署西迁至宽城子后，长春厅的行政范围不断扩大，逐渐发展成具有一定规模、较为成熟的城镇，形成了颇为可观的早期城市景观。

（一）长春厅的建筑景观与城市空间的展开

早在长春厅设治之前，离伊通边门比较近的长春堡和宽城子就已是两处比较繁华的大自然屯，两地相距约五十里。而设立长春厅后，其实际设治地点却并未选择长春堡或宽城子，而是在与长春堡东隔伊通河十里的地方。此地原无村落，筑土城设治后，因属长春堡地界，奏疏及乡民日常生

---

① 由于长春所处地理位置土地资源肥沃、水资源丰富，且地多租薄，而蒙古族人又是最早一批清朝统治的拥护者，清政府给予其招民垦种的方便，这诸多条件决定了长春是清政府"借地养民"以及"借地治民"的最好归属地。这种举措也导致了大量人口的涌入。据《吉林通志》记载，嘉庆十一年（1806年）长春厅内流民已有7000余户，也就是说1799年之后的7年时间，长春地方户口增长了两倍多。到嘉庆十三年（1808年），又新增3010户；嘉庆十五年（1810年），又查出新增民户6953户。这样，长春厅设立之后的11年间，长春厅的人口已增加到11781户，人口达61755人，比设治之初增加了七八倍。参见杨洪友：《宽城子起源及长春厅衙署移建考论》。
② 长春社会科学院编辑：《长春厅志·长春县志》，第69页。
③ 首任理事通判为正六品官员、镶黄旗蒙古人六雅图，巡检为汉族人潘玉振。参见于泾、杨洪友、孙彦平：《长春史话》（全二册），第41页。

活中都还称此地为长春堡。为区别地名称谓，故称新建之地为新立城。①

长春厅最初设治时管理抚安、恒裕、怀惠和沐德四个乡，"各乡居民稀少，虽地处偏壤，尚可兼顾。"②

长春厅衙，就修建在新立城小街南边。理事通判衙署在嘉庆五年（1800年）入冬前匆忙建完投入使用，巡检衙署和附属设施则在两年后才修筑完成。时至今日，那时的长春厅早已不存在了，故而长春最早的"城市景观"亦随之湮没无闻，这正如布罗戴尔所指出的："小街小巷可以把我们带回到过去……即使经济高度发展的今天，那些遗留的物质文明仍诉说着过去。但它们正在我们眼前消失，虽然是缓慢，但永远不再是原来的面貌。"③我们只能根据史书记载和考古发现，还原历史上最初长春厅理事通判衙署和巡检衙署及周边的景观形态和样式。

衙署规制和布局同时要受到制度和风水两方面的制约。按《大清律例》，长春厅理事通判属正六品，应有三堂，大堂应为三间七架，土黄刷饰，屋脊有瓦兽吻，门饰为黑油铁环。而根据风水观念，建筑选址与设计、建造还要依八卦方位"相地立基""相址营度"。此外，长春的理事通判衙署衙门和巡检衙门依据功能上的要求与治所所在的独特自然与人文因素因地制宜，从而形成了其建筑形式和建筑规模。

---

① 长春厅选址之所以并未选定伊通边门人烟稠密的长春堡，究其原因，大概有二：一是管理方便。设治目的只为管理寓居此地的汉民及其事务，不涉及旗人和蒙人，而长春堡虽然繁华并靠近伊通边门，设治属地管辖范围却在长春堡伊通河对岸，若治所定于长春堡，必导致管理不便，二是政令信息往来方便。吉林将军府城在长春厅东北部，没有伊通河阻隔，便于与吉林将军文书传递。参见《民国长春县志》（卷一），载凤凰出版社编：《中国地方志集成·吉林府县志辑》，第35页。

② 《道光五年五月初七日吉林将军富俊倭楞泰为请借支养廉银移建衙署易资弹压事由奏折》，中国第一历史档案馆，档案号03—3627—006。

③ Ferand Braudel, *Capitalism and material life*, 1400–1800, p.441, 转引自王笛：《街头文化——成都公共空间、下层民众与地方政治》，李德英等译，商务印书馆2013年版，第3页。

　　长春厅理事通判衙署和巡检衙署坐北朝南。理事通判衙署在村西南，巡检衙署在村东北。[①] 从远处看衙署位置显要，建筑极为醒目。从布局和建筑规模看，通判衙署筑土墙围合，周围五十丈、高七尺；巡检衙署筑土墙围合，周围二十五丈，高七尺。[②] 巡检衙署围合面积比通判衙署小很多。

　　据记载，理事通判衙署内有房屋二十一间，以一条南北向的主体甬道为中轴线，各主要建筑依次排列在这条中轴线上。门前照壁一座，刻绘"獬吃太阳"图，以示警戒贪腐之意。最南边的高墙筑有"八字墙"衔接府衙大门，上悬"理事通判衙署"匾额。从大门进入府衙，两侧有听差房各一间，紧接着就是作为衙署第二道正门的仪门，结构大致同大门，两侧设有旁门，东侧称"人门"（或称"生门"）、经常开着，是人们经常出入之门；西侧称"鬼门"（亦称"死门"），是押解死刑犯人行走的门，经常关闭。过了仪门，就是大堂。大堂前东西各设有科房三间，东为吏、户、礼，西为兵、刑、工。通判办公的大堂为三开间。仪门、六科房、大堂形成的大堂院，是中轴线上的第一进院落，俗称"外衙"，是理事通判行使权力和衙门职能机构公开办事的地方。然后是由穿堂三间、二堂三间、住房三间、档子房三间依次组成第二进院落。

　　巡检衙署则坐落在理事通判衙署东北三十余米处，其建筑主要有："门前照壁一座，大门一间，二门一间。科房一间，大堂三间，住房三间。衙署设有监狱，监狱砖墙，共长二十三丈二尺，监狱卒正房二间，罪犯东西横房六间，狱神庙一间，狱门前堆子房一间"[③]。

　　这两座衙署，便构成长春城萌芽阶段最重要也最壮观的建筑景观。从上述描述来看，它们在形制与风格上，与同时期各地同等品级的衙署并无

---

① 长春市文物管理委员会编：《长春文物》（内部资料）1996 年第 8 期。

② 李澍田主编：《吉林志书·吉林分巡道造送会典馆清册》，李澍田等点校，吉林文史出版社 1988 年版，第 4 页。

③ 李澍田：《吉林志书·吉林分巡道造送会典馆清册》，第 4 页。

二致。然而，后来人们针对其遗址开展的考古发掘却表明，厅衙建筑样式并不是采取青砖、硬山式屋顶、屋脊有瓦兽吻等规制的形式。[①] 而是青砖砌墙，屋顶采取不起脊的漫圆的平弧顶，不敷瓦碱土抹盖，[②] 这种不起脊的漫圆的平弧顶建筑样式和不敷瓦碱土抹盖材料的运用，与东北气候有很大关系，正是中国传统建筑样式、形制在东北地域地方化的结果，它使这两处建筑展现出独具地方色彩的形式特征——吉林中西部平原冬季吹强劲西北风，夏季东南风，加上冬夏雨水少，寒冷干燥。长春厅衙最初还设在伊通河东岸空旷之地，以那时建筑材料和技术很难在空旷之地抵御东北冬季的西北风。此种"因地制宜"的建筑样式，乃是"地方性知识"对于普遍的中国政治建筑样式和风格的改造，它一方面宣示了中国建筑文化和景观的普遍性，另一方面又丰富、充实了其多样性和复杂性，而后者，也正构成了吸引我们针对长春地方城市景观展开历史的梳理和讨论的魅力源泉。

自厅衙建成后，新立城日见繁盛。厅衙后面陆续开设了数十家杂货

[①] 1995 年长春市政府依内乡县衙样式在长春厅衙原址上复建了理事通判衙署，并将巡检衙署移建在了理事通判衙署旁。实际上巡检衙署则坐落在理事通判衙署东北 30 余米处。

[②] 1994 年 5 月 19 日至 6 月 4 日，长春市文物管理委员会办公室和长春市郊区文物管理所组成联合考古发掘队对长春厅遗址进行了抢救性清理发掘，发掘面积 570 平方米。清理出三处房址。第一处坐东朝西，距地表深 0.3 米，长方形，分为三间，砖铺地面，平地起建，青砖砌筑，黄泥勾缝。室内有灶、火炕和烟囱。此处被认定为理事通判衙署的听差房。第二处平地起建，坐北朝南，呈长方形井字状，四个墙角出垛。其功能为屋顶奢檐出梢的支撑物基础而设计。此房屋建筑风格与第一处属于同类，砖砌混合土勾缝。南向门口地面较硬，呈灰褐色，距东墙 1.8 米处发现两处方形木桩残基，残基间距 1 米。该处被认定为理事通判衙署的大门。此次三处遗址发掘未见任何瓦件，整个"衙门地"附近地表和地下，可见许多残砖，但却片瓦皆无。通过与新立城遗留的清末民初建造的房屋，也就是《民国长春县志》卷二提到的"杂货商店十数家"比对和推测。遗留下来的房屋虽几经修改，但大主体结构和样式并未改变。这些房屋砖砌墙，屋顶采取不起脊的漫圆的平弧顶，不敷瓦碱土抹盖，与长春西北部农安和前郭一带传统房屋样式一致。参见长春市文物管理委员会编：《长春文物》（内部资料）。

店，渐渐形成一条东西长街。① 商业的兴起激发了城市的生命力，随着这一地区人口的增加，人们的需求也日渐多样化，在日常生存之外的精神和信仰诉求逐步凸显，凝聚成新的建筑景观，如嘉庆六年（1801 年）在厅衙西四十里的大屯山（旧称巴彦吉鲁克山）上修建了一座娘娘庙，嘉庆十一年（1806 年）又在理事通判衙署西街路西修建了一座关帝庙。②

有效的行政管辖确认和巩固了"借地养民"及"借地治民"的合法性和稳定性，继而吸引了更多的民人大量涌入进行耕垦，为应对新的形势，道光二年（1822 年）增设农安乡、夹荒以及木什河夹信子荒，并划归长春厅管辖。③ 此时长春厅处在扩大后管辖范围内偏南的位置，"遇有东北乡村相验，往返二三百里，须四五日耽延，至误办公"。④ 迁址办公势在必行，而宽城子作为"厅属中适中之地，商贾辐辏于此"，⑤ 自然是长春厅移治的首选。因此，在道光五年（1825 年），吉林将军富俊上奏请将通判衙署移建适中之宽城地方。不仅"易于弹压而安商旅，且便于访缉，不致有疏脱之虑"。⑥ 从富俊的奏疏内容来看，迁址带来的变化，除了地理位置上更便于行政管理外，还包括行政功能的扩大：从单纯的"弹压"租种土地的汉民、管理词讼，扩大到工商管理，以求"安商旅"。这种行政功能的扩容，必然为城市的发展带来新的机遇，进而丰富城市的功能和

---

① 《民国长春县志》（卷二），载凤凰出版社编：《中国地方志集成·吉林府县志辑》，第 99 页。
② 李澍田主编：《吉林志书·吉林分巡道造送会典馆清册》，第 5 页。
③ 《长春厅舆地全图》记载："道光二年出农安乡、夹荒及木什河夹信子荒，于是境界宽远，生齿日繁，迨至道光四年，将衙署移建宽城子"。参见长春社会科学院编辑：《长春厅志·长春县志》，第 25—26 页。
④ 《道光五年五月初七日吉林将军富俊倭楞泰为请借支养廉银移建衙署易资弹压事由奏折》。
⑤ 长春社会科学院编辑：《长春厅志·长春县志》，第 4 页。
⑥ 《道光五年五月初七日吉林将军富俊倭楞泰为请借支养廉银移建衙署易资弹压事由奏折》。

景观。

1825 年，长春厅移至宽城子之后，当时的东卡伦、万宝山、朱家城子、包家沟、小合隆、小双城堡、翁克、烧锅店、西大岭等小型居民集聚地都分布在长春厅四周。这些集聚地多为居民自发组成。松散村镇，它们分布在长春厅四周，为长春厅的城市规划和城市空间的拓展更加丰满提供了基础。

从嘉庆年间开始，就有对长春厅设置的记载，从嘉庆年间至光绪年间，都有将长春厅不断规划、完善的记载。"同治四年，置城隍、挖城壕。十年，设学官，并修文庙。光绪七年，通判改为抚民，仍加理事衔，并添设农安照磨。十年，创修考棚、书院，文教聿兴，规模粗备。"①清廷不仅仅设置了理事通判、巡检等诸多地方管辖机构，还设置了监狱、城隍庙、文庙，到光绪年间，更是将通判改成了抚民，并扩大了其治理地域范围，将农安增添到其治理范围内，后来又修建了考棚及书院，使其在政治、经济、文化等多个领域协同发展，使长春厅更加繁荣。从"借地施治"到厅治迁址，再到光绪年间一系列文教设施的增设，在不到一个世纪的时间内，长春便从"浮动"在蒙古王公属地之上的"治所"迅速崛起为一座"文教聿兴，规模粗备"的城市，形成了空间完备、建筑类型丰富的城市景观。

长春旧城经过一个多世纪的沉淀，如今已淹没在新的城市肌理中。这座旧城在 20 世纪还有些遗迹，今天只剩下回忆了。然而我们还是尽力依据历史记载尝试描绘出长春厅移至宽城子后整座城市的容貌。

假如我们登上长春旧城的崇德门、全安门、聚宝门和永兴门等城门，登上朝阳寺中关帝庙的玉皇阁、清真寺的望月楼、天主教堂的钟楼俯瞰长春旧城，一片向四面八方伸展的景观将会尽收眼底，主要的城市肌理也会浮现出来。

---

① 长春社会科学院编辑：《长春厅志·长春县志》，第 4 页。

（二）鸟瞰宽城子：长春城的轮廓与肌理

二百年前的宽城子，已经是一座很大的自然屯聚落了。以后取得的进展，超过它的几十倍。[①] 宽城子（长春）诞生于古老的伊通河河畔。伊通河细小的支流就是宽城子最早的墙垣和护城沟堑，上面有两座桥，一座在东北，称为大桥（今东大桥）；另一座在南，称为南大桥（今长春大桥），是它的门户。前文提及早在顺治、康熙年间，古伊通河就是繁忙的水道，宽城子就依靠这黄金水道繁荣起来。长春厅在 1825 年从新立城移至宽城子后，宽城子又多了一个美丽的名字"长春"，从这以后"宽城子""长春"并用。这里还因民人的增加、商贾的聚集而增添了经济繁荣的气象。同治四年（1865 年），为抵御"匪患"[②]，通判博霖组织商民集资捐助建造了一道新"堤坝"，用简易木板夹土与商铺和宅院共筑了一圈城墙，把那时的长春围了起来。光绪二十三年（1897 年）逐渐把应急的木板城墙改建成坚固的夯土墙和砖墙。[③] 以后的 10 年里，各类建筑就在这个南北约 4 里东西约 7 里的围城里生长、蔓延。在后续的发展中，一系列重大事件不断冲破老旧的城墙，拓展城市的疆域。如 1907 年长春开埠、1912 年吉长铁路竣工、1926 年南岭南大营扩建竣工以及 1932 年日本扶植傀儡政权建立伪满洲国，铁路、殖民掠夺和城市扩容，使这座城的边界像洪流般不断向四外扩展并跳出了围合的墙垣，漫溢、蚕食、销蚀城外的土地，向东越过伊通河这道屏障，向西向北在松辽平原上扩张。

像长春城这样交通、物产如此便利和丰富的新兴城市，总是不断吸引各类人聚集而膨胀。这座城市就像一个庞大的漏斗，把这一地区的地理、政治、精神、文化所汇聚的川流尽皆吸纳，一滴又一滴在这里过滤，在这

[①] 到 1936 年，长春市街区规划 111.48 平方公里，1937 年完成 21.4 平方公里建设。参见 ［日］越泽明：《伪满洲国首都规划》，第 142、144 页。

[②] 指同治四年（1865 年）马振隆（马国良，又称"马傻子"）率领的农民军。

[③] 于维联、李之吉、戚勇：《长春近代建筑》，第 14 页。

里沉积。

从伊通河东岸沿南大桥（今长春大桥）望向西岸，全安门（大南门）以及大南门外街两侧的柴草市和朝阳寺尽收眼底。

图 1-1　崇德门 ①

全安门又称大南门，与崇德门（又称大东门，见图 1-1）并称双子门②。青砖砌筑，宽大的半圆形城门，大门两侧砖砌城墙长有二十余丈，高两丈五尺，宽两丈③，上有三十一堵雉堞，以城门楼为中心向两边依次排开，每堵女儿墙上都砌有炮孔。城门上有望月楼。望月楼和城门高度接

---

① 第一章与第二章的图片如无特别说明，均来源于房友良：《长春街路图志》，吉林人民出版社 2016 年版。

② 崇德门形制和体量与全安门略同。参见《民国长春县志》（卷二），载凤凰出版社编：《中国地方志集成·吉林府县志辑》，第 85 页。

③ 康熙四十三年(1704 年) 改行"营造尺库平制"。一丈等于十尺，一尺等于三十二厘米，依此二十余丈约等于六十多米；两丈五尺约八米；两丈约六点四米。

近，单檐歇山顶造型，正脊长度大约为城门三分之一，两端饰有正吻；垂脊短小，四条戗脊高高翘曲。望月楼檐下悬挂"众山远照"匾额。从此地向南望，可见大南门外有一条大街——大南门外大街，从大南门城门起，到南大桥东河湾止。[①] 街南是热闹的柴草市，这里大车店林立 [②]；街北为朝阳寺（关帝庙）。

站在高处鸟瞰长春城内是一幅怎样的图景呢？

立足全安门望月楼这个制高点，环顾四周，其他十一座大大小小的城楼和将它们连接在一起的城墙恐怕是这个城市中最显眼的景观建筑群了。前文提及长春城在同治四年（1865 年）为抵御马匪攻城而兴建了城墙、城门和护城河。环城约二十二里，设有东崇德门、西聚宝门、南全安门、北永兴门、西南永安门、西北乾佑门六门，后来又增添了东南门、马号门、东北门和小西门四门以及城内东西小双门，共计十二门 [③]。除了城内东西小双门外，其余十座城门分布在长春城独特的九边形城墙上。这些城门和城墙是长春城的边界，是城内部规划和建设的决定因素。它们不但具有抵御外来危险的军事作用，还起到了控制居民的作用，并且使围合的城内空间形成了不同的空间秩序，使所有城内的建筑关联物不得不与城墙所

---

① 南大桥（今长春大桥）长约二十一丈、宽一丈五尺。按康熙四十三年（1704 年）改行的"营造尺库平制"计算。那么，南大桥（今长春大桥）长约 67.2 米，宽 4.8 米。参见《民国长春县志》（卷四），载凤凰出版社编：《中国地方志集成·吉林府县志辑》，第 300 页。

② 因长春五路通衢，这里的柴草市和马市，生意兴隆，旁边有艾家店等十多个大车店。参见《民国长春县志》（卷二），载凤凰出版社编：《中国地方志集成·吉林府县志辑》，第 89 页；长春市南关区地方史志编纂委员会：《长春市南关区区志》，吉林文史出版社 1993 年版，第 73 页。

③ 各个城门（除内城城门外）依靠木板夹土与商户、民宅院墙形成一丈高墙充当城墙连接。城墙外有小河沟的地方就把小河沟充当护城河，如西北门到西南门有西河沟，西南永安门经全安门（大南门）到小东门则有小西河。有的则利用人工挖掘而成护城河，如东北门经北永兴门到西聚宝门就是掘地挖池而形成的护城河。参见《民国长春县志》（卷二），载凤凰出版社编：《中国地方志集成·吉林府县志辑》，第 86 页。

限定的秩序相吻合。这种空间和物理上的秩序，作用于居住其中的人，又形成了文化和心理上的"共同体"及其内在秩序，就像有人在讨论城市文化时所提出的那样，城内的主要街路"是按照方便的汇集于主要城门的原则来规划，不过，不能忘记城墙在心理上的重要性，即：谁在城市之中？谁在城市之外？谁属于城市？谁不属于城市？一到黄昏就关闭城门，城市即与外界隔绝。城门就像是船。促进了居民之间产生'同舟共济'的感情。"[1]这表明城门和城墙除了是物理界限外，还具有心理界限的功能，正是这种心理界限将城内人和乡民区隔开来。长春城的繁荣使许多外来人口都涌入城中定居生活，无论是商业还是娱乐活动在长春城中都有特定的聚集地，这些居民按城市空间规划的秩序从事着各种活动。

从望月楼向城内俯视，首先映入眼帘的，是重重叠叠的屋顶、烟囱、街道、市场，令人眼花缭乱。城内街道纵横交错，像一张网扭结在一起，难解难分构成一个整体。第一眼就可看出，有一条贯通南北的长街，把整个城串联贯通起来。这条长街从全安门（又称大南门）到永兴门（又称大北门），依次与东西横向的全安街、东西头道街、东西二道街、东西三道街和东西四道街相交叉，构成总的脉络。从全安门走向永兴门，在三道街以南叫作南大街，以北叫作北大街，它是一条"母亲街"，是老长春城的一条大动脉，其一切支线街路血管都经由它流出、流进整座城市的血脉。

若从细部着眼，长春城的胡同是颇为繁杂，但亦堪称壮观的景象。这时的长春有 25 条长短不一的胡同，它们是这座城背景一样的东西，高高低低的灰色房屋凸显在它之上。这里的胡同和房屋以及主要街路彼此勾连互衬，共同构成了这座城的点线面。当天渐渐暗下来的时候，泾渭分明的胡同和房屋的轮廓也渐渐模糊起来，直到天黑了灯亮起来，这些点和线都是有光的。在那光后面，胡同和房屋的轮廓已经融合形成大片大片的暗，

---

① ［美］刘易斯·芒福德：《城市文化》，第61页。

成为这座城的巨大背景。从高处望下去，各种形状的屋顶在微弱的光的映衬下，看上去像是大海的波涛，被那几点几线的光推着走，而硬山屋脊反射着繁星的光，犹如波涛的浪尖。这一切呈现的都不是平面，而是立体的。当晨曦一点一点亮起，模糊的背景渐渐勾出胡同和房屋的轮廓。生活在这里的人们也开始一天的劳作，人们穿梭在胡同中，胡同和房屋这时已然不是静态了，在人们的作用下，这座城也跟着动了起来。

当我们扫视这繁复杂陈的建筑物的时候，一定会注意到几大主要的建筑群落，它们正是这座城市中最重要的景观。

三、早期长春城市景观群落及其美学风格

（一）官衙与城墙：城市景观中的政治意象

1825 年迁来的长春厅建在北大街西侧，西四道街中段（今长春市大经路 103 中学院内，见图 1-2）。此地是宽城子比较繁华的商业区。建衙

图 1-2　翻建后长春厅

依旧遵循"凡公廨堂皇，营建合制"①的基本原则，厅衙面南背北，布局中规中矩，从文献记载和存世的图片看，它建有斗拱式牌坊，"大堂三楹，两廊各五楹，二堂三楹，内室五楹，前后皆有翼室。大门、二门各三楹，照壁南向，系道光五年移治时所修者。全署屋宇不甚宏敞。"②与前文所述新立城时期的厅衙在规制上并无太大区别，大致只是移建后的厅衙多了斗拱牌坊，但缺少了仪门。在材料使用上依旧是青砖砌筑，全部建筑都采用硬山式屋顶造型，并灰瓦铺顶，而且各建筑物正脊和垂脊未装饰吻兽和脊兽。整个建筑缺少了装饰，却向上拉高了尺度，使得大堂、二堂及其他建筑显得比此前新立城时期的厅衙更高大宏阔。此种建筑格局与形式在后来的历史中延续了近百年，即使光绪八年（1882年）长春厅改理事通判为抚民通判、光绪十五年（1889年）升为府、民国二年（1913年）改为县，直到民国十五年（1926年），百年间这座府衙都未曾改变，只是在光绪十二年（1886年）重修一次，民国六年（1917年）复加修筑而已。③与府衙毗邻的是巡检衙署，它有"大堂三楹，东西厢房各三楹，内宅三楹"，规模远不及厅衙。④

　　在西四道街官衙的东面是早已存在的蒙王征租处，也叫"蒙租局"，是郭尔罗斯前旗王府为办理出荒征租等项事宜而设立的。蒙租局开立时间与长春厅设治同年⑤。在厅衙周边还有西三道街路南的税捐征收局以及路北财神庙胡同内的印花税处等机构。

---

① 《民国长春县志》（卷四），载凤凰出版社编：《中国地方志集成·吉林府县志辑》，第224页。
② 《民国长春县志》（卷四），载凤凰出版社编：《中国地方志集成·吉林府县志辑》，第225页。
③ 《民国长春县志》（卷四），载凤凰出版社编：《中国地方志集成·吉林府县志辑》，第225页。
④ 巡检衙门后改为长春地方法院及检察处。参见《民国长春县志》（卷四），载凤凰出版社编：《中国地方志集成·吉林府县志辑》，第226页。
⑤ 长春电视台：《发现长春》，吉林美术出版社2011年版，第13页。

　　清代国家意志通过各种途径和方式向地方社会渗透，其中一条管道是通过地方官吏和士绅把政令和权威贯彻到底层民众，另一条就是通过建造各类景观，潜移默化地影响民众。而官署的建设就是重要组成部分。

　　城墙、官衙连同其他税政权力机关，不仅仅占据了物理空间，还通过形制、规模、布局以及装饰等形象成为宣教样本，力求"闬闳垲爽，崇视岩瞻"①，以彰显国家意志和城市地位，并从心理上设定一个民众对国家的认同模型，影响并规训民众的日常生活。宽城子虽然在设治之前就已经存在了，但"其为何代所建，已渺乎不可睹已"。②不过早在嘉庆元年（1796年）就已出荒立市③，比长春厅设置还早四年。这说明在设治之前宽城子就已经很繁荣。借地移垦迁移过来大量关内人口所携带的中原文化与当地文化相互影响，日渐融合，形成独特的地域文化和特有的地方政治关系。长春厅移治前，宽城子日常主要依靠保甲和士绅（商贾）来治理，底层民众则通过日常劳作、出市、祭祀、典礼、仪式等活动进行日常生活调度，相对自由。长春厅移治后，这一行政权力机关与当地士绅（商贾）共同形成新的地方政治治理关系，对长春城的发展乃至生活在这里的人们都产生了极大影响，其中最重要的，莫过于官府主导下的城墙营建了。它一方面验证了施坚雅所言的政府效能与治所空间地理位置之关系的判断，④表明了长春厅在地方治理上的效能，另一方面，则深刻影响了长春城市的空间格局和整体景观面貌。

　　同治四年（1865年），匪患猖獗，袭扰长春。当时长春既无驻军，又无多余公帑来修筑城墙和城门进行防御。在通判博霖的主导下，地方士绅

① 《民国长春县志》（卷四），载凤凰出版社编：《中国地方志集成·吉林府县志辑》，第224页。
② 《民国长春县志》（卷二），载凤凰出版社编：《中国地方志集成·吉林府县志辑》，第87页。
③ 嘉庆元年（1796年）开垦立市。《当道如何维持市面》，《盛京时报》1908年5月10日。
④ ［美］施坚雅：《中华帝国晚期的城市》，叶光庭等译，中华书局2000年版，第311页。

组织商民出资捐助建造城墙和城门。士绅和商贾为保护自身利益，与官府达成共识，一致出资捐助才使城墙和城门建造得以完成。从此官衙、城墙和城门参与长春人日常生活中，成为彰显这座城市存在的最主要的建筑景观。

城墙建成后，长春城围绕官衙分隔出不同的行业的集中区域，如官衙集中地（西四道街）以及设在城门边的市场和集市（西门及各城门外），供应城里城外居民所需；城内可看到一些专门化场所，如菜市、马市（南门外）、客栈、茶馆、寺庙（南北大街东部）等，能满足城里人的趣味与需要。在日常生活中，人们按需穿梭在城内城外的目的地，而那些专门化场所在满足人们需求的同时，自身也在迅速成长和演化，并且产生出不同的阶级和文化，各行各业的专家应运而生。①

除官衙和城墙外，国家意志另一强化之所就是相关文教设施的兴建和应用，这些文教设施是国家意志通向各个地方社会的神经脉络，是地方官府和士绅控制民众思想与行为以及塑造地方文化的集聚地。在长春，文庙与养正书院是当时影响力最大，传播文化最有力的文教设施。

（二）文庙与书院：中国文脉的景观重现

1871 年，在士绅朱琛的捐助下，长春修建了有史以来的第一座学宫——文庙。文庙于同治十一年（1872 年）建成，位于老城内东南隅二道街管辖内（现亚泰大街与东大街交汇处，见图 1-3），由三楹大殿、泮池、棂星门等建筑构成。其后，它又经历了数次改建和扩容，如"清光绪二十一年（1895 年）和 1924 年，分别由当时的长春知府杨同桂和长春县知事赵鹏第主持，进行两次大规模修建，这里呈现出门前古榆参天，花草满坛，泮池如新月，虹桥飞架其上的动人景象。"②整个文庙由南向北依次

① ［美］施坚雅：《中华帝国晚期的城市》，第 314 页。
② 左南、李哲、陈强：《长春文庙恢复设计》，《中国园林》2007 年第 6 期。

图 1-3　文庙

为照壁、泮池、泮桥、棂星门、东西更衣厅、孔子家庙、孟庙、东西配殿、大成门、大成殿以及崇圣殿组成，整个文庙布局严谨，错落有致。虹桥后即为壮观的棂星门。该门高七米五，宽八米，门楼上书"棂星门""取士""必得"等字样，"棂星门"三字为乾隆所书。棂星门后面最壮观的建筑是大成殿，作为文庙的主体建筑，大成殿被装点得富丽堂皇、大气庄重，殿内宽敞整洁，供奉着孔子及其七十二位贤人弟子的牌位供人膜拜。历年农历二、八月上丁日，以及孔子诞辰祭祀，地方的文武官员和所有的儒生都要向圣贤雕塑行参拜大礼。典礼就举办在大成殿门前的承德露台上。

　　在文庙以南约160米的伊通河畔，还矗立着一座"高若干丈，其内柱梁非常高大，上架楼板数层"①的魁星楼。它是这一区域建筑群落中最高的建筑。魁星在传说中是文昌帝君的侍神，拥有一支专门点取科举士人名字

① 《雷火烧着魁星楼》，《盛京时报》1917 年 7 月 15 日。

的笔。因其寓意吉祥，所以在科举制度盛行的年代被人们奉若神明。全国上下诸多文庙中大都有魁星楼或魁星阁，不仅能供当时参加科考的考生参拜，还有为当地开启文运的美好寓意，而长春厅的魁星楼最早建在伊通河边的武庙中，1902年王昌炽到任长春知府后，按"堪舆"之理，将魁星楼移建到城内东南隅与文庙相邻的位置。魁星楼形似宝塔，共三层，一层青砖砌筑，二三层环形柱廊，斗拱、檩枋，采用重檐彩绘六角攒尖顶，檐下雕梁精美，整体看上去要比清真寺望月楼巍峨宏大。[1]1917年7月12日，魁星楼——这座曾象征着城市文运的建筑遭雷击起火烧毁（见图1-4）。

图1-4　魁星楼

长春厅的文教设施除了文庙、魁星楼之外，还有著名的养正书院。长春厅的设立较晚，所以无论是教育还是经济都略显落后。设治以后，伴随着大量人口短时间内急剧涌入而产生的社会混乱、积案成山、蒙汉矛盾日

---

① 于泾、孙彦平、杨洪友：《长春史话（全二册）》，第428页。

渐增加等现象，引起了官方的重视。为了使乡民能够接受良好的教育、从根本上缓解民众内部矛盾，长春厅首任抚民通判李金镛（1834—1890）在1884年3月与本地的士绅乡豪们筹捐9.1万吊市钱，修建了长春的养正书院。"'养正'二字取自于《易经》'蒙以养正'，即启蒙和修养正道之意。"①该书院建成于1884年8月，由学舍、讲堂和藏书室构成，藏书近千卷，初招肄业生员12名、童生23名，教学内容始终以封建礼教为主。

养正书院的旧址位于长春城北以东，今南关区西长春大街与西三马路之间长春西五小学，它是长春历史上第一所官办学府。据亲历者口述，"养正书院坐北朝南，为三进四合院式的建筑，院内包括讲堂、儒家先师祠堂、藏书室、童生学舍、考棚等建筑。第一进院落，讲堂前有两块石碑，碑文由李金镛于1885年撰写，记述书院创办的时间、规模、宗旨及地方官绅募捐名录等。讲堂面阔五间，近150平方米，有前廊，讲堂上悬挂着李鸿章亲笔楷书'养正书院'匾额。讲堂西侧有东西厢房各六间。第二进院落建有正房五间，是祭祀和藏书的地方，面积约150平方米。正堂为供奉孔夫子、朱熹、陆九渊等儒学先师像的祠堂。第三进是学生宿舍。"②书院的规模之大充分体现了当时长春对教育的重视。在地方百姓以及官府共同努力之下，一所地方科举的预备学校就诞生在长春厅的土地上，成为长春厅第一所官办学堂。书院落成后，李金镛向吉林将军汇报情况时，曾详尽申论了其力主兴建养正书院的意图所在："教化者人材之原，人才者风俗之原，自来化民成俗，未有不敬教劝学者，教之大端在正人心厚风俗而已。为求人心之正，风俗之厚，必阐先儒之学乃兴节义之风，则书院不可以不设矣"。③显然，这座书院可谓是12年前建成的文庙的教化

---

① 孙华：《李金镛与养正书院》，《兰台内外》2004年第5期。

② 《养正书院》，2012年11月10日，http://www.360doc.com/content/12/1110/22/1302411_247110219.shtml。

③ 梁志忠：《长春养正书院》，《社会科学战线》1985年第4期。

功能的延伸与实践展开。它寄寓了清政府力求在这座年轻的城市中使孔孟之道灿然复明于世的期待。

养正书院落成后，与当时科举制度配合，形成政教相连的坚实纽带。1906 年，清朝政府废除了沿续千年的科举制度，新式学堂教育取代了传统的官、私教育方式。养正书院也改制成长春府中学堂，开始传播西方的现代科技文化知识。

（三）祠庙、集市与商业：中国传统城市生活美学的空间展开

除了日渐完善的文教系统，这时的长春城已经建有许多庙宇以及集市，它们不仅满足了市民的物质和精神需求，也在一定程度上塑造着当地人的观念和思想。长春最早的寺庙为朝阳寺（俗称南关老爷庙、关帝庙、朝阳古刹），始建于嘉庆四年（1799 年），比 1800 年长春设治还早，因该寺先祖师了成和尚来自口外朝阳县而得名。1865 年，长春修建城墙时将其留在了全安门（大南门）外。

长春关帝庙的构成十分特殊。它是由关帝庙、娘娘庙、祖师庙、狐仙堂、玉皇大帝庙、钟鼓楼以及禅堂等组成的极为壮观的寺庙群。[1] 整个寺庙群坐落在当时大南门外大街街北（今南关区亚泰大街与吉林大路交汇的东北角，伊通河西岸附近）一块西高东低的坡地上，坐北朝南，呈长方的五边形形状，南北长近 80 米，东西宽 30—42 米，[2] 主要建筑沿南北主轴线上依次布局，建筑高低错落有致。寺门为屋宇式，硬山式大坡屋顶，正脊前后高大立面砖雕饰面，两侧饰有高高卷起的吻兽，垂脊饰脊兽。寺门前后有柱廊三开间形制，梁柱交合之处装有木质透雕插脚。大门两侧各有一尊石狮子，门前有两根近 20 米夹石木制旗杆，山门两侧设有屋顶式墙门，形制与大门相似。如此，大门在周围低矮简陋的房屋的映衬下显得格

---

[1] （清）长顺、讷钦修，李桂林、顾云篡：《吉林通志》（卷六），载凤凰出版社编：《中国地方志集成·省志辑·吉林》第 1 册，第 484—485 页。

[2] 于维联、李之吉、戚勇：《长春近代建筑》，第 16 页。

外高大、庄严。透过庙里散发出的缭绕的香火薄雾，站在大门口能看到里面错落有致的高脊灰色大坡屋顶与钟鼓楼、玉皇阁一起构成画面，在钟声和诵经祈祷声中，形成极具召唤力的视像，召唤信徒快速走进庙堂祈福（见图1-5、图1-6）。

　　进入寺庙第一重院落，砖道直抵关帝庙正殿月台，砖道右侧是一座两层的钟鼓楼。钟鼓楼为四柱重檐歇山顶二层楼阁，上层顶为正脊，两侧装有高高卷起的砖雕正吻，饰有脊兽的四条戗脊高高扬起，大大的出檐严谨美观；下层砖砌，正面拱门，四条短戗脊翘度不大。钟楼上下层之间设置木质栏杆，内吊有一大钟，钟声悠长低沉。远看十分宏伟壮观。

　　这里所供奉的各路神祇，当属关帝为重，因为"百姓以其信义耿介，奉之为驱邪除恶、扶正保民的大神；士人以其忠义正直，奉之为道德偶像；将士以其神武善战，奉之为克敌制胜的军神；商贾又奉之为招财进宝的福神"，就此而言，关帝被视为神通广大的神灵而受到各阶层的广泛崇

图1-5　南关关帝庙

图1-6 关帝庙内景

祀。[1] 因此，关帝庙正殿是整个寺庙的中心，建筑形制为前柱廊式三开间大殿，硬山式大坡屋顶，正脊前后高大立面砖雕饰面，两侧装有高高卷起的吻兽，垂脊饰脊兽。整个大殿坐落在进深6米、高1米的月台上。

穿过大殿进入到第二重院落。这一院落以娘娘庙为中心。西侧有祖师庙，东侧并排有狐仙堂、老君堂、孙真人庙，边上还有一座十不全小庙。娘娘庙与狐仙堂、老君堂、孙真人庙建筑形制除了开间不同，其他都基本一致，都是硬山式大坡屋顶，正脊前后高大立面砖雕饰面，两侧装有高高卷起的吻兽，垂脊饰脊兽。唯有祖师庙形制特殊，祖师殿前是八柱开敞式卷棚抱厅廊厦，前面四柱前都放有石狮子，后面硬山式大坡屋顶，正脊前后高大立面砖雕饰面，两侧装有高高卷起的吻兽。

过了娘娘庙就进入第三重院落。这里供奉的是玉皇大帝、王母娘娘和

---

① 卿希泰：《中国道教》第三卷，上海人民出版社1990年版，第128页。

三清神像等。另有如来佛祖和观音菩萨、十八罗汉菩萨、赤脚大仙等。殿旁有高高的玉皇阁楼塔。玉皇阁是整个寺庙最高之地，站在上面，不但可以俯瞰整个寺庙的每个角落，而且整个长春城都尽收眼底。玉皇阁为正方形重檐歇山顶二层楼阁，上层正脊除两侧装有高高卷起的砖雕正吻外，中间还饰有塔刹，四条戗脊微微扬起，东面和西面各有一个圆形窗，南面和背面各有一个拱形窗；下层四条短戗脊也是微微翘起，檐下则是仿木作的雕花挂落。阁上朝南刻有"南来山色绕天冀"的字样。最后一排禅房，是僧人们起居的地方。①

　　长春另一处热闹非凡的地方当属城隍庙，坐落在当时的长春城西头道街与西二道街之间。在中国传统观念中，"城，以盛民也"；"隍，城池也。有水曰池，无水曰隍"②，也就是说，"城隍"本是对城市功能与分类的概括。在漫长的文明史中，城隍的内涵渐渐发生演化，成为某种意义上的人格神，作为护城神、地方保护神以及主管阴司冥籍之神而被奉祀③，归属于道教信仰系统。唐代时信仰城隍神已成习俗，五代十国城隍神就已经有了官方封号，宋代则被纳入国家祀典，到明清之际，奉祀城隍神达到了极盛，按所在地方官府等级对应赐予不同的品级。新官上任要先去城隍庙向城隍神宣誓，表明杜绝"迨政""奸贪""陷害僚属"以及"凌虐下民"的决心。从某种意义上说，城隍被视为阳世间行政长官的对应者。④

　　长春的城隍庙建于长春厅移治宽城子的第二年（1826年）。据光绪《吉

---

① 参见（清）长顺、讷钦修，李桂林、顾云纂：《吉林通志》（卷六），载凤凰出版社编：《中国地方志集成·省志辑·吉林》第1册，第484—485页；于维联、李之吉、戚勇：《长春近代建筑》，第16页；陈喜文等回忆录：《长春关帝庙——昔日庙宇群》，2013年12月5日，http://www.360doc.com/content/13/1205/12/8290478_334649986.shtml。

② （汉）许慎：《说文解字》（校订本），班吉庆等点校，凤凰出版社2004年版，第402、429页。

③ 据学者考察，"城隍"作为神被奉祀的记载始见于《北齐书》。参见卿希泰：《中国道教》第三卷，第134页。

④ ［美］施坚雅：《中华帝国晚期的城市》，第720页。

林通志》记载，城隍庙有"正殿三楹，后殿三楹，仪门三楹，东西配庑各五楹，禅堂十楹，钟楼一座，土地祠一楹，大门三楹"①，规制和布局与长春厅府衙极其相似。两座"府衙"与两位治理者——地方行政长官和城隍共处在一座城市中，分别代表皇权与上天来统治这座城市、人民和故去的亡灵。② 生与死的安顿与秩序建立，因这两座"府衙"的景观生成而完成，因此，建筑及其规制、形式在物质与感性印象的基础上，进一步衍生出观念与精神的内涵，并形塑着生活在这座城市中的人的文化心理和信仰世界。

截至同治十一年（1872 年），长春城内、城外共建有大小祠庙 12 座，③可见奉祀活动在早期长春城市文化中所占据的地位之重要。同时，城市的政治、经济乃至日常生活和娱乐活动也借助祠庙空间而展开，其主要表现形式，即庙会。王确先生曾指出"传统的庙会的主要功能是三个：一是敬

---

① 关于长春城隍庙修建时间有不同说法，一是《民国长春县志》记载该建筑是清嘉庆二年（1797 年）从新立城移来长春的，并改名为灵佑宫，在光绪二年（1876 年）被烧毁，后经道士高本强募资复建，共有三十三楹，1924 年又增建三楹。该记录有"此条记述年代过早，疑有误，待考"的注释。参见《民国长春县志》（卷六），载凤凰出版社编：《中国地方志集成·吉林府县志辑》，第 412 页。二是民国时期"满铁"长春共同事务所所长井上信翁在他 1922 年所著的《长春沿革史》中的记载，认为城隍庙修建的年代是清嘉庆十八年（1813 年）。此条记录也不准确。参见《从昔日的城隍庙祭祀看老长春民俗》，《长春晚报》2017 年 5 月 8 日。三是《吉林通志》记载：城隍庙在城内西头道街路北，正殿三楹，后殿三楹，仪门三楹，东西配庑各五楹，禅堂十楹，钟楼一座，土地祠一楹，大门三楹，道光六年（1826 年）建。该书成书于光绪十七年（1891 年），早于《长春县志》和《长春沿革史》的记述，比较可信。因此本书以清光绪十七年版《吉林通志》记载为准。

② [美] 施坚雅：《中华帝国晚期的城市》，第 721 页。

③ 除前述的文庙、魁星楼、朝阳寺（关帝庙）和城隍庙外，城内还有：西二道街建于嘉庆二十年（1815 年）的诸圣祠；位于西四道街建于道光六年（1826 年）的财神庙；位于东三道街口建于道光二十八年（1848 年）的火神庙以及建筑年月不详的三义庙；城外有位于西门外建于光绪十二年（1886 年）的大佛寺以及东门外的龙王庙、马号门外的大平宫、南岭的农神庙。参见《民国长春县志》（卷六），载凤凰出版社编：《中国地方志集成·吉林府县志辑》，第 410—411 页。

神；二是娱乐；三是商业推广、交流和贸易。"① 城隍庙和朝阳寺（关帝庙）定期举办的庙会就集合了这三种功能。自清代到民国时期，城隍庙都是举办官方祭祀活动以及集会的重要场所，当时的庙会以及著名的永安市场都曾设立于此，它还是政府乡豪举办慈善活动的必选场所。② 每年三次的城隍神祭厉坛活动和城隍出巡活动，成为一种民众娱乐的形态。朝阳寺（关帝庙）周边则聚集了各种商业店铺，对面是柴草市、车马市和官府的税政机关。这里大车店林立，寺庙门前广场及周边各种商品摊贩鳞次栉比。呈现市民眼前的，除了奉祀的用品外，还有杂耍、演戏、说书、各种食物和日用品等。每到初一、十五以及各路神祇的诞日，这里更是热闹非凡，熙熙攘攘的人流、琳琅满目的商品和精粗杂陈的表演，环绕成一个巨大的、开放的"舞台"，"在这些空间里，一切的景观、事物和人物都自然成为某种表演，每一个参与者享有平等的视听权利。在这一现场，看和被看是必然的，这里不需要窥视，因而是观看的好地方，是获得观看愉悦的最佳现场之一"。社会底层的人们需要借助庙会来实现情感的宣泄和审美的狂欢，因为"日常生活不能提供经常性的审美活动的条件，需要凭借民间仪式、节日庆典、集市和庙会等现场来实现情感的宣泄，因而在有限的时间和场合里常常是以'狂欢性'的方式来参与那些具有审美性质的活动"。③

早期长春城市的经济和娱乐文化景观除了聚集在寺庙周边外，还上演于遍布街头的各类集市。最早的商业街出现在 1800 年，有一家位于头道街与二道街路以东名为"玉茗斋"的糕点老店，这是长春当时较大的一家商号，由河北省昌黎县人在此经营。之后的二十多年间，长春逐渐成为较大的集镇，到了道光年间，各种钱庄、粮铺、百货

① 王确：《茶馆、劝业会和公园——中国近现代生活美学之一》，《文艺争鸣》2010 年第 13 期。

② 《从昔日的城隍庙祭祀看老长春民俗》，《长春晚报》2017 年 5 月 8 日。

③ 王确：《茶馆、劝业会和公园——中国近现代生活美学之一》。

铺等门店纷纷设立于此，使得这里成为商铺聚集的繁荣街区。同治四年（1865年）后，由于政治局面稳定，经济得以快速发展，"以南北大街（今大马路长春大街以南至南关地段）为中心形成商业网络，南、北大街两侧日杂、百货、粮栈、马具、银钱业等店铺十分兴隆。"[1] 后来车店盛行，加速了长春的经济贸易发展，这些街道相互连接、交错，逐渐形成了一些颇具规模与特色的商业街区，其中十分著名的有"东头道街至南门外荷塘子一带（今南关大桥附近），为柴草市场；头道街铁器业较多，堪称铁器街市；二道街日用品小百货店较多，称百货街；东三道街为瓜果市场；西三道街为银钱业市场。光绪三年（1877年），吉林世一堂药店在头道街与二道街之间路东开设了分号长春世一堂，经营至今。"[2] 到了1905年开商埠之前，"南北大街两侧店铺林立，商业繁荣。银号、钱庄、百货、日杂、烟麻、建筑、陶瓷、丝绸、布匹、鞋帽、鲜货、鱼类、饭馆、客栈、粮食、油坊等业店铺有400余家"[3]。商业街不仅方便了市民的日常生活，而且还拉动了当时长春的经济，也吸引着越来越多的人来到这里定居。

（四）早期长春城所表现的空间意识与美学意蕴

在讨论人类认识问题时，康德曾提出，世界本体是不可知的，人只能在感觉直观中认识世界，而空间和时间，就构成了人类认识世界的"先验直观"，或者说是"纯直观"[4]，在这一点上，人类的认识别无二致；但就人的"现实知觉"，也就是惯常意义上的"感觉"而言，我们的空间意识和时间意识中则浸润了生活、文化与社会中的"后天知识"，因而构成了一

---

① 寿白、李晓光、杜建军：《长春的老商业街》，《兰台内外》2004年第3期。

② 寿白、李晓光、杜建军：《长春的老商业街》。

③ 长春市南关区地方史志编纂委员会：《长春市南关区志》，第74页。

④ [德]康德：《纯粹理性批判》，邓晓芒译，人民出版社2004年版，第42页。

种"经验性的直观的东西"①，亦即李泽厚所言的人类在"自然人化"的实践历程中所积淀起的审美意识和文化心理结构。按照李泽厚的论述：

> 各种形式结构，各样比例、均衡、节奏、秩序，亦即形式规律和所谓形式美，首先是通过人的劳动操作和技术活动（使用—制造工具的活动）去把握、发现、展开和理解的。它并非精神、观念的产物。它乃是人类历史实践所形成的、所建立的感性中的结构，感性中的理性。正因为如此，它们才可能是"有意味的形式"。②

如果从这种"后天知识"和"经验性的直观"的角度来考察和分析早期长春城市的空间布局、建筑意象、城市景观，无疑能够从它们所表现的空间意识中，发现"积淀"于上述形式结构中的极为丰富而深刻的中国传统文化和美学的意蕴，进而对传统时代长春城市景观展开更为深入的把握和认识。

中国古制建城都要依据"匠人营国"之宇宙观进行规划，中规中矩四方城，十二门，左宗庙右祀社，面朝后市③。在此"标准化"的原则之下，还有一些具体的选址考量，如"凡立国都，非于大山之下，必于广川之上。高毋近旱而水用足，下毋近水而沟防省。因天材，就地利，故城郭不必中规矩，道路不必中准绳"④。宽城子就是因天时，就地利，依自然形态而生长的。然而，长春厅迁入后，开始自觉按照中国传统人文观念、美学思想来经营、建设长春城。

首先，按照礼制布局城市，凸显中轴线思想。长春城官衙群坐落在长春城北门，沿中轴线北大街两侧布局，是长春城最显赫的位置，是纵深轴线的尽端高潮。城隍庙、文庙、书院、寺庙以及住宅、商店等从官衙依次

---

① ［德］康德：《纯粹理性批判》，第42页。

② 李泽厚：《己卯五说》，中国电影出版社1999年版，第139页。

③ 闻人军译注：《考工记译注》，上海古籍出版社2008年版，第112—113页。

④ 黎翔凤撰：《管子校注（上）》卷一，梁运华整理，中华书局2004年版，第83页。

向南展开。这充分体现出传统礼制规划结构的基本模式和秩序感。同时，南北大街以近似中轴线位置贯穿整座城，这种中轴线的空间意识，不仅体现出中国传统城市布局的择中思想，也是"中国"观在建筑美学思想上的反映。① 而且这种对称布局也引发人的情感波动。正如乔治·桑塔耶纳所说："对称所以投合我们的心意，是由于认识和节奏的吸引力。当眼睛浏览一个建筑物的正面，每隔相等的距离就发现引人注目的东西之时，一种期望，像预料一个难免的音符或者一个必需的字眼那样，便油然涌上心头，如果所望落空，就会惹起感情的震动"②。而且，这种对称所呈现出的美感被闻一多先生称为"中国式的美"③，是"中国式的以礼乐为基调的礼乐和谐之美"④。

其次，依"象天法地"思想建筑城市要素。长春厅移制后，象征城市文运的文庙、书院，护城的城隍庙等元素相继出现在长春城中。这些城市元素的出现都源自中国人具有一种强烈的"崇天拜地"的文化意识。自古中国人把"天界看成以'帝星'为中心，以'三垣、四象、八宿'为主干的组织严密、等级森严和庞大无比的空中社会"。于是以"天界"的空中社会组织结构为模型来经营管理人间一切。⑤ 因此，长春地方官员在经营城市的时候，也将"天界"星宿请至人间来增强这座城市的福运。

再次，注重建筑空间关系，平面展开的人文世界。整座长春城内的建筑是平面铺开的，而且以官衙为中心形成一个有机的平面整体。这种以平面方式铺开的特征，体现着中国传统的"四方"观念与"宇宙图案"的思

---

① 傅崇兰、白晨曦、曹文明：《中国城市发展史》，社会科学文献出版社2009年版，第301页。
② ［美］乔治·桑塔耶纳：《美感》，缪灵珠译，中国社会科学院出版社1982年版，第61页。
③ 孙党伯、袁謇正主编：《闻一多全集》（第十卷），湖北人民出版社2004年版，第160页。
④ 傅崇兰、白晨曦、曹文明：《中国城市发展史》，第531页。
⑤ 参见傅崇兰、白晨曦、曹文明：《中国城市发展史》，第289页。

想。① 不仅如此，"中国建筑一开始就不是以单一的独立个别建筑物为目标，而是以空间规模巨大、平面铺开、相互连接和配合的群体建筑为特征的。它重视的是各个建筑物之间的平面整体的有机安排"②。这种建筑群所展现的空间犹如一幅平面的画，"其欣赏方式不在静态的'可望'，而在动态的'可游'"③。另外，整座城市中的建筑都坐北朝南，体现出强烈的南向意识。东北冬季天气寒冷，这种南向建筑可以增加阳光的照射，起到保暖功效。除此之外，这种南向建筑也暗合中国传统风水意义上的"取正"之法，更符合"礼制建筑的常式"④。

最后，飞檐展现出中国建筑艺术灵动的神韵。在当时长春城，崇德门、关帝庙、清真寺、文庙、魁星楼这几处建筑的飞檐画出了这座城市的天际线。不仅如此，它的天际线与天空相衔接，显现出一种静与动、小与大、虚与实的审美意象。而且，它通过线性表达体现出一种时间上的流动美，是动而入神的美。"尤其强调与大自然界（天）的接触，从'天人结合'境界，处理静与动的关系，不允许创造静止的建筑形美，而重在'动'。通过与大自然（大）的接触，来扩大空间，创造空间，使大小空间配合得宜，丰富美的感受"⑤。而且，"屋顶的曲线，向上微翘的飞檐（汉以后），使这个本应是异常沉重的往下压的大帽，反而随着线的曲折，显出向上挺举的飞动轻快，配以宽厚的正身和阔大的台基，使整个建筑安定踏实而毫无头重脚轻之感，体现出一种情理协调、舒适实用、有鲜明节奏感的效果"⑥。这几处富有灵动神韵的飞檐，通过"借景""虚实"相生等种种方式将这座城市中的建筑勾联在一起，体现出一种有机整体的美。

---

① 参见傅崇兰、白晨曦、曹文明：《中国城市发展史》，第 585 页。

② 李泽厚：《美的历程》，上海文艺出版社 1986 年版，第 64 页。

③ 萧默：《从中西比较见中国古代建筑的艺术性格》，《新建筑》1984 年第 1 期。

④ 傅崇兰、白晨曦、曹文明：《中国城市发展史》，第 509 页。

⑤ 傅崇兰、白晨曦、曹文明：《中国城市发展史》，第 496 页。

⑥ 李泽厚：《美的历程》，第 64 页。

综上所述，长春厅在新立城设治之初就有了城市的原始雏形，移治到宽城子后，借助宽城子的原有根基形成了城市的规模。称其为城市总体上基于三个方面的考量，一是人口的聚集地；二是成为地域的中心；三是有别于乡村聚落的高级聚落的形成。① 宽城子嘉庆元年（1796 年）就已开垦立市，比长春厅设治还早 4 年，当时宽城子已经是较大的人口聚集地了。在最初的百余年自然发展中，依照传统城市观念进行布局和区划，筑城墙、建学宫、修寺庙，有了官衙、学宫、寺庙等高大建筑群，与商业和民居建筑形成了错落有致的城市景观群像；借助中心和伊通河交通航道的优势，长春也成为物质财富的聚敛中心和消费中心。由此，在政治、商业和宗教的影响下，社会阶层逐渐分化并有了产业分工，城内居民的构成也呈现复杂化特征。正如马克思所说："城市本身表明了人口、生产工具、资本、享乐和需求的集中；而在乡村里所看到的却是完全相反的情况：孤立和分散。"② 以上论述充分表明，长春已经具备了上述主要城市要素和特征，它业已成为区域内"经济、政治和人民的精神生活的中心"③。不久以后，长春的城市景观形态，将在火车和铁轨的撞击声中呈现出另一番新的景象。

① 毛曦：《城市史学与中国古代城市研究》，《天津师范大学学报》（社会科学版）2004 年第 5 期。
② 《马克思恩格斯选集》第 1 卷，人民出版社 1972 年版，第 56 页。
③ 《列宁全集》第 19 卷，人民出版社 1959 年版，第 264 页。

第 二 章

殖民、开埠与现代化

——长春现代城市景观的起点及其竞争

现代城市意义上的长春，其起点可以追溯到 19 世纪末、20 世纪之交相继侵入中国的沙俄和日本殖民势力所营建的铁路附属地，以及中国政府为因应殖民入侵、昭示主权和形象而开设的商埠地。长春的现代建筑和街区意象、城市景观，从一开始，就潜藏着此种内在的对抗性，并表现为风格迥异、互相对峙与凝视的建筑风格、城市景观和美学特征。在 20 世纪前期的 30 年间，随着一系列现代城市街区规划和营建的展开，长春城固有的那种明晰而完整的中国传统城市景观和美学韵味，逐渐失去了其主导地位，取而代之的是一系列以新艺术、新古典主义、巴洛克、日本"辰野式"以及中西折中主义等风格和样式的建筑为表象的杂糅的现代建筑意象和城市景观。它们象征着长春城市现代化进程的展开，也表征了这一现代化进程背后的压抑、屈辱、阵痛与觉醒。

一、中东铁路宽城子附属地：现代城市景观的楔入

1927 年 12 月 22 日，《盛京时报》上刊登了这样一则消息：

> 宽城子之东铁俱乐部自去岁夏开工以来，现已完成，计费十五万元，订 18 日晨开落成式，届期与会者除本埠各路员外，有自哈赶来者，济济盈堂，极形热闹。首由司勃脱驿长致开幕词，继各代表祝词。迨九时许，则有俄妓舞踏之余兴，十一时散会，入午聚

71

餐云。①

这座始建于 1926 年夏，工期历时近一年半的"东铁俱乐部"终于落成了。② 这是一座两层砖木结构的摩登建筑，坐落在当时二道沟（又称宽城子）火车站东北角（现吉林省人民医院凯旋院区）。说它摩登不只是因其在此地与众不同，而且就其具体的形制和样式而言，它的风格在当时的欧洲也是极为流行的——当时的欧洲现代艺术观念以具体的表达形式延伸到建筑中，这些摩登建筑在欧洲各国以不同的形式实践着，而且随着西方殖民扩张的路径向四处播散着。长春这座东铁俱乐部，就是这一建筑风格和样式随沙俄殖民扩张的结果之一（见图 2-1、图 2-2）。

风格摩登的东铁俱乐部建筑面向西南，俯瞰呈"山"字形结构，正立面东西两侧和中间部分凸出于主体，整体采用横三段竖五段对称式结构，但形制略有差异，东侧建有角楼，呈帐篷式尖顶。横三段从下往上依次由房基、砖砌墙面和铁皮屋顶构成，竖五段以圆弧形大门和两侧长条圆额直角窗构成的方形贴脸为中轴线，向两边依次对称展开。方形贴脸既是一层的标示点，也是整栋建筑最凸前的部分。

凸前方形贴脸由内嵌的圆弧形大门和长条圆额直角形窗户构成，大门和窗户都饰有门楣和窗楣。圆弧形大门四周是凸出的古典圆柱式门楣，两侧的长条圆额直角形窗户上楣，则饰有外凸式三角形浮雕，两侧则是曲线扭曲圆形柱穿过窗户下楣，形成一个闭合的全包围窗楣。这些浮雕式装饰

---

① 《宽城子俱乐部开幕》，《盛京时报》1927 年 12 月 22 日。

② 在以往的相关研究如于维联主编的《长春近代建筑》、长春市政协文史资料委员会和民进长春市委员会编的《长春中东铁路记事》以及网络上流传的各种资料中凡涉及宽城子东铁俱乐部的具体落成时间，都误认为是中东铁路正式通车的 1903 年，并以此推断宽城子（长春）火车站在 1903 年经沙俄规划开始形成街区。也有学者发现谬误，极力纠正，但不知何故也将时间记述错误，如学者赵洪 2015 年发表在《溥仪研究》第 4 期上的一篇名为《宽城子"沙俄"火车站俱乐部》的文章，充分展示证据，指出了先前历史研究中的谬误，但却遗憾地将落成准确时间误记为 1927 年 8 月 18 日。

图 2-1　东铁俱乐部

图 2-2　东铁俱乐部建筑现为吉林省人民医院 ①

---

① 图片来源：作者拍摄。

既提升了门窗的立体感，又在曲线的作用下衬托出大门的活泼与浪漫。如果说方形贴脸构成第一层次，那么它所镶入的两侧巨大的通长壁柱式墙体，则构成了第二层次。墙体从房基直通屋顶，与女儿墙直接相连；上部是一组三联组合式直线梯形窗户，共用一个直线构成的上窗楣，下面则是一组独立的凹入式坡状下窗楣；中部为圆额直角形窗户，上楣是外凸式直线拱形与三角形结合的浮雕，两边是扭曲圆形壁柱，柱头连接上楣，柱脚连接下楣；下部是半个圆额直角形窗户，四周饰有植物浮雕窗楣。两侧的巨大的通长壁柱式墙体中间，则是向后缩进的二层墙体，构成了整体的第三层次。墙体上由三个圆额直角窗构成，窗与窗之间由凸出墙面的扭曲圆形壁柱进行了分割，古典柱头既作为装饰又作为结构性的托檐石，将屋檐和壁柱结合在了一起，凸出的壁柱和简洁的双层内凹式窗口，形成了墙面空间的张力。

整栋建筑的窗户有两种形式：一种是一层的直线梯形，另一种是二层的圆额直角形。整体上看，一层和二层泾渭分明，上圆下直，刚柔异质，然而，通过壁柱分割与环绕，一层两个直线梯形窗和二层的圆额直角形窗又同构在一起，消解了两种不同形状构成的张力，达成了刚柔相济的融合。另外，在细节上，此种曲与直的互补也体现得较为明确，如不同窗型配置不同窗棂，圆额直角形窗的窗棂中轴对称，上部半圆状，下部矩形状，曲线和直线相结合构成一个整体；直线梯形窗的窗棂上部则分割出若干方块，又显现出一与多的统一风格。与此对应，外墙装饰柱也有两种样式——扭曲圆形柱式和直线曲线结合柱式，它们分别装饰在墙体阳角部位、壁柱和窗楣两侧。建筑屋顶为铁皮四坡屋顶和人字屋顶结合。整个墙体清水砖砌，磨面勾缝，白色石灰浆饰面，给人一种明快、庄重的观感。

这座建筑在样式、结构，乃至材料及技术的运用上都与距此5公里之外的长春城内的建筑有很大差异。建设这样一座具有异国风情且在当时看来如此别致和用心的建筑，究竟作何用处？谁在使用它呢？另外，以此建筑所结构的空间，与身边横亘着的表征工业文明的铁道以及奔驰其上的火车，共同型构成怎样的城市景观呢？

（一）东省铁路与殖民空间的诞生

这座名为"东铁俱乐部"的建筑，就是为当时中东铁路员工及其家属提供休闲娱乐活动的场所，它是伴随着沙俄侵华一步一步延伸到中国东北腹地而诞生的。

铁路和火车作为表征工业文明的器物，自其在西方诞生起就被赋予了"进步性"内涵，并承载了诸多"全球化"的想象，以致许多人乐观地认为，"铁路的到来本身就是一场革命的象征和成就，因为将整个地球铸成一个相互作用的经济体，从许多方面来说都是工业化最深远且当然是最壮观的一面"①，然而，工业化和全球化却并非超历史、超地域和超道德的，它们带来的乐观体验也并不向所有人均等地敞开。众所周知，在帝国主义殖民时代，铁路火车沦为殖民掠夺的工具，随之而来的就是殖民者将殖民文化和生活方式随着铁路的延伸，一股脑儿倾泻在殖民占领地。对于殖民者来说，铁路和火车意味着征服和财富；对于被殖民者而言，铁轨的铺就，则意味着他们即将沦入被掠夺和文化被改写的双重灾难中。

沙皇俄国正是利用"铁路和火车"这一"现代文明"器具撞开了中国东北的大门。1547年，俄罗斯君主伊凡四世加冕，自称沙皇并开始向外扩张，意图建立"第三罗马帝国"。这个时候在欧洲和沙皇俄国就已盛传中国和印度有丰饶物产和珍宝。中国和印度在沙皇的想象中，成为可能满足其欲望的他者。近代以来，在欧洲列强的殖民掠夺示范下，沙皇俄国也

---

① ［英］艾瑞克·霍布斯鲍姆：《资本的年代》，张晓华等译，中信出版社2017年版，第46页。

开始走上了侵略中国和印度之路。①

19世纪40年代末，沙俄侵入黑龙江流域②，趁中国国困民弱，以及列强瓜分中国无暇顾及之际，强迫中国政府割让黑龙江以北地区，将乌苏里江以东地区变为两国共管地区。中国东北完全暴露在沙俄虎视眈眈的侵略视野中。

1892年，一条横跨辽阔的西伯利亚、直抵符拉迪沃斯托克（海参崴）的大铁路计划被确定下来，并立即付诸实施。③1895年，沙俄融法国资本设立了华俄道胜银行，加快了敷设西伯利亚铁路的速度，并提出建造一条穿越中国东北的铁路以便连接伊尔库茨克和符拉迪沃斯托克的方案。④当时的俄国工业资本远远没有成熟，并不具备修筑这样规模铁路的条件，然而，他们却不断加快建设的步伐。究其原因，在商业及政治考量上，这条铁路具有世界意义，它不但使俄国"进入到太平洋地区国际经济和政治竞

---

① 16世纪中叶，伊凡四世采取蚕食政策，把疆域扩展到里海和乌拉尔山，并打开了侵略亚洲的大门，同时，向东侵入西伯利亚。一个世纪后侵占了大片西伯利亚土地，并在西伯利亚南部和贝加尔湖以东建立了安加尔斯克和伊尔库茨克两座城市，成为入侵中国的"桥头堡"。从1638年开始，沙皇俄国就不断侵入中国黑龙江流域进行掠夺。1680年至1683年，沙皇俄国不断调兵遣将，编组军队，设立雅克萨统领区，准备进一步入侵中国，妄图把这片中国领土正式并入沙俄版图。在清政府多次警告沙俄无效的情况下，康熙皇帝调兵三千开始了驱逐侵略者行动，于1683年收复了除雅克萨和尼布楚以外大片国土，1685年取得了第一次雅克萨之战胜利。1689年9月7日，中俄签订《尼布楚条约》，划定了中俄东段边界，从法律上确认了黑龙江流域和乌苏里江流域是中国的领土。参见艾周昌、程纯：《早期殖民主义侵略史》，上海人民出版社1982年版，第214、228—241页。
② 这一时期沙俄先后在黑龙江（沙俄称阿穆尔河）流域修建城市、村庄。1851年在靠近黑龙江口建立了尼古拉耶夫斯克（中国的庙街）以及在江口上游建立了马林斯克（中国的阔吞屯）；1854年建哈巴罗夫斯克（中国的伯力）；1856年建布拉戈维申斯克。参见［苏］B.阿瓦林：《帝国主义在满洲》，北京对外贸易学院俄语教研室译，商务印书馆1980年版，第9页。
③ 该铁路全长7000多俄里，采用1524毫米俄制宽轨铺设。参见［苏］鲍里斯·罗曼诺夫：《俄国在满洲（1892—1960年）》，陶文钊等译，商务印书馆1980年版，第7页。
④ ［苏］鲍里斯·罗曼诺夫：《俄国在满洲（1892—1960年）》，第16页。

争的范围",而且这条铁路可能会使"欧洲和东亚之间的交通方向的变化应当对俄国有利。并引起各国之间既定经济关系的根本变革";而从军事上考量,西伯利亚铁路是俄国太平洋舰队的生命线,是控制太平洋水域的保障①。此外,"企图在满洲边境站稳脚跟的、早熟的、而且是凶猛的、富有侵略性的日本资本主义竞争者的出现"②,除了带给沙俄强烈紧张感外,还使其更进一步认识到中国东北"对于俄国在日本沿岸进攻性策略的贯彻速度和规模的改变具有最重要的意义"③。再加上通过构建中国东北铁路,可以快速将武装力量派到"'黄海之滨'和'临近中国京城的地方'"④,这就更凸显了此条铁路的战略价值。综上而言,沙俄远东政策和意图昭然若揭,中国东北成为沙俄侵略扩张的重要一环。

中国在甲午战争中的失败为沙俄侵占东北提供了契机。沙俄、法国和德国各怀鬼胎,但在遏制日本方面达成一致,短暂结盟,阻挡了日本侵占中国东北的步伐。沙俄以"干涉还辽""四厘借款"和"保护中国"为筹码,诱迫清政府在1896年6月3日于莫斯科签订了《御敌互相援助条约》,亦即《中俄密约》。条约第一款就规定了中俄两国在面对共同防御对象——日本时双方的义务。同时,明确规定,为保障俄国军队可以在中国领土上畅行无阻,允许沙俄在中国东北修建铁路。⑤ 上述内容为俄国在中国东北

---

① [苏]鲍里斯·罗曼诺夫:《俄国在满洲(1892—1960年)》,第8页。

② [苏]B.阿瓦林:《帝国主义在满洲》,第11页。

③ [苏]鲍里斯·罗曼诺夫:《俄国在满洲(1892—1960年)》,第7页。

④ [苏]鲍里斯·罗曼诺夫:《俄国在满洲(1892—1960年)》,第93页。

⑤ 《御敌互相援助条约》第一款:日本国如侵占俄国亚洲东方土地,或中国土地,或朝鲜土地,即牵碍此约,应立即照约办理。如有此事,两国约明,应将所有水、陆各军,届时所能调遣者,尽行派出,互相援助,至军火、粮食,亦尽力互相接济。第三款:当开战时,如遇紧要之事,中国所有口岸,均准俄国兵船驶入,如有所需,地方官应尽力帮助。第四款:今俄国为将来转运俄兵御敌并接济军火、粮食,以期妥速起见,中国国家允于中国黑龙江、吉林地方接造铁路,以达海参崴。参见《御敌互相援助条约》,载王绳祖主编:《国际关系史资料选编(上)》第1分册,武汉大学出版社1983年版,第272—273页。

修建铁路进行殖民掠夺提供了"合法化"的法律表述。同年 9 月，华俄道胜银行总办以及驻俄公使在柏林签订了《合办东省铁路公司合同》，并按合同规定成立中国东省铁路公司①。合同中虽然对中俄双方的权利和义务进行了细致划分，然而若逐条细读，则会发现，中国的权利极少，义务却十分繁重；而俄国无论在行政管理、司法和警察乃至土地使用、纳税、修筑铁路用料及雇工保护等各方面都享有极高的特权②。沙俄俨然以中国东北北部的"主人"身份出现了，它攫取了"大清东省铁路"的所有权③，为侵入中国东北腹地大开方便之门。

　中国东省铁路公司成立后，立即对东省铁路（中东铁路）的走向、干支线分布、站点设置、出海口连接等进行谋划，随即便展开了全面规划和

---

① 根据 1896 年条约，建筑和经营经过中国东北铁路的权利名义上给了华俄道胜银行。华俄道胜银行理事会代表同中国政府签订了中东铁路建筑和经营合同，并以此目的成立了特别股份公司——中国东省铁路公司。中国东省铁路公司股东实质上只有俄国政府，华俄道胜银行和中东铁路公司只不过是掩饰俄国入侵中国东北的幌子。参见［苏］Б. 阿瓦林：《帝国主义在满洲》，第 32 页。

② 《合办东省铁路公司合同（1896 年 9 月 8 日　柏林）》共计十二款，其中大多为不平等规定，譬如在土地使用及纳税上，"铁路所必需之地，又于铁路附近开采沙土石块石灰等项所需之地，若系官地，由中国政府给与，不纳地价"，"凡该公司之地段，一概不纳地税，由该公司一手经理，准其建造各种房屋工程，并设立电线，自行经理，专为铁路之用。除开出矿苗处所另议办法外，凡该公司之进项，如转运搭客货物所得票价，并电报进款等项，俱免纳一切税厘。""凡该公司建造修理铁路所需料件，应免纳各项税厘。""凡有货物、行李，由俄国经此铁路，仍入俄国地界者，免纳一概税厘。"在修筑铁路用料及雇工保护上，"中国政府谕令该管地方官，凡该公司建造铁路需用料件，雇觅工人及水陆转运之舟车夫马，并需用粮草等事，皆须尽力相助"等。参见商务印书馆编译所编纂：《国际条约大全》（下篇卷三），商务印书馆 1928 年版，第 22—23 页。

③ 大清东省铁路，又称中国东省铁路，简称为"东省铁路"或"东清铁路"，即后来的"中东铁路"。关于其名称变迁，有人认为，辛亥革命以后，取消了"东清铁路"和"东省铁路"的名称，改称"中东铁路"；也有学者提出，1920 年 10 月由中国北洋政府交通部代管后，改称"中东铁路"。参见李秀金、李文莉：《几经变故的中东铁路名称》，《中国地名》2010 年第 8 期；谷风、徐博：《试论中东铁路历史的分期问题》，《北方文物》2011 年第 3 期。

勘察。从战略上看，东省铁路是沙俄西伯利亚大铁路的重要组成部分，分别从西面经满洲里、从东面经绥芬河进入中国境内，中经哈尔滨，横贯中国东北的北部，形成了其干线。1898年中俄《旅大租地条约》签订后，又着手由哈尔滨向南直抵大连旅顺口的支线建设。由此在中国东北大地上一幅"丁"字形的铁路景观伸展开来，其背后的沙俄侵略势力也随之辐射到中国东北全境。

依照最初的工事计划，东省铁道确定了一条比较简洁平坦的线路：由满洲里入境，经海拉尔、齐齐哈尔、呼兰、阿城、牡丹江，向东一直到绥芬河出境。然而，野心勃勃的沙俄又将垂涎目光聚焦在了土地肥沃，又有松花江水运之便的伯都讷（扶余）和吉林省城（吉林）。若将原线向南移二三百里，便可以囊括黑吉两省省城，而原来的边外七城也都将划入沙俄控制范围内 ①——这里既是中国东北中心地带，又接近辽东半岛。按照沙俄的设想，占据该地，则意味着控制了整个中国东北。因此，他们提出东省铁道向南移，循原线至呼伦贝尔，改向东南，沿依奔河、乌奴尔河，越大兴安岭，沿绰儿河上游渡河进入扎赉特旗，渡洮儿河，沿嫩江西岸，经前郭旗，渡松花江到伯都讷，经吉林至宁古塔，再经瑚布图河、三岔口出境 ②。这一设想尚未实施，两年后1898年3月，中俄签订《旅大租地条约》，使沙俄获得了旅顺出海口和修筑东省铁路支线的特权。这样，把线路南移的必要性已经不复存在。沙俄随即调整了工事计划，首先要完成旅顺至哈尔滨的南部线路；接着是哈尔滨至绥芬河区间，贯通海参崴和旅顺两个出海口，最后是哈尔滨至满洲里西部线。南部线铁轨的铺设正如上述所示，从哈尔滨（又称第一松花江）与旅顺两个端点同时开工建设。东省铁路公司从1898年3月至1899年间，从中国募集了3万名土工及8000多名石工，工程进展迅

---

① 佟冬：《沙俄与东北》，吉林文史出版社1985年版，第350页。

② 参见《红档杂志有关中国交涉史料选译》，张蓉初译，生活·读书·新知三联书店1957年版，第166页；佟冬：《沙俄与东北》，第349页。

速。1900年1月中旬铺设了旅顺至铁岭的线路，并完成了大部分线路的站房等永久建筑物中的一部分。到了1900年末，南部线路建设基本可见雏形①。

按照既定设计，东省铁路沿线，依据所在地方物产资源多寡和重要程度，分设了不同等级的站舍38处②。这些站舍既是火车经过每一寸土地的参照物，也是沙俄在中国土地上实施掠夺的见证物——作为这条铁路上的站点之一，长春（宽城子）的城市景观随着殖民铁路的到来，发生质的改变。

（二）铁轨上生长出来的现代建筑意象与城市景观

前文提到的现代风格的摩登建筑——中东铁路俱乐部就坐落在宽城子车站广场的东北角。它在1927年出现以后，将周围不同功能的俄罗斯风格建筑、街道以及绿化设施连接在一起，形成了以东铁俱乐部为中心的一块约5平方公里的异国风情的现代城市街区景观。

早在1898年3月，沙俄铁路地质勘探队就进入长春地区。经过他们的地质勘探和测绘，沙俄最后选定在距长春老城区西北5公里的二道沟，按四等站舍进行铁路站舍建设③，并以附近的城镇"宽城子"为车站命名。由此，站舍所占有的区域周边及铁路沿线变成了铁路"必需地"，亦即事实上的殖民地④。沙俄之所以将铁路站舍选址在此地基于以下几种考量：

---

① ［日］中村孝爱：《东支铁道建筑沿革史》，《满洲建筑杂志》1936年第4期。
② 设一等站一处，二等站三处，三等站四处，四等站二十三处，五等站七处。
③ 从1899年开始，东省铁道管理局设置了附属于工务处的都市计划部，将沿线设定各站按殖民需求划定为五个等级，并按等级在短时间内完成站舍、护路兵营、住宅、旅客招待所、机关库及给水塔等标准型的规划和设计。所有沿线设定各站参照规划进行建设，但都市计划起初只是临时性质的计划，铁道铺设及用地建设管理和实施是依靠所划定的区而并不是依靠管理局进行的。各区区长拥有独立发号施令的权力，独立行使其技术检查职能。参见［日］中村孝爱：《东支铁道建筑沿革史》。
④ 沙俄企图利用铁路所必需之地建立"国中之国"，要求对沿线区域内市镇和村庄行使行政权力。参见步平、郭蕴深、张宗海等：《东北国际约章汇释（1689—1919年)》，黑龙江人民出版社1987年版，第136、138页。

一是勘探和测绘结果显示，在二道沟设站铺设路线无需绕行，这样既符合直线原则又符合经济原则，并且按《合办东省铁路公司合同》第二款"惟勘定之路，所有庐墓、村庄、城市皆须设法绕行"的规定①，此地远离长春(宽城子)老城区；二是站舍位置离二道沟源头比较近②，无论是火车还是生活给水都很方便；三是地势比较高且平坦，免受积水侵袭；四是二道沟北靠黄龙府（农安），西有信州（秦家屯），东邻小城子，靠近伊通河，地处水陆交通要冲。选址确定后，铁路铺设以及站舍、站台、水塔、护路兵营等附属设施随即于5月18日开始动工，经过两年的建设，到1900年，站舍和护路兵营基本建成。③

如今，宽城子站早已不复存在，可以通过现有资料碎片的拼贴窥其原貌，进而对这一较早矗立在长春的现代建筑意象展开讨论和分析。日俄战争前，宽城子（长春）按铁路四等站舍等级进行建设，级别非常低，车站用地规模并不大，配置除站房、货物站台、水塔、从业人员住宅外就是护路兵营。从布局上看站舍沿铁道布置，呈东北—西南向，按东省铁道管理局工务处都市计划部的标准型规划和设计营建④。

宽城子主站舍面积为300平方米。一进入站区，就能看见造型奇特的人字形大坡屋顶的主站房和高高的给水塔，它们沿着铁路呈"一"字型排

---

① 商务印书馆编译所编纂：《国际条约大全》（下篇卷三），第22页。

② 二道沟发源地位置离站舍非常近（原长春机车厂院内），由西南流向东北，注入伊通河，全长约5公里。

③ 陈学奎：《中东铁路长春宽城子火车站尘封往事》，载长春市政协文史资料委员会、民进长春市委员会编：《长春中东铁路记事》，2012年版，第74页。

④ 中东铁路公司在站房的设计上，采用了与车站等级相对应的标准化方案设计，对一等站（哈尔滨站、大连站）与个别具有特殊意义的站点（如公主岭等站）进行独立设计，二、三等站采用一套设计标准，四、五等站采用一套设计标准。中东铁路车站等级标准规定，二、三等站需有附设小餐厅的旅客候车厅、蓄水塔及货场站台；四等站旅客候车厅不设餐厅，但需有蓄水塔和货物站台。并且，标准型规划和设计的建筑结构和样式多以沙俄木建筑为原型。参见丁艳丽、吕海平：《中东铁路南支线附属地及其建筑特征（1898—1907）》，载张复合：《中国近代建筑研究与保护》第8卷，第258页。

列在宽大的砂石基座上（站台）。主要站房是一栋单层砖、石、木混合结构的建筑，立面呈对称构图，石砌基础，砖砌墙体，借用中式人字抬梁式屋架，悬山屋顶，前后屋顶长度不等，形成不对称的垂脊——站外一侧垂脊比例正常，站内侧的候车区垂脊伸长，长度是站外侧的一倍，结构为挑出屋面的大坡面屋顶，在檐下设置支撑柱，并在与墙体交界处设斜撑，不但解决了对大坡面屋顶的承重问题，而且形成了遮风避雨功能的前廊；上开老虎窗，站内一侧出入口处三角形门斗与大坡面屋顶结合，铁皮与瓦混合敷顶。这种不对称的大坡屋顶造型，以及铁皮与瓦混合的色彩，在视觉上给人一种重压的感觉，产生了要把整座建筑压进地面的视觉动力关系。要不是石砌基础这一"微弱的成分组成了建筑和地面的分界线"[1]，形成了视觉上的阻止，整座建筑在大坡屋顶以及不远处高高给水塔的"重压"下，似乎要不堪重负，重重楔入地平面。

站房北侧的给水塔高约 10 米，上粗下细，犹如一根铁道钉，深深地插入地下。它分为塔基、塔身及塔顶三段，砖混结构。塔基石砌基础呈圆形，在这个部位对称砌筑了多个洞口，以方便维修；塔身为塔基的延续，其上均匀地设置了窗洞，窗台为喇叭开口，过梁为带有拱心石的弧形拱券，塔身的上部砌筑挑出式线脚，增强了塔身层次；最后，塔顶水箱部分为多边形柱体，外形突出于塔身进行砌筑，柱体上部竖向使用木构进行表面装饰，每隔一个切面均设矩形小窗，铁皮屋面，顶部加砌一攒尖顶小屋并设置洞口。[2]

上述描述和分析表明，站房和给水塔的形制、质感(墙面凸凹的装饰)以及清晰的轮廓在线性关系、形状差异、明度差异和色彩差异以及肌理差

---

① [美]鲁道夫·阿恩海姆：《建筑形式的视觉动力》，宁海林译，牛宏宝校，中国建筑工业出版社 2006 年版，第 26 页。

② 杨舒骍、王岩：《中东铁路历史建筑中砖的构筑形态初探》，载张复合：《中国近代建筑研究与保护》第 8 卷，第 597—598 页。

异等方面，都形成极具视觉张力的"积极图形"①，从而使它们从站台（基底）凸显出来，而成为整个站区的视觉中心。

在宽城子站区的其他一系列功能化建筑布局中，最突出的莫过于护路兵营了。按《合办东省铁路公司合同》第五款规定："凡该铁路及铁路所用之人皆由中国政府设法保护。"②然而沙俄政府却在《中东铁路公司章程》中将这一表述篡改为："中国政府承认设法担保中东铁路及其执事人员之安全，使不受一切方面之攻击。为防卫铁路界内秩序起见，由公司委派警察人员，担负警卫之职任，并由公司特定警察章程，通行全路遵照办理。"③这就为沙俄"护路军"顺理成章进入铁路"必需地"并成为沙俄对中国东三省实行殖民统治的重要力量预留了空间。④据地方志描述，沙俄护路兵营"位于宽城区二道沟，共分三组，即南大营、北大营和将校营。南大营位于凯旋路东，长岭街南侧，共有三栋房，当地人称三大栋，均为俄式砖石结构建筑。从左至右第一栋长 90 米，第二栋长 82 米，第三栋长 56 米，宽度均为 15.4 米。北大营位于二道沟三辅街北侧，今长新小学校址。此兵营共有两栋营房，第一栋长 65 米，第二栋长 40 米，宽均为 15 米。将校营在南、北两大营之间，位于今长盛小学校内，有营房一栋（利用原铁路守备队兵营），营房内设有天主教堂，营房东南建有流动军官宿舍"⑤。与站舍一样，沙俄护路兵营按统一样式设计建造，但在具体实施过程中略有差异。从其标准化设计来看，兵营为

① ［美］鲁道夫·阿恩海姆：《建筑形式的视觉动力》，第 48—50 页。
② 《合办东省铁路公司合同章程（1896 年 9 月 8 日　柏林）》，载商务印书馆编译所编纂：《国际条约大全》（下篇卷三），第 22 页。
③ 《中东铁路公司章程（光绪二十二年十二月四日）》，载黑龙江省档案馆编：《中东铁路（一）》，1986 年版，第 6 页。
④ 中国社会科学院近代史研究所：《沙俄侵华史》第四卷（上），人民出版社 1990 年版，第 414 页。
⑤ 长春市宽城区地方志编纂委员会：《长春市宽城区志》，吉林人民出版社 1996 年版，第 197 页。

石砌基础，青红混合砖砌墙体，人字屋架，悬山顶，大坡铁皮屋顶。木质檐口雕刻花纹，门窗都有半包围贴脸，隅石形态的墙转角，两侧山墙檐下采取顺砖和丁砖的砌筑方式挑出两层直线线脚，每一层突出的砖位于同一平面上，与墙面贴脸以及隅石形态的墙转角共同强化了视觉变化和象征性。同样采取标准化设计的还有铁路从业人员住宅以及警备所等。它们在形制上大同小异。

尽管上述建筑形制来源于东省铁道管理局工务处都市计划部的标准型规划和设计，但是我们在建筑的结构和细部中，却能看到中式建筑风格的影响，譬如采用西式人字屋架与中式的穿斗式以及抬梁式屋架混合构筑屋顶。这种"中俄杂糅"的建筑样式是如何出现的？中国传统建筑的风格和样式是如何加入到这一外来的、现代的、标准化的建筑中的？

正如沙俄都市计划中所陈述的那样，他们原本试图让东省铁路沿线的建筑都保持独特的俄式建筑样式。然而事与愿违，尽管有标准型规划和设计，但在建设过程中，沙俄建筑技术人员十分紧缺，即使工资待遇高，但实际上远赴中国的技术人员还是极少。因此，在铁路施工的过程中，少量沙俄技术人员都是监督及组长，他们在招募的大量中国劳工中，将有技术经验的石工、砖瓦工、木工、油漆工、玻璃工、锅炉工、建筑工程师等中国人挑选出来，担任技术指挥。而这些中国技术人员并不熟悉俄式建筑的结构和样式，加之施工所使用材料，诸如屋顶用铁板、玻璃、窗、门、暖炉等用具及材料，如果全部从遥远的地方用马车经各沿线输送，成本十分高昂，所以材料只能就地取材在中国寻找。比如，原设计中的铁皮四坡屋顶的效果实现，需要的铁皮等材料在当时属于稀缺物资，无法就近获得，于是就换成中国的瓦。这样，最终呈现出来的建筑外观，自然就显现出一定中俄混杂的样式。其他的诸如墙壁用砖或者石头、站台原料用石头以及水泥等物资都面临同样情况①。面对此类状况，沙俄建筑师毫无经验和办法，陷入困境。因此，在设计和施工上都必须避免俄式建筑的复杂构造，在结构和细节上不得不采用中国技术人员所熟悉的方式和建筑材料进行施工。如此境况，虽然是殖民者不愿意看到的，但是，正是此种先天的自然风物和中国本土的技术、文化传统的强大力量，迫使他们不得不以折中的方式开展其殖民实践。这就是我们今天在长春宽城子火车站旧址一带所看到的这种"中俄杂糅"的独特建筑样式和街景的历史由来。

当时，这些围绕铁路而兴建起来的建筑和护路兵营散布在荒野中，并没有生成具有体系性的市街规划所具有的美学特征。然而，在自然基底的映衬下，这仅有的几处看似散乱的俄式建筑，却潜藏着功能性极强的聚合力量和视觉与文化的冲击力。

站舍、护路兵营等一系列军事化俄式建筑及其审美样式的连结对象仅止于俄国人。伴随着殖民铁路的延伸，这些俄罗斯风格的摩登建筑被移植到中国土地上，使用和欣赏它们的主体，仅限于在中国进行殖民活动的俄国人。他们希望能够借由这一"俄罗斯风景"的移植，让身处殖民地的俄国人仿佛置身"母国"。因此，铁路站舍、护路兵营、教堂、住宅及其他生活等场所，无不展现出这种殖民象征性。这一系列具体的殖民符号，成为沙俄势力表征的具象殖民景观，犹如楔子一般硬生生地插在长春老城西北边的天际线上。

（三）现代都市街区的景观生产

1900 年 7 月，如火如荼的吉林义和团在"扶清灭洋"的口号感召下，猛攻宽城子火车站，②烧毁了站房和部分附属设施。义和团运动失败后，沙俄重新占领宽城子火车站，并按标准化设计进行了重建。

---

① 俄国建筑法规定，建设石造或砖瓦造房屋是被禁止的。[苏] 莫·依·尔集亚宁：《俄罗斯建筑史》，陈志华译，建筑工程出版社 1955 年版，第 93 页。

② 佟冬：《沙俄与东北》，第 389 页。

1904 年，日俄战争爆发，一年多后，战争以沙俄失败而告终。1905年 9 月 5 日，两国签订了《朴茨茅斯条约》，规定沙俄除把辽东的租借权和一切权利让与日本外，还以宽城子（长春）为界，将南到大连的东省铁路支线转让给日本 ①。宽城子（长春）因此不但成为日俄入侵中国东北势力的桥头堡，也成为举世瞩目的地方，长春城市的发展也走上了一段不平凡的道路。

通过对比 1907 年、1912 年、1918 年和 1934 年宽城子站区平面缩略图，可以看到，在 1912 年之前，宽城子站区还未形成功能完善的现代都市街区。日俄战争的爆发，以及战后日俄条约的签订，使宽城子成为日俄对峙的桥头堡。这一情势，使得宽城子站区受到了俄方前所未有的重视，因而，一系列的营建举措不断展开。首先，站舍功能扩展，并以此慢慢建立起了与车站相关的一系列配套设施，如站内功能性的机车库等。其次，兵营不断扩张，由此开始了半军事化移民计划。② 自铁路建成后，围绕铁路和军营，逐渐在南北大营之间形成了俄人开立的贸易市场，在南大营南侧形成了中国人开立的贸易市场。1903 年俄国人在宽城子站舍西北 200米处兴建了一座为军需供应而建的面粉加工厂——亚乔辛火磨。这是一栋地下一层地上四层俄式建筑。在四边空旷田野和低矮站房等建筑的映衬下

---

① 日方原主张将中东铁路"南满"支线自哈尔滨站至大连站全部作为辽东半岛租借地的组成部分，直接、无偿地加以接收，其理由是该线的铁路租让合同与辽东半岛的租借条约密切相关。俄国沙皇坚决反对转让，但谈判大臣维特同意让步，希望按中东铁路租让合同规定，由中国出资提前赎回这一段支路（即由日俄军队前哨接触点公主岭起至大连段），俄国再将赎款交给日本，目的在于避免日本直接控制铁路。经交涉，维特最终放弃赎路的建议，同意将铁路无偿转让日本，但起点则改在哈尔滨与公主岭之间的一站宽城子（长春）。日本在该次会议上还提出今后修筑吉（林）长（春）支线问题，鉴于中俄间在 1902 年曾有接修吉长线合同，故双方约定该要求不写入条约而载入会议记录：如经维特查询，中东铁路公司如尚未敷设到吉林的永久性铁路，则俄方不反对日本人建筑该线；如业已敷设，则此线由目前实际控制的一方占有。参见步平、郭蕴深、张宗海等：《东北国际约章汇释（1689—1919 年）》，第 282—283 页。
② 中国社会科学院近代史研究所：《沙俄侵华史》第四卷（上），第 416—428 页。

不但显得异常巨大，而且通体红砖，在视觉上格外突出。另外，铁路的快捷，从"旅顺到俄都，只需十三天，不仅货物流通加快，而且便于俄国商品深入东三省腹地，中俄贸易于是得到较大发展。俄国在中国东北经营进出口贸易的各种洋行或贸易公司随之不断涌现。秋林公司便是其中最著名的一家"①，它不仅在哈尔滨，在宽城子（长春）也设有分店，进行贸易。再加上此前1901年华俄道胜银行在宽城子（长春）设立的分行②，十余年间，站区发展迅速，规模不断膨胀，铁路、军事、工业、商业、金融乃至教育、宗教景观一一浮现。有人曾概括性地描述道："小小的宽城子火车站，由于其特殊的地理位置，东清铁路的终点站，迅速成为长春旧城之外第二块较大的街区，随着人口的不断增加，各项经济活动迅速发展，围绕铁路及附属事业也逐步展开"，"学校、商店、俱乐部、街心公园、教堂也紧随其后，形成了一个完整的，设施齐全的国中之国"③。到1918年时，铁路"必需地"内已有站前广场和两条主干道：秋林街（今一匡街）和巴栅街（今二酉街，见图2-3），还在巴栅街西头路南设立了宽城子军邮局。随着1927年宽城子东铁俱乐部落成，一个功能齐备、设施完善的现代都市街区的形态终于显露出来。

　　围绕着车站站舍，遂有了站前广场（见图2-4），有了纵横交错的街和路，有了住宅、学校、商店、工厂、邮局、银行、教堂、墓地、水塔、兵营、面包房、俱乐部、警察机构，有了亚乔辛制粉公司。长春，在中国

① 中国社会科学院近代史研究所：《沙俄侵华史》第四卷（上），第420页。
② 中国社会科学院近代史研究所：《沙俄侵华史》第四卷（上），第422页。
③ 赵洪：《宽城子"沙俄"火车站俱乐部》，《溥仪研究》2015年第4期。此外，关于这一区域的人口增长情况，据1922年统计，宽城子铁路附属地内人口，俄国人，322户763人；中国人，310户772人；日本人，11户18人，合计1553人。参见《长春沿革史》，载长春地方史编纂委员会：《资料选译》第一辑，吉林省内部资料，1989年版，第66页；《民国长春县志》（卷三），载凤凰出版社编：《中国地方志集成·吉林府县志辑》，第136页。

图2-3　巴栅街

图2-4　站前广场

传统老城之外，有了一个俄式的新城，由新城向老城商埠区渗透、扩展，还有领事馆、华俄道胜银行长春支行等。

这座俄式新城，为长春带来了许多个历史上的第一，第一个广场，第一座水塔，第一家近代制粉企业，第一次出现了楼房，第一次出现了红砖、水泥、钢筋和混凝土等新的建筑材料及其施工技术，第一次出现了自来水、电灯及电动工具等。① 东北作家阿成在《他乡的中国——密约下的中东铁路秘史》中写道："19世纪末20世纪初，几乎在一昼夜之间，中东铁路上火车就拉来了数万计、十万余计的外国人。到了1922年，黑龙江的俄侨已达20万人之多。这是根本无法遏制的移民狂潮。他们在这座生态之城里造房子，建工厂，修码头，盖教堂，木材的需求量越来越大了，砍树的狂潮几乎成了这些外国人的一个毫无限制的盛大节日。房子一排排地建起来了，工厂也一个接一个地建成了，码头、教堂、商家、会馆、银行、车站、桥梁、学校、饭店、兵营等，全都像魔鬼一般地出现在这座城市里。"② 阿成这部书里，有篇文章，标题就叫《火车站使城市结构发生变化》，其描述的对象，乃是同属于东省铁路沿线的另一重镇哈尔滨，与之相较，涌入长春的俄侨虽难以与之比肩，但在城市结构与景观方面所发生的急剧变化而言，却是不约而同的。这种象征着近代帝国主义殖民势力之延伸的铁路，以及在铁轨上生长起来的现代建筑意象和城市景观，构成了长春现代城市景观的起点之一。

西哲说，音乐是流动的建筑，建筑是凝固的音乐。随着宽城子站区的建立，俄国人的建筑流动到中国东北的长春并凝固了下来，这对于当时的长春人来说是扎眼的，是刺耳的。那大坡顶的站舍，不啻一个大大的楔子，它象征着沙皇的权力，扎在了长春的土地上；那带有哥特式锥顶的建

---

① 于维联、李之吉、戚勇：《长春近代建筑》，第38—39页。
② 阿成：《他乡的中国——密约下的中东铁路秘史》，武汉大学出版社2013年版，第13页。

筑，仿佛要刺破青天飞升起来，凝固之中则又回响着异域宗教的钟声；那两层高带有帐篷式尖顶的车站俱乐部，该是嗜酒而又爱歌舞的俄国人的乐园吧；那由南大营、北大营和将校营组成的俄式砖石结构的兵营，却又充满火药味，仿佛藏有轮子的战车，随时能滚动起来；而那站舍附近的水塔，却有龙的本事，能让伊通河的水在城市里流动起来，"使得长春开始出现自来水这一近代城市文明的重要特征"。[①]

文化如水，注定是要交流、融合的，哪怕是一部外来的乐音，只要有当地乐师的参与，也会渗入当地的韵味。俄国人建宽城子站区，不可能在其国内将建筑组装好了搬到中国来，即使用的是本国工程师的设计，却也要就地取材，也要用当地的人，而且要表现出对当地人的亲和，就使得一些西式建筑也有了中国文化的味道，而 1905 年开埠以后，中国人的建筑也逐渐地有了中西结合的风貌，比如俄国人的站舍会有中国传统建筑的构件，中国道台府衙的大门装饰则又是西洋的——这种建筑风格、城市景观的对比、碰撞乃至交融，背后所隐藏的乃是推动长春城市景观之现代化生长的不同力量之间的角力。

二、"满铁"附属地：现代主义城市景观的萌动

1907 年 8 月，一条新修建的铁路从孟家屯延伸到长春老城和宽城子火车站之间的头道沟[②]，这里出现一座简易火车站，并在当年年底建成运营[③]。在以后的数十年间围绕这座火车站以及沿着铁路周边区域大兴土木，在视觉上出现了大规模的有异于长春老城和宽城子站周边的建筑样式和规划风格，那就是当时国际城市规划和建筑设计领域方兴未艾的现代主

---

① 于维联、李之吉、戚勇：《长春近代建筑》，第 35 页。
② 孟家屯站是日俄战争后日本在东省铁路支线宽城子（长春）南新建的一座临时站。
③ 投资 3 万 2 千多元建造的木板棚屋式临时车站，1907 年 11 月 3 日开始货物营运，12 月 1 日开始载客。参见 [日] 永见闻太郎：《新京案内》，"新京案内社" 1939 年版，第 98 页。

义建筑风格和城市景观。一块块诸如政治区、商业区、生活区和娱乐区等功能性极强的街区在这里出现。很明显，这里的规划和建设是经过深思熟虑的，并且按现代统计学的方式和一套"独立"管理系统来布局这里的空间。这一切出于谁手？出于怎样的考量，在此建造一座火车站和上述街区呢？

（一）"文装的武备"与殖民空间的膨胀

要回答上述问题，就要向前追述"三国干涉还辽"。甲午战争后，日本攫取了中国辽东半岛的权益，破坏了沙俄侵占中国东北的计划，后者遂联合法国和德国，不但逼迫日本接受清政府"赎买"辽东的权益，而且事实上将这一权益攫取到自己手中，还危及了日本在当时朝鲜的利益。1905年日俄战争结束后签订的《朴茨茅斯条约》则意味着日本获得侵占中国东北前所未有的条件和保障。《朴茨茅斯条约》正约十五条，针对正约中的第三条和第九条又另立了附约两条。其中几条对日后中国东北乃至长春的历史变迁产生了至关重要的影响。条约中第三条第一款规定了两国撤兵问题[1]；第六条则为两国划分了势力范围和权益，即由长春（宽城子）至旅顺口之铁路及一切支路，并在该地方铁道内所附属之一切权利财产、煤矿，不受补偿，且以清国政府允许者，均移让于日本政府；第七条规定铁路的经营用途必须专以工商业为目的，决不能以军事为目的，但辽东半岛租借权效力所及地域之铁道不在此限[2]。至此，日本得以放开手脚在政策和行动上展开针对中国东北的殖民侵略活动。

在日俄战争之初，日本政府及军部为了军需给养保障，在1904年5

---

[1]　除辽东半岛租借权所及之地域外，两国同时全数撤退。随后在附约中又加以明确日俄两国军队自讲和条约施行之日起，以十八个月为限，一律撤退完毕。两国占领阵地之前敌军队当先行撤退。可留置守备兵保护各自之铁道线路，至于守备兵人数，每一公里不过十五名之数。

[2]　步平、郭蕴深、张宗海等：《东北国际约章汇释（1689—1919年）》，第275—281页。

月 25 日以陆军为中心成立了野战铁道提理部，改修占领区内的中东铁路以供利用。其目的是在修复被俄军破坏的铁路和桥梁的同时，还要将轨距缩小，将中东铁路轨距宽度由俄制 5 英尺改为日式的 3 英尺 6 英寸，以使从日本运来的机车和客货车能快速应用于战事。1904 年 7 月起，他们以大连为起点，日夜兼程改建铁路，至 1905 年 7 月 7 日，已经贯通至昌图。《朴茨茅斯条约》签订后，从 1906 年 5 月 11 日至 8 月 1 日，日军又从俄军手中接收了昌图至宽城子段铁路，并立即着手改建[①]。1906 年 10 月 1日四平到公主岭区间修理完毕并开通；10 月 11 日公主岭到孟家屯区间开通——此时，"俄军驻宽城子，日军驻孟家屯，即两国势力圈之界限点"，"但日俄两国于宽城子车站之问题尚未解决，故日属之孟家屯与俄属之宽城子车站其间约六清里之路，刻尚未通火车。然此一段改用马车不需一点钟时，彼此可接车站"[②]。一时间"车马络绎，常川不绝，交通颇繁"[③]。不几日，孟家屯就有"商铺三百余户，人口八千余名"，并设立了邮局[④]，出现了客栈和商铺等。宽城子站的"归属"成为日俄争夺焦点。经过数十次的讨价还价，双方议定"俄国在宽城子车站北方一英里之处新设车站，而日本在宽城子车站之南部（十里堡以北）新设车站，在彼此车站间各安铁路一线，以变彼此转运"[⑤]。于是，在头道沟不但出现日本人兴建的铁路和车站，而且这一区域又有了另外的名称——"满铁"附属地，这一名称的出现，意味着臭名昭著的"南满洲铁道株式会社"走到了前台。

"南满洲铁道株式会社"是日本战胜沙俄后，为应对《朴茨茅斯条约》相关规定、中国的抗议以及复杂国际局势而炮制出来的殖民机构，它与代

---

① 苏崇民：《满铁史》，中华书局 1990 年版，第 9—10 页。
② 《满洲铁路交通》，《盛京时报》1906 年 10 月 26 日。
③ 《太守改修路线》，《盛京时报》1906 年 10 月 31 日。
④ 《孟家屯铁路起色》，《盛京时报》1906 年 11 月 8 日。
⑤ 《日俄车站问题了结》，《盛京时报》1906 年 11 月 29 日。

表军部的总督府以及外务省在驻地的领事馆，共同成为日俄战争后日本军队不得已撤出占领地后的"填塞物"，发挥着殖民统治作用①。这个机关本质上"属政府直辖机关，负责铁路营业、线路守备、矿山采掘、移民奖励、地方警察、农工改良、对俄清交涉事宜，并整理军事勤务谍报，兼在平时负责部分铁路守备队的技术教育工作"②。因而可谓之"政府欲假公司之名而行机关之实。欲使南满洲铁道株式会社代替政府经营南满洲"，是"国家机关、政府的化身"③。

　　"满铁"第一任总裁后藤新平，就是这个殖民开拓活动的提议者、拥护者和行动者，也是日本帝国主义"经营满洲"基本思想"文装的武备"论的提出者。受过现代知识洗礼并拥有 8 年在台湾殖民生涯的后藤新平

---

① 1905 年 10 月 30 日，日俄在四平街会面并签署撤兵及铁道转让协定，撤兵期限为一年半。为了达到长期殖民中国东北的目的，1906 年 1 月中旬，为制定战后侵略中国东北的所谓"经营满洲"政策，日本西园寺内阁成立了"满洲经营调查委员"，任命署理参谋次长事务的陆军大将儿玉源太郎为委员长（他曾担任对俄作战的"满洲军"参谋长，也是战后日军在东北占领地区实行军事管制的总头目）。在这次会议上，儿玉源太郎将他委托后藤新平起草的名为《满洲经营策梗概》的方案交给委员们讨论。该方案主要是模仿英国的东印度公司采取的官制和军制形式，采取名为贸易实则推行武力征服的模式，在中国东北南部设立殖民统治机关。除了统治租借地的关东都督府外，另行设立一个政府直辖的"满洲铁道厅"作为铁路经营机关。但由于官办形式违反了日俄媾和条约和中日会议东三省事宜正约中"仅限于为工商业目的经营"的规定，而遭到了外务省和大藏省的强烈反对，不得不参照东省铁路条约及其东省铁路公司的先例，改为以所谓股份公司的形式经营东北的铁路，这样既不改其国策性质，又能避开其他列强的非难。1906 年 3 月 14 日，"满洲经营调查委员"向政府提交了关于经营"满洲"的报告；5 月 22 日由伊藤博文主持元老重臣参加的最高决策会议，通过了"满洲经营调查委员"提出的设立"南满洲铁道株式会社"提议和经营策略。这是日本殖民扩张史上的一件大事。1906 年 6 月 7 日，日本下达了成立"南满洲铁道株式会社"的 142 号敕令；11 月 13 日正式任命后藤新平为"南满洲铁道株式会社"总裁。参见 [日] 鹤见佑辅：《后藤新平传——满洲经营篇·上》，太平洋协会出版部 1943 年版，第 4—5、9—12、91 页。

② [日] 鹤见佑辅：《后藤新平传——满洲经营篇·上》，第 6 页。

③ 苏崇民：《满铁史》，第 35—36 页。

深谙殖民地经营策略，深知在弱肉强食的时代，知识能支配人类思想的道理，将担任台湾总都府民政长官时获得的"文治优于军治"经营殖民地经验，推广到对中国东北殖民的政策制定中。他认为唯有如此，才能使殖民地的人民信赖日本，皈依日本，达到殖民的目的，用他的话说就是："以文事设施，以备外来的侵略，以便在突发事变时，兼可有助于武力行动。"① 这就是所谓"文装的武备"论的核心思想，也是"举王道之旗行霸道之术"的殖民观念的另一种表述。日俄议和期间，后藤新平曾按当时侵华日军参谋长儿玉源太郎的指派，来到中国东北日军占领区考察，对此地域的现状认识颇为深刻②。因此，他认为要想长期侵占中国东北，就一定要"表面上伪装经营铁路，暗地里实行多种设施"③。他通过研究欧洲殖民政策后得出结论："欧洲殖民政策的三大支柱是'教堂、医院（包括市政卫生设施）和铁路'"。在中国东北，当务之急要控制铁路，"控制铁路就是控制了国家"；除此之外，就日本来说，"难以依靠宗教，只好着重抓文教、卫生设施"亦即通过"文教"改写中国东北民众的民族记忆，在思想上归附于日本；通过卫生设施笼络人心；并通过大规模移民，培养在东北

① ［日］后藤新平：《日本殖民政策一斑》，日本评论社 1944 年版，第 120 页。
② 后藤新平通过考察研究后做出研判："满洲是世界各国利益的集中焦点、世界主动力的交汇点"。一方面，日本虽以日俄一战崛起东亚，让世界各国为之刮目相看，但在列强眼中，依旧是封建后进国家。日俄战争后，日本军部势力在旅顺、大连地区极度膨胀，到处都是陆海军占地的标识。加上日本在占领区实行军事管制及对东北民众的武力镇压，国际舆论盛传日本在"南满洲"横行、残暴。因此，难免会给西方列强插手"满洲"事务的口实。另一方面，"满洲"是中、日、俄三国武力博弈交锋的焦点、相互角力的活舞台，日本虽在日俄战争中获胜，获得"关东州"的租借权和"南满"铁道所有经营权，但北方仍是俄国的势力，清政府在倾尽全力，选拔人才，并任命督抚，积极开展辖区内利权收回活动，隐然欲反制殖民政策。"满洲"内有东北民众风起云涌的抗日活动，外有列强窥伺，"若我满洲之经营走错一步，俄、中两国势力势必立即再次席卷全满"。参见 ［日］鹤见佑辅：《后藤新平传——满洲经营篇·下》，第10—11 页。
③ ［日］鹤见佑辅：《后藤新平传——满洲经营篇·上》，第 6 页。

的日本人势力，形成潜在的军备，既达到长期殖民中国东北的目的，又防御沙俄的报复。为此，"文装的武备"的思想开始贯彻到日本在中国东北殖民的各种行动中①。总之，以文明姿态行野蛮之实，披着"和平经营"等虚伪的外衣，掩盖军事殖民的意图。

就此而言，在殖民中国东北上，后藤新平入主"满铁"后，表面上"文治"派占了上风。然而在事实上，其背后依然隐藏着日本军部的势力，最显著的表征即"满铁"委员长一职，先后由日军参谋总长和陆军大臣担任②；"满铁"成立后，除正常商业营运外，也充分发挥着军事功能，日本陆军省就特派少佐佐藤安之助到"满铁"任职协助后藤新平工作③。除派现役军官直接参与"满铁"事务外，日本军部还随时了解"满铁"的设施和变化，并对其提出军事要求。1919 年 4 月，日本撤销关东都督府，新设关东军司令部，关东军司令官指示"满铁"总裁定期向关东军报告，并按军事需要和要求进行铁路建设④。

如此，日本占领区的铁路附属地在"武装"考量下，以"文治"面孔快速建设着。"满铁"作为特殊的殖民机关，除"关于外交、军事、警察、裁判的内容外，依据政府的命令书第 5 条，承担在铁道及附带事业用地内应建设土木教育卫生等相关必要设施的义务。在进行设施建设中，最重要的就是在附属地进行市街规划"。所谓附属地市街规划，就是从附属地内"区划开始，包含建筑道路、堤防、护岸、桥梁、沟渠等和上水、公园、市场、墓地、火葬场、厕所、屠宰场等设施，及其他街巷设施，宅地的修

---

① 譬如，当有人要为"满铁"沿线车站起日本站名时，后藤新平就担心这种做法不仅会使当地居民无所适从，并且会伤害他们的传统感情，而加以批驳，主张继续沿用旧有中国地名。修建医院时，要使走廊尽量宽敞，使之能立即变为野战医院。他开办学校，也是和战时提供后备兵源和兵营相联系的。参见苏崇民：《满铁史》，第 46 页。
② "满铁"设立委员长一职先后由参谋总长儿玉源太郎和陆军大臣寺内正毅担任。
③ 苏崇民：《满铁史》，第 51 页。
④ 苏崇民：《满铁史》，第 69—72 页。

建等隶属于市街的所有工程，衡量缓急排先后顺序，进行设施的安装"①。
于是，在"满铁"开始活动后，便按后藤新平的"生物政治学"思想开始
了附属地的市街区划②，到1907年末，大体确定了市街规划③。长春的"满
铁"附属地，随之走上了"现代都市计划"的道路。

　　日俄战争结束后，日本就已在长春头道沟一带为建设铁路附属地开始
了勘察活动。根据《朴茨茅斯条约》规定，由宽城子（长春）至旅顺口之
铁路及一切支路转让给日本，于是从长春以南的铁路附属地都是由俄国转
让给日本的，但长春附属地却是由"满铁"收购而来的④——在日方眼中，
长春的地位远远高于俄方的估量，不论在经济、资源上，还是在军事上，
都被重新定义和考量。于是"满铁"建立伊始，后藤新平委任陆军省派驻
到这里工作的佐藤安之助负责长春附属地土地征购事宜，并明确示意佐藤
安之助"关于在长春安排停车场具体位置一事，在与中方交涉前，一定要
征询陆军省寺内正毅的意见再定夺"。于是，佐藤安之助去了陆军省与寺

---

① ［日］鹤见祐辅：《后藤新平传——满洲经营篇·下》，第110页。
② 后藤新平认为："由于科学进步使现代都市计划得以实现。我们不得不更加深刻留意这
　　一点。因为，都市计划不得不以生物学的原则为依据。最近，行政学的基础是建立在
　　生物学的原则上这一观点通过学者而被大多数人认可。立法、行政和其他方面都离不
　　开生物学的原则"。所谓生物学的原则就是"立足于自然选择和适者生存等进化论的
　　原则，生物，特别是人类，为了使自己生存下来（卫生），组成集团、形成社会，建
　　立国家，在习惯和法制下互帮互助"。参见［日］后藤新平殁八十周年纪念事业实行
　　委员会编：《都市デザイン》，藤原书店2010年版，第153、184页。
③ ［日］鹤见祐辅：《后藤新平传——满洲经营篇·下》，第111页。
④ 这是由于《朴茨茅斯条约》的不完备和日本谈判委员并不了解实地情况导致的。在该
　　条约中标明终点为"长春（宽城子）"，日本以为长春就是宽城子，其中必然也包含宽
　　城子站；而俄国方面则反对称既然清楚地记载长春，自然就表示只在长春范围内——
　　他们宣称长春和宽城子并不是一个地方。在这种情况下，日方再次任命委员栗野大使
　　与俄国展开谈判，结果俄国决定用当时市价对长春到宽城子之间的铁路线路及宽城
　　子站本身做估价，只支付了估价的一半也就是65万卢布给日本。日本就用这65万卢
　　布购买了现在的长春附属地。参见［日］福富八郎：《满铁侧面史》，"满铁"社员会
　　1937年版，第105—107页。

内正毅见面。寺内正毅在桌子上铺了张大地图，指着地图上长春城和俄国宽城子站之间的头道沟位置发表了意见："相比于俄国宽城子站，长春的市街放在这里是十分重要的，可以覆盖整个长春的市街"①。从上述一番话可以看到，在长春"满铁"附属地选址和具体市街规划建设中传递了如此明确的军事讯息，这足以证明了日本军部对"满铁"具体设施的军事优先权要求，并显现了当时日本对"四境物产丰富，发展可期"的长春有超乎寻常的重视②。这里不但是进军中国东北的前沿哨和出发点，还是掠夺东北资源的汇集地，更是向沙俄、中国乃至西方列强展示日本"进步"形象的绝佳之地。如此诸多考量相叠加，日本将长春作为重要城市进行规划和建设也就不足为奇了。

　　得到陆军省最高长官明确指示后，在负责土地征购的佐藤安之助的指挥下，"满铁"强行圈占了中国政府预留商埠地和长春到吉林铁路车站预留地，并通过三井洋行低价购买了兴建火车站及街区的用地③；同时，派人勘察水源，"用机器引伊通河水到长春车站，始足供给"④。从1907年4月到8月，共获长春停车场用地及线路用地152.3990万坪（合5.03平方公里）⑤，所征面积与宽城子铁路附属地面积相当。与此同时，负责长春附属地规划的加藤舆之吉在8月也来到长春头道沟，进行市街规划的实地考察，而"满铁"则日夜兼程敷设从孟家屯到新站以及从新站到宽城子站之间的铁路，修建新站舍。同年11月3日，新建火车站竣工通车，开办客

---

① ［日］鹤见佑辅：《后藤新平传——满洲经营篇·下》，第112页。
② "南满洲铁道株式会社"：《南满洲铁道株式会社十年史》，1919年版，第777页。
③ 《车站收买民地之细情》，《盛京时报》1907年5月19日。
④ 《引伊通河水以供火车之用》，《盛京时报》1907年6月7日。
⑤ 停车场包括候车大楼、站台及车辆停车场在内的整个长春站。坪，日本传统计量系统尺贯法的面积单位，1坪为3.3057平方米。参见"南满洲铁道株式会社"：《南满洲铁道株式会社十年史》，第738—739页。

运货一切事宜①。这标志着"满铁"在长春的第一期目标完成。随即，"满铁"在铁路用地中划出约 90 万坪（约 298 公顷）土地②，开始了市街规划。后藤新平要求在长春街路规划和设计上要避免采用 1902 年俄国以巴黎为样本在大连进行的市街规划模式③。就这样，"文装的武备"的殖民思想，如瘟疫一样随着铁路快速播散到了长春，并通过街区规划和建设等物化形式开始展现。在中国这块富饶之地上，日本与沙俄同样以侵略形式硬生生地建立了一个新的殖民空间——"满铁"附属地。

（二）殖民空间的景观擘画与美学、意识形态考量

长春"满铁"附属地最初的市街形式依地势而规划。这里的地势中部高，向四周慢慢形成渐低的坡面，向南到了头道沟溪流之处形成洼地，并随着溪流向东的流向一直延伸到伊通河；向北到了二道沟溪流处也形成洼地，形状东西略长于南北，呈长方形。加藤舆之吉就在这块台地上就势展开了最初街区规划，将火车站设置在台地中心，以此为中轴，依地势呈扇形向东、南、西三面辐射。

火车站站前规划有一个半径约 50 间（91 米）的圆形广场，纵向向南修筑一条笔直干道，直抵头道沟溪流之处后转向东南，命名为长春大街（1921 年改为中央通大街，今人民大街站前到北京大街段）。整块"满铁"附属地便以长春大街为界分成东、西两个区域，在东、西两个区域以等分的方式分别规划了五条街和四条街，东区由长春大街向东依次命名为东一条街至东五条街；西区由长春大街向西依次命名为西一条街至西四条街。在横向上，从站前广场由北向南到头道沟溪流处，规划了八条垂直并贯通

---

① 《添废车站问题》，《盛京时报》1907 年 10 月 29 日。

② "南满洲铁道株式会社"：《南满洲铁道株式会社十年史》，第 777 页。

③ 1902 年沙俄在大连市中央设立广场，以广场为中心建成放射的八条主干线，其中最大的主干线设计成 24 间道路。"满铁"成立后，后藤新平对附属地市街道路宽度要求是超过 24 间，"满铁"附属地内的大街将被设计成 30 间的宽度（间，日本长度单位，1间约合 1.818 米）。参见 [日] 鹤见佑辅：《后藤新平传——满洲经营篇·下》，第 111 页。

长春大街的街路，依次为横一街（今东侧长白路，西侧辽宁路）、横二街（今东侧黑水路，西侧丹东路）、横三街（今东侧黄河路，西侧杭州路）、横四街（今东侧长江路，西侧四平路）、横五街（今东侧珠江路，西侧浙江路）、横六街（今东侧天津路，西侧松江路）、横七街（今东侧芷江路，西侧龙江路）、横八街（今东侧青岛路，西侧嫩江路）。另外，在东区和西区各设置两条对角线交叉斜街，在东区的以站前广场为起点，向东南斜向修建穿过头道沟溪流，连接长春老城，名为东斜街（今胜利大街）；另一条则是从横二街与东五条街交汇处的东广场起，向西南纵贯各条街，与长春大街相交，名为农安街（今南京大街）。在两条斜街与东三条街、横五街形成交汇点处，设计了一个半径90间（约164米）的南广场。同样，在西区也采取对角线斜街的形式，一条为从站前广场出发斜向西南，直达"满铁"独立守备队的西斜街（今汉口大街）；另一条则是从横一街和西四街交汇点起，斜向东南，到长春大街交汇的怀德街（今北京大街）。两条斜街与西二条街、横五街形成交汇点，也设有一个圆形广场，名为西广场。附属地街路宽窄设计是依照预想房屋高度来设定的，"最宽的是16间（29米），接着是12间（22米）宽，然后是10间（18米）、8间（15米）、6间（11米）"①。整个街路呈现九纵八横棋盘式与广场放射状街路相结合的道路结构。

　　棋盘式（网格）道路配以广场，是当时欧美城市规划大多采用的基本骨架和结构。19世纪的欧洲开始兴起城市规划运动（又称"城市美化运动"）。这源自资本主义国家早期工业化对土地的掠夺和城市扩张，带来了一系列社会问题，对内如大量失去土地的人口涌入城市后，由于疾病、贫困和阶级对立引发了社会紧张和政治动乱；对外则为凭借工业文明征服贫弱国家、建立殖民地后，迫切需要强化帝国统治。这一时期，无论是霍华德的"田

---

① ［日］鹤见佑辅：《后藤新平传——满洲经营篇·下》，第115页。

园城市"概念、格迪斯的"区域城市"设想，还是奥斯曼的"纪念碑式"城市构筑，都是旨在通过规划达到城市治理目的。在此过程中，资本主义、技术（知识）和战争（军事）起了决定作用①。于是，军事城市规划的思想和形式，从久远的罗马时代延伸到现代，与极具象征性的巴洛克城市规划相结合，形成了一种关于"华贵、权势和特权的符号"的流行样式②，它在城市规划和建设中的具体表现为军事化的棋盘路网、炫耀权力的林荫大道和广场，以及极其细致的街区区隔③。拿破仑三世统治时期，奥斯曼对巴黎的重建和改造是这一运动的典范。它从欧洲大陆输入到美国，在某种程度上促进和表征了现代城市经济的繁荣景象，因此，大受关注。当它由美国再回到欧洲时，被众多的老牌殖民帝国所重视，开始在全世界传播。如英帝国就曾将其输入到殖民地印度，在对新设首都新德里的建设中将其付诸实践。尽管其在各地流行的背景不同，但结果却有一致的惊人之处，那就是权力展现和阶级区隔（在殖民地就是殖民权力和种族区隔）。以此为出发点，城市规划及建筑"不再仅仅是为了被人观赏或是为了观看外面的空间，而是为了便于对内进行清晰而细致的控制"，"控制他们的行为，便于对他们恰当地发挥权力的影响，有助于了解他们，改变他们"④。长春"满铁"

---

① ［美］刘易斯·芒福德：《城市发展史——起源、演变和前景》，第375页。

② ［英］彼得·霍尔：《明日之城：1880年以来城市规划与设计的思想史》，童明译，同济大学出版社2017年版，第9页。

③ 这种秩序井然的棋盘式（网格）理性规划思想在久远的公元前5世纪左右的中国及古希腊就已开始传播并加以实践。在中国，从春秋战国以降，历代都城和皇城的布局结构都遵循着对称式网格结构；在古欧洲，希波战争后，这种棋盘式结构开始大量应用到城市规划中。罗马时期，罗马人在拓展疆土的军事过程中，在棋盘式结构基础上发展出一种以规整性著称的"卡斯特鲁姆"标准化军营结构。此时这种理性秩序化的结构开始赋予了一层军事意义。参见闻人军译注：《考工记译注》，第112—113页，［美］马文·特拉亨伯格、伊莎贝尔·海曼：《西方建筑史——从远古到后现代》，王贵祥、青锋、周玉鹏等译，机械工业出版社2011年版，第64、101页。

④ ［法］米歇尔·福柯：《规训与惩罚》，刘北成、杨远婴译，生活·读书·新知三联书店2017年版，第195页。

附属地的规划，就是在这一现代城市规划运动思想基础之上的再复写。

从空间布局而言，这种类似军营结构的城市规划形式极其简单，呈矩形①，每边中央开门，门之间由两条主街连通，在中心直角相交，四个分区之内再由网格式小街道划分为街区，广场和其他公共建筑建在中心地带（但并不建在中心之上）②。这一模式在城市管控上具有明显的优势：通道的几何形式，不但强制贯通了权力视线，而且使营房或住居的数目和分布、入口的方向，以及管控对象的位置安排都进行了严格区隔，并一目了然。正如福柯所说："军营是一个借助把一切变得明显可见来行使权力的范本。""这种军营模式，至少它的基本原则——层级监视空间'筑巢'——体现在城市发展中。"③这样，在街区、建筑景观之"现代化"和"艺术化"的华丽外观的里面，实则蕴含着监视性、支配性的力量，从而使城市景观承担了某种隐秘的统治工具的职能。

在长春"满铁"附属地的规划中，前述这种"层级监视空间'筑巢'"手段在殖民城市空间赋形中发挥着极大作用。长春"满铁"附属地就是将官厅、居住区、神社、医院、学校等建筑物通过精心谋划——"嵌入"殖民权力视线所及的显著位置上。譬如，在规划中，沿笔直的长春大街两侧设有"满铁"支社、警察署、邮政署、神社、图书馆等官厅建筑和临街商业店铺；西区为生活区，这里有"满铁"社员住宅、学校、公园（西公园，今为胜利公园）、交易所、邮编所、商店等生活设施；东区为商业和生活混合区，其北部多是旅馆、酒楼、妓馆，中部为银行、住宅、公园、戏

① 这种矩形的布局形式是一种更为古老的传统的内容之一，这种传统起源于意大利北部，而且可能是从更早的新石器时代流传下来的。参见［美］刘易斯·芒福德：《城市发展史——起源、演变和前景》，第220页。

② 罗马人按照这种临时性的军营布局修建军事要塞和殖民城市，北非的提姆加德城就是罗马殖民地按棋盘式结构规划的一个极好例证。［美］马文·特拉亨伯格、伊莎贝尔·海曼：《西方建筑史——从远古到后现代》，第101—103页。

③ ［法］米歇尔·福柯：《规训与惩罚》，第195页。

院、公会堂。"满铁"医院和学校、寺庙设置在"满铁"与中方商埠地紧邻的东南边缘地带，此种设置的用心尤深：一方面以其科学面孔，询唤人们尤其是中国人前来接受肉体（医院）和精神（学校）规训，另一方面又以科学方式监视每一个人（这里指所有人）的行为（医院通过诊病和治疗，达到监控疾病，尤其传染病的目的。学校通过调查方式监控教育的普及程度以及对应的意识形态问题）。

　　军事设施则隐秘起来。"满铁"独立守备队设置在"满铁"附属地边缘地带，这里西邻铁路，东临西公园，有向北、向东及与停车场直通的道路，还有所需要的水源和军用设施，将整个附属地中各个重要地点和建筑都纳入到其监控视线内。宪兵队则隐蔽在生活区内，紧邻警察官舍，与"满铁"理事公馆和观测所隔街相望，时刻注意理事和设施的安全。通过这样棋盘式的精确分割、定位和配置，整块"满铁"附属地被设计成了可解析的透明空间，通过"每一个人都有自己的位置，而每一个位置都有一个人"的原则，一切变得明显可见，目的是"确定在场和缺席者，了解在何处和如何安置人员，建立有用的联系，打断其他联系，以便每时每刻监督每个人的表现，给予评估和裁决，统计其性质和功过"。[①] 这是一种极为有效的操控和规训手段。

　　这种城市空间规划与布局，除了具有层级监控治理功能外，还可以提升道路利用效率，而对当时的长春"满铁"附属地来说，此种"效率"首先是军事意义上的快速集结与通行。日俄战争后，日本依靠暂时的胜利得以进入东北腹地，但沙俄对其在中国东北所构建的殖民体系并没有轻易放弃，他们只是通过转让部分利益以获得喘息机会，其强大的军事力量还盘踞在中国东北的北部，以长春为界，与日本对峙。这种对峙状态使日本如芒在背，虽以遮人耳目的"文装"面孔示人，然而其一体背面的"武装"

---

① ［法］米歇尔·福柯：《规训与惩罚》，第 162 页。

的考量时刻没有放松。长春作为军事对峙的分界点，在其附属地选址与规划之初，就已先行预设了军事上的考量。总之，"武装"早已预设到"文装"的殖民体系中。虽然在具体规划中，后藤新平的意见里未见到明确的军事表述，但我们通过其对长春"满铁"附属地规划中道路宽窄（通过效率）的指示，便可以窥见他对道路效率这一问题的重视暗合了军事通过效率原则。

1908 年 3 月，加藤舆之吉呈上最初规划。后藤新平看后如此评价说："加藤技师的市街计划，不过是模仿欧美的陈旧设计的东西罢了，由于没去过实地，怎么会有更新？"[①]其后，在加藤舆之吉就规划问题面见后藤新平时，后者直指核心问题：

　　加藤君，你做的长春和奉天的市街计划并不有趣啊。第一，道路幅度窄。第二，局部限制中国的运送货物的马车通行并不好。本来道路宽度就是依照所处时代的交通机构来制定标准的。以前没有车，根据人的标准制定。拿京都举例，当时的公卿乘坐牛车踱步前往市中心，以此为标准制定道路宽度。因此道路才如此狭窄。在马车和电车使用频繁的今天，那样的道路宽度已经不合适了。柏林的菩提树下大街和巴黎的香榭丽舍大街的广场宽得看不到边了。这就是以今天文明的交通工具为标准的结果。运送货物的马车，是中国唯一的交通工具。中国的市街完全是依靠此发展起来的。然而，却要局部限制这唯一的重要交通工具，禁止正常通行这是不对的。一旦这么做，市街就永远发展不起来。以北京为例，正是因为允许运送货物的马车通行，才能得到那样的发展。满洲的市街必须按照满洲式的计划，不可以一味模仿西方。把道路进一步拓宽，改成能供七八匹马正常在市街上通行这样比较好。不能觉得你们在学校里学到的就是万能的。那个一丁

---

① ［日］福富八郎：《满铁侧面史》，第 117—118 页。

目、二丁目中说的丁目知道是怎么来的么？那是从前，把每条市街分割成一町即 60 间，从这里来的。①

从上述的言论中，可以看出后藤新平认为加藤舆之吉没有到过欧美进行实地考察，无法对当时欧美城市规划有深刻的理解，因此在"满铁"附属地规划设计中，只是通过书本加想象的方式模仿了当时欧美城市规划的现状，在街路设计中只在比例等形式美学方面进行考量，根本无法理解后藤新平对道路功能性强调的真正用意。而后藤新平对加藤舆之吉的形式设计并未加以否定，不过他的关注点似乎更集中在功能性层面上——直线道路形成源于轮式车辆在那个时期占支配地位，因此各街路都要以轮式交通工具尤其是七八匹马牵引的中国式重型马车通过效率为标准，来规划道路的宽窄和计算载荷量，并且让这种交通工具在各个街路畅行无阻。通过效率表面上只是一个简单交通功能性问题，但实质上其背后具有经济和军事的双重考量。

从后藤新平的角度看，提升道路"效率"是获得经济利益的重要手段，不仅仅是铁路，刚刚获得的附属地内的道路更需要"效率"。"效率"意味着发展，这从他"一旦限制这唯一的重要交通工具正常通行，市街就永远发展不起来"的表述中可以看出。因为让殖民地内交通畅通无阻地运转起来，也就意味着获得更大利益，不但可以填补日俄战争的经济损失，使日本快速恢复元气，而且也能使"满铁"快速积累资本，进行殖民地建设，吸引更多日本人移民到中国东北，实现长期殖民中国东北的目的。他这一观点，在某种程度上还是受现实因素的刺激而来——日俄铁路分割后，长春迅速成为东北粮食重要集散地和物资中转站。"满铁"头道沟长春站建成后，在附属地东五条街与铁路交会处形成了粮栈区，中国东北北部的粮食物资通过沙俄控制的北线铁路运到宽城子站，再用马车转运至日本控制

---

① ［日］福富八朗：《满铁侧面史》，第 121—122 页。

的头道沟长春站，并转运至旅顺或关内（直到修筑了从头道沟长春站到宽城子站的转运铁路后，才停止使用马车转运物资）。而周边地区的粮食物资也是用马车从四面八方运往这里汇集，一时间前往粮栈区的运粮重型马车络绎不绝，必经之路东五条街成了最繁忙的街路。最初的东五条街的道路，在雨雪侵蚀、往来马车碾压下，形成沟壑纵横的地表肌理，极难行走。所以，加藤舆之吉在规划中单将这条通往粮栈区的道路用坚硬的黄岗岩铺装，以改善道路通行效率。其他街路超过8间(约15米）以上的道路，则用碎石铺装，① 重型马车根本无法通过。这样不但给整体经济带来阻碍，还给附属地内日本人各种日常生活带来诸多不便。尤其在交通工具触及不到的地方，就会用大量人力填补，极易发生安全事件。更为重要的是，一旦发生战事，军队辎重装备、给养都依靠重型马车拖拽和运输，窄路窄巷都无法使军队快速通过、集结。这样看来加藤舆之吉的道路计划与设计，无疑是应急、短视的。军部代表佐藤安之助就对加藤舆之吉规划中的街路宽窄问题提出了异议："道路的最宽处至少应达到20间（约36米）左右才行。次宽的为18间（约33米），16间（约29米），14间（约25米）等"。虽然异议中未提及道路与军事关系，但作为职业军人，佐藤安之助对涉及军事配置要素的敏感度要高于常人，同时，作为军方派驻"满铁"的代言人，他的观点自然表达出军方要求和意图。虽然加藤舆之吉对自己的设计方案做出了美学解释 ②，但最后，两个人之间的街路宽窄之争随市街规划方案一起提交给后藤新平。于是就出现前引后藤新平对加藤舆之吉设计方

① ［日］越泽明：《伪满洲国首都规划》，第49页。

② 加藤舆之吉认为街路设计应符合城市规划美学原则，"如果建那么宽的路，建造起来不仅困难，而且建好后维护费用高，道路宽度的设定与市街建筑物之间拥有一定的比例关系，伦敦就是这样按比例设定的，建筑物100间的话道路就16间宽，在巴黎就是20间宽，而在长春的话20间的道路，相对于建筑物100间的话道路相当于30间，这是毫无依据的"。正文括弧内为译者注。［日］鹤见佑辅：《后藤新平传——满洲经营篇·下》，第114—115页。

案所提出的批评。其后，后藤新平指示加藤舆之吉去欧洲实地考察，在考察的路上，后者接到按佐藤安之助街路方案修改规划的电报。① 这样，一个以军事考量为底色的殖民空间凭借街路规划形成了。

无论争论各方如何表述，规划终归是虚拟的，纸上的二维模拟与想象中的立体成像，只是具有某种未来指向的可能性。只有物化为现实都市空间，殖民权力才凭借视觉得以表征。

（三）现代主义建筑艺术与都市景观的兴起

附属地街路建设非常缓慢，到了 1915 年，附属地主要建设仍集中在军事区以及长春大街两侧官衙、神社、学校和东区商业街营建上，其余大片土地还处于闲置状态。其重要原因是资金短缺，无法进行全面的大规模建设。依照日本政府对"满铁"的命令，"满铁"要承担在铁道及附带事业用地内建设教育、卫生等相关必要设施的义务，所需经费从铁道及附带事业用地内的居民中征收。于是日本人早在 1907 年 9 月就制定并颁布了《附属地居住者章程》，对于附属地内居住人员及租借土地者，强制其遵守会社诸规则和负担公共费用。② 但是，头道沟车站建成后，从孟家屯以及其他地方迁移到附属地内的都是日本人，几乎没有中国人和其他外国人，无法征收更多建设所需经费。因此，市街建设进展极为缓慢。为了征收更多经费，在"满铁"的主导下，附属地通过区划土地的方式规划了粮栈区和商业区，允许中国人和其他外国人在附属地经商，以铁路带来的商业利益吸引更多人来附属地内从事商业活动。他们租借给中国人的店铺面积大多是日本人的 2 倍以上，从表面上看，似乎中国人的经营规模大于日本人，但实际上日方就是要通过这种方式，向中国经营者征收更多赋税。同时，"满铁"还规定，凡是临街商用房，自建时高度必须达到 7.5 米以上，

① ［日］鹤见佑辅:《后藤新平传——满洲经营篇·下》，第 116 页。
② ［日］鹤见佑辅:《后藤新平传——满洲经营篇·下》，第 108 页。

或者两层以上，这就迫使经营者不得不出资参与附属地的街区美化。① 在这样的策略下，此前的附属地都市计划才慢慢地转化为现实。

这样以车站为心脏，以街路和广场为骨架和关节，在这片土地上浮现出一组组具有现代风格的建筑群落和市街风情，它们构成了长春现代城市景观在宽城子站区之外的又一历史起点。

车站是"满铁"附属地的起点和中枢。在许多表述中，车站常常被喻为门户，而门户是具有家园暗示性的原始意象，它意味着防卫与保护，这在人类心理占据着极其重要的位置。然而，在长春的城市现代化和景观史的进程中，家园之门意象的内涵却被改写——对于中国人来说，它不但失去了防卫与保护的功能，还成为被打败、压榨的象征，而连接这一门户的道路，则意味着扼住咽喉的锁链。对侵略者来说，它们则是殖民身份、权力和财富的表征。

1914 年 3 月，一座占地 4000 平方米的新火车站候车室在旧站址上 ② 落成。它的整体样式追随欧陆盛行的历史主义和折中主义，呈对称结构布局，直线结构性通天壁柱与上下层层叠叠的直线线脚，构成了整座建筑的骨骼，并撑起巨大的屋顶。直线窗深深嵌入两个通天壁柱之间，形成了极具严谨秩序之感的正立面。主入口处挑出的宽大贴脸，由四根典型的爱奥尼柱撑起，在光影与上面墙垛、片断墙和通透短柱组成的女儿墙作用下，不但加大了贴脸的进深感，而且在视觉上托起重重的三角形山墙。山墙中间，镶嵌的是日本常见的古镜与凤凰，远远望去犹如希腊—罗马神殿形式的再复写。在周围低矮建筑和空旷广场映衬下，它从整体构成了视觉集中的厚重体量感，映射出日本殖民者试图凭借神殿形式营造出庄严感、仪式感和成就感的设计动机（见图 2-5）。

---

① ［日］越泽明：《伪满洲国首都规划》，第 67 页。
② 指 1907 年 11 月 3 日落成的简易头道沟火车站站房。

图 2-5　1914 年"满铁"长春火车站

就城市意象的形式而言，车站与前面圆形大广场一起，形成了中心节点，它是"道路的连接点或某些特征的集中点"，而车站位于节点的特殊位置，自然而然被赋予了特别的重要性，成为观察者的"战略性焦点"①。与此一起构成焦点的，还有向东、向东南、向南、向西南和西放射出的五条大街的街口建筑，它们共同构成轴心广场景观——这里不但具有军事与战略性质，也框围出一个特殊的统治中心；只要经过这五条大街，都能看到车站这个指向殖民权力的表征物，从这里不但放射出了构成长春"满铁"附属地纵向街区骨架的五条大街，也营造出特异的殖民空间（见图 2-6）。

在站前广场长春大街与东斜街（日本桥通）交叉口上，有一座具有新艺术风格的公共建筑最为醒目，以其独特的样式和体量②引领这两条街的秩序，这就是当时日本人颇引以为豪的大和旅馆（现春谊宾馆，见图 2-7）。一个旅馆为什么会受到如此的重视呢？这不仅仅因为它在当时就达到

---

① ［美］凯文·林奇：《城市意象》，第 55 页。
② 指该建筑面积 6639.38 平方米。参见［日］永见闻太郎：《新京案内》，第 100 页。

图2-6　长春站前广场

图2-7　大和旅馆

很高的现代化程度，还因为它是日本向俄国宣示自身有城市规划和建造能力的一个象征物。在当时的欧洲，作为新艺术运动一个重要面向的新艺术建筑，以其在体量和形式上的盛大意味而被认可，成为一时风尚。殖民者将它引入殖民地建设，以示财富、权力和技术上的优越性。此前，沙俄在哈尔滨等地的建设中，将车站、官衙和学校等建筑都采用新艺术形式，便含有向他国展示和炫耀的意图。① 同样，日俄双方在长春各自车站为对方修建事务所过程中，沙俄认为日本与欧美文化相比还是极为落后的，并不是俄国的对手。这引起了日方的重视。就此，后藤新平等"满铁"高层曾专程赶到长春考察，指示设计师采取欧美方式进行城市规划、道路及排水规划。② 于是，"满铁"投入巨资，精心打造了这样一座豪华旅馆。③

大和旅馆所依傍的"满铁"附属地主干道，垂直于车站的长春大街（后改为中央通，现人民大街北段，见图 2-8），更是炫耀殖民权力的建筑意象和景观群集中所在。宽阔的街道与两侧树木和建筑营造出纵深的空间，为视觉规划了深远的视线。以大和旅馆为起点，沿线几处风格各异的巴洛

图 2-8　中央通大街

① ［日］西泽泰彦：《海を渡つた日本人建筑家：20 世纪中国东北地方における建筑活动》，第 196 页。
② 《本协の发展を回顾する座谈会》，《满洲建筑杂志》1940 年第 12 期。
③ 《本协の发展を回顾する座谈会》。

克式和古典折中式的官衙建筑依次排列，延伸到远方：东侧有保健所、警察署、邮编局、图书馆、小学校；西侧则是"满铁"支社、日本基督教堂和神社。这些在视觉上极为醒目的建筑物在今天看来算不上高大宏伟，但在当时的长春，却是象征着知识、权力和威严的所在，它们如同一只只掌控街区秩序的手将后来陆续修建的一些高级旅馆和报社等建筑牢牢地控制在一条直线上。所有建筑物的窗楣、线脚、檐线等组成的几条水平线，向远方汇聚，这种强烈的视觉效果被一眼望不到尽头的大街增强了。笔直的大街穿越方格网区，驱动着街景空间向天际线尽端延展，将行人的注意力吸引到极目远处的原野。对于日本殖民者来说这无尽远方意味着殖民拓土的梦想所在。置身其中，宽阔的大街犹如阅兵场，观者或站立在大街两旁望向街心，行进者则望向两旁，在互相注视中各自身份发生"位移"转换，行进者既是受阅者又是检阅者，观者亦如此。这就是具有殖民权力和军事威慑力意象的大街所显现的炫耀性仪式感。这些权力仪式，恰恰是日本殖民者耀武扬威的合适场景。

　　如果说长春大街的景观配置是日本殖民政治权力展示场的话，那么西斜街和东斜街则是军事和经济的炫耀空间。殖民权力通过制造展现仪式得以显现，这不但"是一种权势的炫耀"，而且还是"一种夸大的和符号化的'消费'"。①

　　在这一系列炫耀性建筑符号中，30 米高的钢架水塔，是整个附属地纪念碑式的建筑物。它矗立在西广场中心，相比之下，前文提及的宽城子车站的水塔无论在材料和高度（10 米）上都相形见绌。立足这一高度眺望四周，无论是铁道以北的宽城子车站，还是后文即将详论的东南向的商埠地以及长春老城，都尽收眼底，更不用说整个附属地了。从这里发出的视线足以俯瞰整个长春，具有重要的军事和战略意义。这并非笔者的猜

---

① ［法］米歇尔·福柯：《规训与惩罚》，第 211 页。

测，因为从整体布局来看，站前广场、水塔（西广场）、关东军第三旅团司令部和"满铁"独立守备队四点，构成了军事主线。西斜街就是从站前广场沿着这条主线，绕过西广场经关东军第三旅团司令部，直抵西南角的"满铁"独立守备队。

关东军第三旅团司令部也占据主视线重要节点。它坐落在广场的西南角出口处，矩形的建筑立面、矩形的门廊与大门、矩形的窗户和窗楣是这座建筑的主要特征。深色墙体使这座两层建筑轮廓线显得异常锐利。主立面以矩形门廊和大门为轴，呈对称结构，突出的门廊上面则是一个阳台——站在司令部二楼阳台上，车站、站前广场以及车站内一览无余。上下两层各有六个窗户，运用白色直线窗楣围合的方式，将上下纵列窗户统合为一个整体。复杂的窗户形式在白色直线窗楣的强力支配下获得简化，融入到这一统一的矩形视觉样式中。这六组矩形造型仿佛要从深色墙体中挣脱出来，有种向上伸展的力量感，这令人产生一种错觉——就像六根巨柱撑起整个建筑，并与锐利的建筑轮廓线形成一种刚性的、突前的、压倒性的视觉张力。

因此，从车站望向这边，这座军事建筑就显得极为醒目。军队作为日本殖民扩张的基石这一隐喻，通过直线和矩形柱式线组合的建筑风格，淋漓尽致地表征出来。除此之外，还有司令部后面的敷岛寮、日本陆军卫戍医院、观测所、宪兵队等军事设施，与其相呼应，构成了象征内涵明确的建筑意向群。围绕广场和西斜街还配置了一些非军事化的设施，诸如东南角的敷岛女子高中、东北角"满铁"社会员俱乐部、西北角的西广场小学校，周边还有"满铁"理事公馆、"满铁"消费组合、"满铁"商业学校以及"满铁"社会员住宅等。当时整个街区都被刺耳的军号声和军事训练口号声所覆盖，大街小巷充斥着军人的身影，时刻提示着这里的功能。在建筑样式上，无论主线上的军事建筑还是非视觉中心的学校（这几所学校都是针对日本人开设的）和"满铁"社会员俱乐部等建筑，虽保有欧风历史主义痕迹，但欧风繁复华丽的装饰已经不再是表达的重点，而透着殖民精神的造型、紧张的比例和具有穿透感的直线，才是这里具有支配力量的主要形式。每一个被安置在这里的人，通过不断扫视这一预先编排的殖民符码，与被编码的殖民活动和知识配置，都会被无意识地注入日本的殖民意识。这里与上述司令部建筑群相似，因此成为名副其实的军事副中心。

　　长春大街另一侧的东斜街与商埠地大马路相接，是当时唯一一条连通长春老城的主干道（见图2-9）。和前述同宽城子站区呈军事对峙的西斜街街景不同，日本殖民者在这主要展示另一种"力量"，那就是现代商业景观。这里道路非常宽阔，与东一横街共同构成"满铁"附属地的经济带。1932年以前，两条大街沿线就布满商店和银行，东一横街主要有中国人经营的日升栈，日本人经营的旭旅馆、西村旅店、长春座、藤坂写真馆、东公园（后被废弃）、"满洲银行"长春支店、横滨正金银行长春支行、金泰洋行、警察派出所、"南满洲电气会社"长春支店、正隆银行长春支店；

图2-9　东斜街（后改为日本桥通）

进入与东三条与农安街（后改为大和通，今南京大街）交汇的南广场后，周边还建有朝鲜银行长春支店、益通银行、"满铁"长春电话局及放送局、大世界饭店，以及东斜街与商埠地大马路交汇处的"日满百货商店"。与东斜街相交叉的各个街路上也成为商业、银行和娱乐场所的聚集地，譬如东三横街（后改为三笠町，今黄河路）有赤木洋行、长春实业银行以及料理、酒吧等娱乐场所；被日本人称为"银座"的东四横街（后改为吉野町，今长江路），更是商店、洋行、剧场、酒吧、料理等店铺林立，大型的娱乐设施有长春座剧场、纪念公会堂等。东一横街（后改为日出町，今长白路）沿铁路而设，临近铁道货场，这里以旅馆、客栈、货栈和粮食加工厂居多，有福顺栈、悦来栈、天泰栈、东发合、天兴福粮栈、裕昌源火磨等。这些建筑都整齐划一地排列在各条街路的两侧，多元的建筑样式使得这里在视觉感官上没有西区那种秩序井然的沉闷感。这都源自附属地东区有与西区截然不同对待土地和建筑样式的态度。

在这里，每一寸街区土地都被精确地计算着，大大小小的建筑被塞进整齐划一的网格中，以至于横街与斜街交汇之地都有角度街线形成，产生特殊的城市地理样式。受此影响，凡是此种街口的建筑都会呈现出不规则的形制，形成独特的城市肌理。为了消解这种街线造成的建筑景观的锐利之感，当时的设计者在设计中将建筑面向街心的锐利之角向后缩进，形成钝面，将主入口嵌入这种钝面门脸之中，面向十字街道中心。这样的设计不但消解了街角的锐利感，而且使整体风格样式连贯统一。从狭小的视角望向主入口，在两面街道和过往、进出建筑的人流的映衬下，门脸显得异常高大。日升栈、旭旅馆、藤坂写真馆、金泰洋行、警察派出所、大世界饭店都是以这种方式构造的。这些街角建筑与平直建筑构成了东斜街的主要特色。

综上，从整体上看如果说西区以直、简、单一为主要特征，那么东区则是以曲、繁、多元为主。在这里，大量砖、瓦、钢筋和水泥等新的建筑材料应用到建筑中，有的红砖勾缝，有的水泥饰面，甚至还有面砖饰面。

建筑整体呈对称构图，主要采取欧美新古典主义、巴洛克以及英日折中的"辰野式"三种样式。尤其是在彰显奢华的洋行和银行建筑中，希腊—罗马柱式、三角山墙及檐口、叠涩檐线造型、女儿墙繁复装饰、拱形窗、窗框贴脸以及穹顶等元素变体，拼贴到各个建筑的细部中，使这一区域成为欧美古典风的展示场。每个建筑样式因局部形式细节不同，会产生很大视觉张力，但是在街区规划的强力控制下，这些样式各一、高矮不同的建筑被牢牢地限制在土地区块中，街区整体上呈现出多样性的统一的景观秩序感。由此，以东斜街和南广场为轴心，形成了"满铁"附属地的经济副中心。

毫无疑问，"满铁"附属地的规划和建筑是一种可触摸的存在，尤其是1914年新的火车站建成后，所有进出长春的各地人，在这里都遭遇了可触可感的城市体验。如1917年冬天来到长春的萧军，曾有一段文字详尽呈现了从殖民街区穿行而过时产生的"新奇而陌生"的景观体验：

> 马车开始在一条开阔、辽远、铺满着积雪的大马路上跑了起来……疼痛到麻木，鼻水也流进嘴角里面来……但我却全不管这些，两眼却是毫不眨动地观察着凡属能够收进我的视角以内的诸般景物：无论是那些大小参差高低不一的各式各样的楼房，高耸的烟囱，行行的街树，两侧人行道上来往的行人，偶尔飞驰去、来的一辆辆汽车、来的人力车……它们对于我全是新奇而陌生的啊！过去在义州城外山坡和田野中第一次见到过的那些电线杆子，想不到在这里竟是这般多，它们高耸地、随处皆是地在大路两侧成排成队地出现了，有的在接近顶端撑出一条条细细的黑色的曲棍，棍端下面还垂悬着一只只类于灯笼花形的有伞盖的电灯。——我由乡间初到锦州城时已经懂得这叫电灯了——只有对于它们，我倒不再感到新奇了。①

显然，在这一块充斥着新生的、迥异于中国传统城市景观的殖民都市

---

① 萧军：《人与人间——萧军回忆录》，中国文联出版社2006年版，第109页。

景观的地方，街道、各式各样的楼房、一辆辆汽车和电线杆子等所构成的一切现代景观，僭越了传统景观的逻辑，不断刺激着初到长春城的萧军，在纷至沓来、迅速变化的视觉刺激与可感知却不可预期的体验流的共同作用下，赋予其震惊与新奇的体验。

正是在殖民者的精心配置和强化下，殖民权力通过视觉符号被分解到规划和各类建筑样式中，围绕北广场、西广场和南广场（见图2-10）三个重要节点，结构出的政治、军事和经济景观，并通过炫耀性的仪式呈现了出来。这样一种展示和炫耀，在同与它们接壤的商埠地的对比中，更加明确、直接。

图2-10　南广场

三、商埠地：现代城市景观生产中的中国本土特色

一千九百十几年春天中的一个早晨，一长串慢慢装载着由河南、山东、直隶……各地移来的难民的四轮马车。又沿着"南满车站"那

条宽阔平坦长长直直的柏油马路,向"中国地界"城里的方面奔跑下来了……

　　一些双马的马车因为速度快,竞争着已经滚过了那中日分界的一条白色的大石桥,向对面那条陡然狭窄起来和有着上斜坡度的马路开始了较缓慢的行进……①

文中所说的"中日分界的一条白色的大石桥"——日本桥(见图2-11),就是当时"满铁"与"中国地界"之间的唯一通道,这一被中国人称为"阴阳界"的标志物,成为当时长春空间的重要节点,正如凯文·林奇所说:

　　节点是在城市中观察者能够由此进入的具有战略意义的点,是人们往来行程的集中焦点。从一种结构向另一种结构的转换处,由于是某些功能或物质特征的浓缩而显得十分重要,某些集中节点成

图2-11　日本桥

---

① 萧军:《过去的年代》(下),作家出版社1957年版,第524—526页。

为一个区域的中心和缩影，其影响由此向外辐射，它们因此成为区域的象征。①

而对于当时长春城市中的观察者而言，日本桥在上述城市功能性区隔的意义之外，还有着更深层次的区分功能，那就是国族之间的对立与"落后即挨打"的民族创伤。日本桥虽然只是一座桥，但对于络绎来往于"满铁"附属地与长春老城的人们而言，却有着联系与分离的象征意义。桥的价值在于人类将因河流分离的两岸建立起联系，"联系的愿望就构成了该事物的造型，而构成造型又是该愿望的再现"②。从木造桥到大石桥，③日本人不但重构了这里的殖民空间，而且将这一地域的资源和粮食源源不断地从这里通过铁路运往了日本。对于中国人来说，这里又再一次遭遇"门"的记忆和象征。门具有分离的属性，"门在屋内空间与外界空间之间架起了一层活动挡板，维持着内部与外界的分离。正因为门可以打开，跟不能活动的墙相比，关闭门户给人以更强烈的封闭感，似乎跟外界的一切都隔开了"④。以此，可以说"门"把人类生存空间划分成家园与世界两个部分。而在被称为"阴阳界"的日本桥的北面，一幢红色砖房的日本警

---

① [美] 凯文·林奇：《城市意象》，第 36 页。

② [德] 格奥尔格·齐美尔：《桥与门——齐美尔随笔集》，涯鸿、宇声等译，生活·读书·新知三联书店 1991 年版，第 2 页。

③ 1910 年日本人在东斜街的头道沟上，修建一座宽 20 米、长 11.33 米的木桥，称为东斜街桥。桥面中央为车道，两侧为步行道，桥面两侧设有桥栏，并刻有桥名。1917 年，木桥腐朽严重，无法继续使用，"满铁"当局决定拆除旧桥，并于 1918 年 11 月由日本人长谷川贞三负责设计，建成一座钢筋混凝土结构的单孔拱桥，命名为日本桥。桥的翼壁由桥台向外呈长方形，并与头道沟护岸相连。桥面分为车道和人行步道两部分，车道位于中央，铺装花岗岩石板，两侧人行步道由混凝土方砖铺装。桥栏表面由大理石装饰，两端的四角各有一座灯柱。参见房友良：《长春街路图志》，吉林人民出版社 2016 年版，第 186—187 页；于泾、孙彦平、杨洪友：《长春史话（全二册）》，第 555 页。

④ [德] 格奥尔格·齐美尔：《桥与门——齐美尔随笔集》，第 4 页。

察派出所①，更是强化了"门"这一分离意象，它意味着横亘在这里的这道"门"，随时可能被日本殖民者关闭，挡住中国人曾经自由远行与归家的路。

（一）自行开埠：长春现代化的本土声音

萧军在跨过日本桥后，获得了近乎截然不同的体验：

> 正在奔跑着的马车，忽然缓慢下来了，这才使我又注意到了眼前的景物。一切的境界忽然改变了，首先是街道比起始走过的要狭窄到只有三分之一的样子，形成了一带缓缓斜上的上坡路。大概由于路面不平，车子颠簸得很厉害。
>
> ……
>
> 那些整齐的街树不见了，偶尔虽然也出现几株伶仃的、扫帚似的小树，它们的身干却全是苗细得不成形，一些秃秃的枯树枝，犹如一些老年人的头发似的，乱七八糟地随便支撑向四方——看不出有什么人曾为它梳剪过的迹象。
>
> 路两侧一些建筑物，低矬、参差、错落、陈旧……几乎一例是灰色的。在某些门额上或随便什么地方，悬挂着一些长长短短、大大小小、长长方方的招牌，写着一些字号的名字，什么："吉祥客店"、"万金发"、"福厚长"杂货店，"天源当"、"永利钱庄"……等等名称。
>
> ……
>
> 一路上再很难看到那些高大的、城堡似的、有着若干层窗户的楼房了，有的只是一些仅有两层窗子的楼房一类的铺面间。②

这是向南过了日本桥，进入"中国地界"——商埠地后的市街所呈现的景象，它们在直观上便展现了日本桥作为长春这一特殊殖民地与老城混

---

① 萧军：《人与人间——萧军回忆录》，第137页。

② 萧军：《人与人间——萧军回忆录》，第109—110页。

图 2-12　长春商埠地

杂的近代城市结构"转换处"的意象（见图 2-12）。商埠地破败、芜杂，但并非一块久经风霜的陈旧区域。相反，它也是一个新兴街区，是在日本殖民势力进入长春并大肆开展城市规划和建筑活动后，由中国政府主导营建的一块与日本殖民附属地相对峙，进而彰显国家主权的城市街区意象。尽管它的"现代化"和完善性存在着先天不足，但亦成为长春现代城市景观的历史起点之一。

　　根据中日于 1905 年签订的《会议东三省事宜正约》中附约第 1 款，长春成为自行对外开放的商埠之一。[①] 据《盛京时报》1906 年 12 月 19 日载《长春开埠办法》：

　　　　长春自十二月初一日开为商埠，故长春知府宋太守拟划定城外西

---

① 1905 年 12 月 22 日，中日签订《会议东三省事宜正约》，又称《满洲善后协约》，正约 3 款，附约 12 款。根据附约第 1 款，长春成为了自行对外开放的商埠之一。参见步平、郭蕴深、张宗海等：《东北国际约章汇释（1689—1919 年）》，第 286—291 页。

北至铁路东旁之地址（约有50方里），作为各国通商地场。然收买此项地址则需款甚巨，恐一时难筹措，故拟设法开设一大公司，名曰：长春商埠公司。以各佃主为股东，府尊自总理该公司，以免筹拨买地经费。而该通商地址不准售卖于外国商民，但准定期出租，而出租年期以五十年为限。闻此项办法业已具禀达留守照允，刻正禀请政府允准立案。①

在开埠办法中，除了规定开埠时间、运行组织、运行方式以及收买土地办法外，就是划定开埠区域。最初所划定的区域是长春城大北门外西北至头道沟、再至二道沟宽城子铁路附属地之间的区域②。它在规划的地理空间上，覆盖了日本人后来新建的长春站以及"满铁"附属地，但实际上并未延伸至此（详见后文）。在此区域设定商埠最为合理，尤其是头道沟的地理位置不但与"南满铁路"衔接最为便捷，而且在地理环境与地势上，它在未来还将成为吉长铁路设站之处，由此，足以形成"康途四达，轮蹄辐辏，百货云集，实称商务繁盛之区"③。然而，当时商埠公司收买土地价格极低，很多地户不愿将土地出卖；也有人趁此与日本人勾结哄抬地价，再加上资金短缺等诸多问题，商埠地土地收买进展及建设极其缓慢。这为日本人带来可乘之机。从1907年4月至8月，日本人通过高价购买以及各种非法手段侵占头道沟这一区域，开始兴建站房以及"满铁"附属地，并以头道沟渠为界，隔断了长春与铁路的关系，这无疑严重侵犯了中国的主权和长春经济发展的

---

① 《长春开埠办法》，《盛京时报》1906年12月19日。

② 规划地位于长春府崇德门北至头道沟，再至二道沟，聚宝门西至十里堡，周围三十余里，划定界线。参见《民国长春县志》（卷二），载凤凰出版社编：《中国地方志集成·吉林府县志辑》，第119页。

③ 《民国长春县志》（卷二），载凤凰出版社编：《中国地方志集成·吉林府县志辑》，第119页。

权益①。直至1909年，吉林省西路兵备道第二任道台颜世清上任后②，看到日本人在长春"满铁"附属地已具规模，请准开办商埠，并拨款四十万两经营商埠地、建筑以及修路③。同年7月便开始修筑贯通商埠地南北的商埠大马路④，还从天津聘请英国工程师邓艺伟对商埠地进行规划⑤。颜世清仍依距铁路最近之利，将北门至"满铁"附属地交界处占地13500余垧（1

① 据《民国长春县志》记载"盖当时商埠公司收买民地，悬值过廉，业户多怀观望。日人因民之不愿，私增地价，隐相购买，民争趋之。迨商埠公司查知其状，下令禁止，而其势已成，索还不易。迭经商埠公司与驻长日领事交涉，日人藉词铁路用地，以文其私购之非。卒之，由公司画分经界，其头道沟东偏地段归南满洲铁道会社发价承买，事始就绪"。参见《民国长春县志》（卷二），载凤凰出版社编：《中国地方志集成·吉林府县志辑》，第119页。以及本章第二节。另外在1907年《长春府为长春开设商埠及对日交涉等事宜给吉林将军的禀文》中也能看出，当时开埠所涉及的情况极为复杂。"查商埠事宜，宜与铁路车站相辅而行，从前宋道所踩吉长车站地方及商埠界址，既为南满东站占用，自应从新踩勘，择其可设车之处，方因即作为商埠，方得高屋建瓴之势。卑府当赴长春府城东南西三面，详细履勘其商埠公司前请在五里堡开辟商埠车站等情。地方虽云宽润，而形势稍偏，且路线须从城南绕越，亦多费十余里之工程，似不如以府城东南二道河子为起点，绕城而北，至日本车站车北界止，作为埠地，并将府以北头道沟以南之空场，亦即辟作埠地。虽犬牙相错，而东达日界、北望俄站，尚可以资联络。抑尤有请者，日本南满铁路委员佐藤安之助，曾有吉长车站亦在南满站地以内之言，如果属实，吉长车站亦必留于头道沟东头，与前踩安安道东车站之地相去不远。现在吉长铁路已定约中日合修，伊既能归我车站，酌留余地，又何妨宽为酌留，将农安大道以东一并让出。请宪台电致译部询明，吉长车站是否在南满站地以内，果在伊界，即请与日使磋商，即将所占农安道东之地，仍让与我；否则，亦须由我自择站地，日人不得干预，则于埠务实有裨益。再，卑府指拟处所，均系居民林立、园地甚多，需款甚巨，一经择就埠基，即须备价购买。是否之处，出自钧裁，卑府未敢擅拟。除俟绘定地图、拟妥集股及开埠等项章程另文呈报、再行领款外，所有另行酌拟埠地站基"。吉林省档案馆藏。
② 光绪三十四年（1908年）奏设吉林西路兵备道，宣统二年（1910年）七月，改为西南路观察使，民国三年（1914年）五月，西南路观察使改为吉长道尹，民国十八年（1929年）二月一日，裁撤道尹，仍置交涉员，节制道区各县外交。参见《民国长春县志》（卷四），载凤凰出版社编：《中国地方志集成·吉林府县志辑》，第214页。
③ 《长春营建商埠之计划》，《盛京时报》1909年6月4日。
④ 1909年7—10月修建从日本桥到长春城大北门（现大马路）。参见《马路确实开工》，《盛京时报》1909年7月28日。
⑤ 《吉长开埠工程师订定》，《盛京时报》1909年12月12日。

坰为10亩）区域开辟为商埠，起初土地收购价格分为四等：一等1300吊，二等800吊，三等600吊，四等400吊，为与日本收购土地价格相抗衡，特等地追加到1700吊。商埠公司最先收买北门直通附属地日本桥通一线，并将道台衙门迁至"满铁"附属地日本桥南岸的高地上。

1910年5月，清政府在商埠西四马路设立开埠局，并公布组织章程①。至此，长春这一地域上，在老城，宽城子站区和日本"满铁"附属地等之外又生长出第四块街区。

但如前引萧军的观察所示，清政府所开辟的自开商埠地由于形成时间短、发展速度慢，远远赶不上"满铁"附属地内的商埠繁荣。在《长春知县为长春开设商埠及其办法给交涉司的禀文》中，知县易翔就不无焦虑地禀陈道：

> 长春为南北满铁路交会之点，占三省商务之中心，交通之利既旁落于他人掌中，所赖以挽回利权者全在商埠。乃观长春开埠定址在府城大北门以外，面积有一万三千余亩之大，紧接日所占之头道沟与俄所占之二道沟，距吉长铁道车站不远，将来客商往来货物起卸皆荟萃于此。苟先用人为的发达，应足助长商埠之繁盛。惟埠地之未买收者，尚三千余亩，仅北门外稍成一条街市，然破屋星稀无巨商大贾，马路狭小，容双车则轧。
>
> ……
>
> 日本则不然，其在头道沟也自去夏以来极力扩张，具有一日千里之势，其已经开厘列肆之区，道路固属砥平，即尚在筹画未成市之

---

① 清宣统元年（1909年），吉林西路道颜世清请准开办商埠，即于是年五月设局办事，历由吉长道尹兼任督办，置局长、副局长各一。局内组织：总务、稽核、捐务、工程各股。常年收入房租九千余元，地皮捐五万四千余元，车捐一万余元，共计大洋七万余元。常年支出局用经费二万余元，商埠学校经费六千七百余元，工程费用三万四千五百余元，共计大洋七万余元。局址驻在商埠西四马路。参见《民国长春县志》（卷二），载凤凰出版社编：《中国地方志集成·吉林府县志辑》，第120页。

处，亦马路纵横，巡警罗列、恍成一日本国境。揆其目的，非造成一大市场，于长春尽吸收吾国之商利不止。①

在上述禀文中，足以见出"满铁"附属地的商业繁荣景象与长春商埠地的萧条，形成了强烈的对比，更显现出国人对落后的焦虑，对发展工商业以与"满铁"附属地对峙的渴望。从经济和城市建设上彰显主权，以抵御更多的土地沦为"日本国境"，成为当时中国地方主政者积极规划与建设商埠地的初衷。1911 年，新任道台孟宪彝上任后，便再一次筹措资金，在自开商埠地中建设公司、商场、公园和剧院等商业场所，由此推动了这一区域的城市规划的现代化进程，并促进了一大片现代建筑群落和城市景观的生成。

（二）商埠地的空间布局与秩序

虽然聘请外国设计师进行商埠地规划，以期与"满铁"附属地抗衡，但商埠地的自然条件和经济条件都限制了规划设计。但自 1909 年到 1932 年的 23 年间，商埠地形成了 18 条主路、5 条街和 27 条胡同交织而成的街区骨架：纵向修筑了永长路、永春路、长通路、大马路、兴运路、大经路、二经路、三经路、吉长铁路东马路；横向从南向北依次修筑了二、三、四、五、六、七马路、盐仓后马路以及大纬路、二纬路②。其中 1912 年商埠大马路建成，将老城与"满铁"附属地连接起来，它南起长春北城门（今长春大街），北至租界地七马路。至此，以大马路为商业中心的格局已基本形成，而且大马路客流量剧增，街道两侧银行、钱庄、医院、茶

---

① 吉林师范学院古籍研究所编：《涉外经济贸易》（上），吉林文史出版社 1995 年版，第 193 页。

② 5 条街是：太平街、魁星街、南律街、新立屯街、兴华街。胡同有：大马路东——燕春茶园东胡同、卫生胡同、郝家胡同、益礼楼后胡同、积善胡同、永长头胡同、安业胡同、花园南门胡同、康宁胡同、太平街胡同；大马路西——王氏胡同、竟成胡同、兴华胡同、朝阳胡同、同顺胡同、朝阳北路胡同、永庆胡同、新市场北胡同、同顺三条胡同、乐礼胡同、中华胡同、何家胡同、六合屯胡同、六合屯南胡同、纪家大院胡同、新立街胡同、盐仓西胡同。参见《民国长春县志》（卷二），载凤凰出版社编：《中国地方志集成·吉林府县志辑》，第 94—96 页。

馆、戏园等商户也逐年增加，商埠地日渐繁荣，常住人口快速增多，如据 1914 年的《盛京时报》记载，"本埠金融紧迫，市场诸物昂贵异常，惟户口则毫未减少，反有增加之势。据十月末之调查：日本人数本为一千零五十三户，比之九月末增加六户，人口男为一千零二十四人，较前减少十三名；女为一千四百九十九人，较前增加三十二名……中国人户数为七百七十二户，现较前增加十五户……其他外国人亦多有增无减云。"① 到了 20 世纪 20 年代，长春境内总体人口数量直线上升，商埠地内人口增加的速度则是最快的，如据统计，1922 年 4 月末，"商埠地有 8500 户，人口 54000 人，城内有 14000 户，人口 69000 人，共 22500 户，123000 人。加上附属地 4100 户及人口 26000 人，则总计为 26600 户，人口为 149000人。"② 对比这一组数据便可发现，长春自开埠以来，商埠地内及周围常住居民数量远远超过了"满铁"附属地内的人口数量。

1930 年，大马路完成了柏油马路面铺设，使这一条近代化商业街更加繁华（见图 2-13）。这时的大马路荟萃了长春著名的商号、店铺，如大马路邮局、鹿鸣春饭店、三进魁鞋店、老物华金店、老天合百货店、玉茗魁、益发钱庄、回宝珍饺子馆、协和商场、北世一堂、天顺昌洋服、亨达利钟表行、泰和大药房、稻香村、源泰、同兴茂、中原洋行、集升斋、义和谦、鼎丰真、丹凤、达仁堂、大陆书局、益智书店、会通达日杂店，以及后来的泰发合百货店（旧址为今长百一商店处）、振兴合百货店（原东北商场旧址）等③。无论是商埠种类还是数量，大马路都是当时长春首屈一指的商业繁荣场所。

在大马路两侧还先后兴建了两个大市场——老市场和新市场。1912 年，

---

① 《长春户口之增加》，《盛京时报》1914 年 11 月 18 日。

② ［日］伊原幸之助：《长春发展志》，载长春市地方史志编纂委员会：《资料选译》第一辑，第 23 页。

③ 胡小松、王玉梅：《长春老商业街——商埠地大马路》，《兰台内外》2006 年第 1 期。

图 2-13　商埠地大马路

商人马秉虔、解富之、刘乃刚等人将开埠局二十六亩预留建筑市场地基租下，仿照京津各地的市场样式集资营建，市场内"曲巷列肆，栉比鳞次，摊床杂业，麇集期间，商货骈阗，游人如织，颇具熙攘气象焉"①。足见当时非常繁华。然而，1920 年发生火灾，全部建筑付之一炬。后虽经重建，但其经营和繁荣状况大不如从前。1927 年开埠局将市场收回官办，重新建新楼房三十九间，瓦房二百二十三间，板房十一间以及戏楼一所②。

　　随着大马路商贸经济的繁荣发展，四马路沿街也出现了许多新的店面。其中较为醒目的，是一处商业娱乐综合体，它"纵横面积约有一里路的见方，四面安置四座高大的漆着淡蓝色的木栏门，门额上墨书'新市场'三个大字。场中的房屋全是一间间串连在一起作为一组，一组组之间前后

---

① 长春社会科学院编辑：《长春厅志·长春县志》，第 165 页。
② 《民国长春县志》（卷二），载凤凰出版社编：《中国地方志集成·吉林府县志辑》，第
　 126 页。

排列得很整齐，和市场正方形成为斜行地存在，构成一种菱形似的规模。在这菱形的中心，就是一座铁瓦红砖的大房子，在天暖的时候有人在这里喝茶和有姑娘们卖唱"①。这一处新市场是由道尹兼商埠督办陶彬 1918 年在西四马路、西五马路中央一块区域开辟出的一个新的市场，由开埠局设市场事务所负责管理。这里不仅仅是商品交易场所，而且还是一个娱乐消遣中心，"所有摊床、酒肆、市井杂技以及茶舍等处，倍极喧阗"②。

与大马路直交的三马路，则是商埠地内另一处极为热闹的大街。这里分布着燕春茶园、宴宾楼等大饭庄、老九章绸缎店、同春照相馆、一品香小吃店等，还有燕春茶园斜对街的平康里③。

二马路则有长春电话局、养正书院以及旁边的李公祠、地藏寺、护国般若寺、自强小学校以及马号门外的长春公安局。

除上述商业街区之外，商埠地内还形成了位于五马路和六马路的政治与宗教中心。五马路有与长通路交汇的长春公园以及西五马路的基督教堂；六马路是统治机关所在地，除道台府外还有长通路的俄国领事馆、兴运路上的吉黑榷运局（后改为伪满洲国"帝宫"）以及清真寺等。

1927 年，为了缓解由商埠大马路前往"满铁"附属地的道路拥挤情况，长春开埠局开始修建另一条连接"满铁"附属地的大街，它就是北起八岛通（今北京大街），南到南岭大街的大经路。大经路的修筑分为四段，第一段由四马路起到马号门（今大经路与平治街交会处）止，南北成直线进行道路开辟，路宽 20 丈（约 60 米）；1928 年，又完成了四道街以北至四马路的第二段的土路，路宽 8 丈（约 24 米）；1930 年，完成了四道街以南至永安桥段的建设，至此大经路建成。大经路全长 2582 米，平均路宽 27

---

① 萧军：《人与人间——萧军回忆录》，第 113 页。
② 《民国长春县志》（卷二），载凤凰出版社编：《中国地方志集成·吉林府县志辑》，第 127 页。
③ 萧军：《人与人间——萧军回忆录》，第 116 页。

米，分别与新发路、朝日通（今上海路）、五马路、四马路、三马路、二马路（今长春大街）、西四道街、西三道街、西二道街、西头道街、全安街等交会，是长春南北走向的另一条主要道路。①

到了1912年，吉长铁路建成后，在伊通河东岸修建了新的火车站，并以火车站和吉长铁路管理局为中心形成的街区空间显露出来，逐渐发展成为长春城市的重要组成部分。

（三）商埠地建筑的景观形式及其民族意识

自颜世清开辟商埠之初，清政府就把统治机关大都迁往"满铁"附属地日本桥南岸附近。1909年，一座在当时看来极为恢宏的西式古典样式建筑出现在日本桥南岸六马路的一块高地上，它居高临下，能俯瞰整个"满铁"附属地以及商埠地，而处在"满铁"附属地及商埠地的人们也都能仰视到它。这就是花费九万两白银修建的道台衙门。以此为中心，商埠地和"满铁"附属地之间形成了独特的视觉关系与景观意象。

新建的道台衙门，采用了三进制轴线布局，主要建筑门楼、大堂、二堂和官邸在同一轴线上。进入大门，左右各有五间配房；穿过门楼，迎面便是大堂，为衙署的主要建筑。衙署正门大堂后侧，有木质连廊通向二堂；二堂略矮于大堂，面积同于大堂。二堂后门也有木廊与后面房舍相连。起居室位于大堂和二堂的北侧，南侧有木廊与大堂和二堂相通。整个建筑群青砖灰瓦，不但采用中西结合的建筑样式，而且大堂、二堂和官邸还采用由欧美殖民者在东南亚殖民地建设中所逐渐形成的外廊样式。② 衙门大门突出整栋建筑主体，入口处两侧各有双柱及方形柱托起挑出的女儿墙，中间两个高高的方形柱墙垛夹着拱形的片段墙；片段墙中间砌筑复杂拱形窗，精美的植物山花饰面，主墙两侧连接简单镂空的片断墙。大堂坐

---

① 房友良：《长春街路图志》，第284页。
② 房友良：《长春街路图志》，第299—300页。

落在五阶基台上，四坡屋顶，其入口处的凸出和开间形成视觉中心，并因四组科林斯柱式托起的高高山墙，使这种视觉中心感得到加强。中央山墙以巴洛克式曲线造型，与方柱式女儿墙连接。外廊由方柱以及半圆壁柱组成，柱与柱之间下部由精美图案构成的铁质栏杆连接；上部则是叠层拱券，中间饰有拱心石。令人不解的是，这座建筑群出现了有悖于中国传统朝向的吊诡设计——坐西朝东。

为什么如此庄重的官衙会抛弃传统规制而采取这样的设计呢？尽管现在还没有找到这样设计的直接答案，但是这座建筑整体外观样式对欧洲古典主义建筑设计的复写，不由得让人将目光投向古希腊雅典卫城以及帕特农神庙设计上来。众所周知，雅典卫城（原意为高处的城池）则地处雅典城市中心的高地上，从上面可以俯瞰整个雅典城；而城中的雅典居民，则在城中任何角落抬起头，都能看到卫城的建筑。尤其作为雅典娜圣所的帕特农神庙，以其恢宏壮丽的气势，凌驾于雅典卫城中其他神庙建筑之上。它坐西向东，面朝太阳升起的地方，以便能够沐浴第一缕阳光，精美的浮雕和多立克柱式，撑起巨大山墙，并形成环绕柱廊。当时，伯里克利将希腊诸城邦为了对抗波斯而缴纳给雅典的岁贡，用于卫城的重建，于是，雄心、实力和财富的象征性意义被注入到这一希腊最壮观的建筑群中[1]。虽然没有直接证据表明道台衙门在设计时参照了雅典卫城及帕特农神庙的设计，但它所呈现出的与周边区域建筑间的俯仰的聚焦视觉关系，它坐西朝东的朝向，以及它在建筑形式和风格上，与后者均有理念的明显重合之处。

尽管是一种模仿，但这足以说明在民族危机面前，中国官员面对日本殖民者在中国土地上开展的殖民地城市建设所营造的空间上的压迫，产生

---

[1]　［美］马文·特拉亨伯格、伊莎贝尔·海曼：《西方建筑史——从远古到后现代》，第45—46页。

了强烈的抗争意识，他们主动接受当时作为"现代"之表征西式建筑样式和风格，将其融入城市设计与景观营建，力图在建筑体量和形式上表达民族抗争的信念。同时，长春地方政府还以道台衙门为中心向四方修筑道路，路边两侧修建西式四栋约二百间出租房屋，租给日本人，令他们集中于此，不得散居到城内和商埠地其他地方。① 如此，这栋气势恢宏的道台衙门，连同其周边建筑群，对日本而言，就如全景监狱一样，将他们纳入权力管理视线中。此后的二十余年里，它作为中国主权与力量、威严的象征，矗立在与"满铁"附属地毗邻的高地上，行使着这片土地的主人的视线权力，凝聚着中国官方和民间的力量，与侵略者、殖民者形成无声的对峙。直到 1932 年 3 月 9 日，伪满洲国傀儡皇帝溥仪在此举行就职仪式，随后它便沦为伪满洲国国务院、参议府、外交部、恩赏局以及法制局临时驻地。

在商埠地的建设中，这种中西结合的建筑风格，以及它背后的民族自觉、民族竞争意识，俯拾皆是。如位于商埠地东北角的吉黑盐业榷运局②和吉黑盐务稽核处办公楼，吉黑盐业榷运局办公楼为英国人所建的方形建筑③，采用的是欧洲壁式建筑外观加设木造外廊与内置天井和围廊相结合的折中主义样式，而吉黑盐务稽核处办公楼则采用的是简化了的欧洲新古典主义的建筑样式（上述两栋建筑与周边所属区域伪满成立后被征用，成为傀儡皇帝溥仪的"帝宫"）；老城马号门外的长春公安局，在原同善堂

---

① ［日］泉廉治：《长春事情》，1912 年版，第 18 页；［日］伊原幸之助：《长春发展志》，载长春市地方史志编纂委员会：《资料选译》第一辑，第 21 页。

② 吉黑盐业榷运局前身是吉林全省官运总局，成立于 1908 年，是清政府设立在吉林专管盐务的机构。1911 年 10 月，从吉林移驻长春。1915 年 1 月 1 日，吉、黑两省机构合并，遂改称为吉黑盐业榷运局。参见《民国长春县志》（卷三），载凤凰出版社编：《中国地方志集成·吉林府县志辑》，第 204 页。

③ 长春市政协文史资料委员会、伪满皇宫博物院编：《见证伪满皇宫——伪满皇宫见证人采访录》，《长春文史资料》总第 72 辑，2006 年版，第 165 页。

基础上也砌筑了中西结合式的门楼；商埠大马路邮局、吉长铁路车站以及管理局等机关也都采用了西式建筑样式和手法，它们见证并标识着长春城现代化的另一条路径。

这种竞争意识，也引来了殖民者的注意与行动。除了"满铁"附属地的建设之外，沙俄势力也不甘落寞。商埠地开设后，在商埠地清真寺西北侧出现一座新的建筑群，这就是新的沙俄领事馆。整个建筑群采用俄式新古典主义样式，从地理位置以及建筑样式上，足以显示出沙俄不甘放弃因日俄战争失败而失去的对这一地区的支配权力，换句话说，殖民者与殖民者之间、殖民者与被殖民者之间的角力，在特定的历史时段中，以建筑这一肉眼可见的形式展开着。

除此之外，商埠地的很多商铺以及民宅也开始融入西洋古典样式。它们的共同点是外观模仿西洋新古典样式，多采用通长壁柱（或半圆形或方形）与女儿墙相连，大门中央山墙以及女儿墙细部中则融入中国的装饰纹样。这些中西折中样式和西洋风建筑所呈现的景观，并不单单是建筑美学形态的展示——对于被列强逼入半殖民地化的中国来说，中西折中主义建筑正是作为对抗殖民者的一种象征而被建立起来的。联系到更广阔的历史背景，可以说，中国在从 19 世纪后半叶开始的近代化历程中，面对西方列强，"中体西用"的思想应运而生。而现代都市规划、中西折中主义建筑样式以及现代材料的运用，无疑成为这一思想具体化的产物和表征。

在沙俄和日本对长春的殖民侵入、分割与对抗的过程中，透过都市规划和建筑将新艺术、新古典主义、巴洛克以及日本"辰野式"等样式输入到长春。尽管中国在争夺空间权力过程中处于劣势，然而在商埠地也自觉地开始进行街区规划和采用中西折中主义建筑样式展示中国形象。商埠地将长春老城与"满铁"附属地、宽城子铁路附属地这两个异态空间连接了起来，使长春城市空间呈现出特殊的景观样貌。在此景观形成的过程中，可以看到，日俄所做的城市规划、建筑设计以及所用建筑材料、建造工艺和技术，即使让都市看起来华丽和整齐，但隐匿在这华丽和整齐的景观背后的却是罪恶的殖民意识形态和权力意图。这种透过都市规划和景观塑造展示殖民意识形态和权力意图的行径，在 1932 年日本扶持傀儡皇帝溥仪建立伪满洲国后达到了顶峰。

第 三 章

规划“新京”

——殖民主义都市的景观想象

1931 年 9 月 18 日，日本侵华势力悍然发动了震惊中外的九一八事变，对东北乃至整个中国和世界历史，都产生了深远影响。长春这一刚刚兴起的近代城市，也因此而改变了命运，沦为伪满洲国“首都”，亦即所谓“新京”。具体到本书所讨论的城市景观和美学而言，这一历史事件所带来的影响也极为深远：对于 20 世纪前三十年间由宽城子铁路附属地、“满铁”附属地和商埠地等为起点所开启的长春城市景观的多样性现代化进程而言，殖民地傀儡政权的建立，及其所展开的“新京”都市计划和建设，意味着上述多元角力的进程的终结——从 1932 年 3 月 20 日日伪决定“奠都”长春，并将其改名为“新京”开始，直到 1945 年日本侵略者宣布投降，长春经历了长达 14 年的殖民统治，其间日伪殖民势力在这座城市展开了一系列深刻改变这座城市的空间结构、建筑意象和城市景观的都市计划建设，促使一座初具规模的现代殖民都市崛起在东北大地。

一、“奠都”考量与城市功能转变

（一）“奠都”的考量

1932 年 3 月 1 日，由日本侵略者扶植的傀儡政权伪满洲国成立；3 月 9 日，溥仪在当时的长春市政公署举行执政就任仪式；同日，傀儡政权公布了伪满洲国《组织法》①；3 月 10 日，伪满国务院发布第一号公告，将长春定为伪满洲国"首都"；到了该月 14 日，伪满当局发布了第二号公告，将长春改名为"新京"、伪满的年号为"大同"②。自此，一个标榜"五族协和"和"顺天安民"的幌子、以"王道政治"为殖民意识形态话语的伪满洲国被日本炮制了出来。

为什么日本关东军放弃当时的奉天（沈阳）、哈尔滨、大连、吉林等其他相对发达的城市，却选定了尚在近代化起步阶段的长春作为伪满洲国的"首都"呢？

虽然现在对当时日本关东军在选择伪满"首都"的过程中某些细节无从得知，但可以从伪满国务院首任总务厅长的驹井德三在《大满洲国建设录》中所列举的几点定都长春的理由中③，可以推测出日本关东军的意图——在地理位置上，长春位于伪满洲国的中央；在政治上，长春的政治色彩稀薄；在交通上，长春是重要节点；尚未得到充分开发的长春地价低廉；长春饮用水丰富。

以上这几点，相互关联，贯穿着殖民者的野心，那就是把原来作为中国之"东北"的广大区域，变成一个独立王国。驹井德三说，在地理空间上，"打开地图，一眼就可以见到长春是位于满洲中央的城市"④。这看似一句平淡的地理描述，却道出了日本侵略者意图借用"满洲""中央"这两个关键话语凭空"制造"一个"国家"及其"中心"或"中央"的祸心——事实上，长春在历史上从未扮演过此类角色。所谓"满洲"，在中国历史

---

① 中央档案馆、中国第二历史档案馆、吉林省社会科学院：《伪满傀儡政权》，中华书局 1994 年版，第 223 页。
② ［日］永见闻太郎：《新京案内》，第 25—26 页。
③ 驹井德三，原关东军统治部部长，1932 年 3 月第一任伪满洲国国务院总务长官。同年 10 月辞去总务长职务。参见［日］驹井德三：《大满洲国建设录》，中央公论社 1933 年版，第 127 页，"满洲国通讯社"：《满洲国现势》，1933 年版，第 10 页。
④ ［日］驹井德三：《大满洲国建设录》，第 206 页。

上，从未被用作指示地理空间的概念，这一点，早在 20 世纪二三十年代，顾颉刚、谭其骧、吴世昌等学者业已做出明确考辨①，驹井德三的话语里，却以一种不言自明的态度，将"满洲"视作理所当然的地理实体，他的"位于满洲中央"这一表述，不但将东北从中国的整体时空中切割了出去，而且还在国家观念以及文化上割断了东北与母体的脐带，使其去中国化意识暴露出来。因为，所谓长春位于"满洲""中央"的位置及观念一旦确立，就与东亚（中国和日本）传统国家观念上的"中心"意识有了实质性的对应，进而可以将东北表述为在地理、文化和政治上与中国相隔绝的单独实体。

在政治上，日本人明确提出了长春"政治色彩稀薄"，何谓稀薄？日本殖民者深知，九一八事变后，中国东北各省军阀割据的积弊一时难以扫清，构建"新国家"决不允许陷入旧弊的漩涡中。② 奉天（沈阳）是当时中国东北经济最发达的城市，这里不但本是奉系军阀张作霖和其子张学良的固有势力范围，也曾是清王朝故都和祖陵所在。如果将奉天（沈阳）定为"国都"不但大有复辟清朝之嫌，而且显然容易延续"中国历史"和"中国记忆"。这种种复杂政治背景与政治势力盘根错节，使日本殖民者意识到要想建立殖民统治"新国家"，就得彻底从中国的"影响"中挣脱出来，避开影响日本殖民统治各类因素。于是，关东军司令部将奉天（沈阳）从选项中彻底排除掉了。其次是大连与哈尔滨，这两座城市都是早期沙俄侵占中国东北的据点，其殖民势力还在，而且在文化和建筑风格上深受俄国的影响，在经济上更是与其往来密切。更重要的是，中东铁路的部分权益已经掌握在苏联手中。另外，在关东军进攻黑龙江的时候，受到黑龙江省马占山的顽强抵抗。苏联势力以及中国反日反侵略力量，对于日本来说都

---

① 陈波：《日本明治时代的中国本部概念》，《学术月刊》2016 年第 7 期。
② ［日］驹井德三：《大满洲国建设录》，第 206 页。

是极为危险因素。再加上大连偏南，虽然海洋资源丰富，拥有便利海运，但日本的目的是通过对中国东北的殖民重建达到北上攻击苏联远东和西伯利亚地区，离苏联较远，战线过长必然带来损耗过多，因此不利于北进苏联计划，故而不适合作为"国都"。因此，关东军将大连与哈尔滨这两个选项也排除掉了。

至于吉林，地处离"南满铁路"较远的位置，交通并不便利，而且这里还曾是清朝吉林将军驻地，满族遗风甚浓，虽然自然条件较好，但对以殖民侵略为目的，有着宏伟"战略蓝图"的日本来说，不论在军事上，还是在政治上，都算不上是最佳选项。因此，吉林也被排除在外了。

而在长春，尽管在东清铁路"南满洲支线"经过长春的地方设置了一个名叫宽城子的四等小站，但这里除了几户铁路员工外就是负责保护铁路的军队，他们都生活在封闭的铁路附属地内，很少与相隔5公里之外的长春老城发生交集。中国人更不能进入到铁路附属地内，因此，在这里几乎看不到俄国的影响。相反，日俄战争后日本借"满铁"势力，在长春铁路附属地内进行了细致的科学规划以及建设，使其成为日本在华势力最强的据点之一。有了如此强大的铺垫，又有军部支持，日本人在这里获得了许多特权。而长春在行政区划中，只是属于吉林省的一个城市而已，离政治中心吉林较远，因而政治色彩相对淡薄①，更有利于日本实施其殖民统治的政治目标。

在交通上，长春处在东清铁路的重要节点上，其交通、军事和战略地位，在日俄战争后因双方分割铁路而凸显，并且会因即将开通并与东清铁路连接的吉会线的完工而更加重要，正如驹井德三所言："从日本角度来看国都长春的有利点是很容易就可以举出具体的实例的，想到之前提过的吉会铁路开通时就恰好是符合的实例。吉会铁路的开通是日本多年的夙

---

① ［日］永见闻太郎：《新京案内》，第26页。

愿，同时也不过是因张家的影响在纸面上的约定罢了①，并没想过会这么容易实现。今天新国家的诞生的同时在全面赶工，其开通也在不久的将来得以实现。通过这条铁路可以给一直以来的经济带来好处，不仅可以使处于其中的朝鲜及处于其中的日本享受到北满的物资，还可以进一步使日本内地和北满建立联系便于北满物资输入日本。从朝鲜内地及向日本内地运出的北满物资的落脚点应该选至哪里？当然长春是最合适的地方了。"②可见，这样的交通线和节点对日本来说是具有极为重要的战略意义。为控制东北，除了陆上铁路交通运输的考量外，日本还寻求在空中构筑一条捷径，试图建立一条能够在一日内往返日本东京与伪满"国都"间的航线，这样，两个城市间的距离也被考虑在内，而长春，便是恰当的选项之一③。

除了上述诸多维度考量外，日本人还将目光转向了"国都"建设以及未来城市发展、人口扩张所必须的土地资源和水源基础上来。时任伪满国务院首任总务厅长的驹井德三说："为国都建设筹措必要的庞大的资金是当前实际面临的第一问题"，④"国都"建设的资金，其中最大占比就是土地买收费用。要建设成为伪满洲国"首都"，大体须准备四五千万坪的土地，长春恰恰在"满铁"附属地以南、老城以及商埠地以西有足够数量的土地可供开发，而且，当时长春的经济萧条，地价与奉天（沈阳）有天壤之别，一坪约十四五钱左右。⑤ 如此丰厚的土地数量、极其低廉的地价正是吸引日本人将长春定为"国都"的经济魅力所在。这从其早期的选址论述中可以直接看出，并且，他们还在此基础上，又考虑到了城市后续发

---

① 指奉系军阀张作霖和张学良父子。

② ［日］驹井德三：《大满洲国建设录》，第209页。

③ ［日］驹井德三：《大满洲国建设录》，第210页。

④ ［日］驹井德三：《大满洲国建设录》，第207页。

⑤ ［日］永见闻太郎：《新京案内》，第27页。

展中的用水问题："从政治、经济等各方面考察，以长春为国都最为便利，将来国都长春的人口增加到一百万、二百万时，难道不担心市民缺乏饮用水吗？"① 从中不难看出，供水充足是选择"国都"重要维度之一。早在伪满"建国"前，日本关东军就对长春水源、街道和建筑物进行过精心细致的考察。1931 年 11 月，驹井德三下达调查长春给水水源的口头命令，为长春将来发展成为大城市寻求便利而经济的给水水源，并且要求尽快计算为现有人口供水所需的预算。② 日方派遣水利专家清水本之助来到长春，③通过踏查，发现长春附近不仅地下水非常丰富，周边还有伊通河和饮马河干流支流等水系，理论上可以满足人口规模三百万以上的城市供水。④ 随后，1932 年 2 月，日本关东军参谋长板垣征四郎又秘密派遣关东军特务部安插在"满铁"的赤濑川安彦、是安正利二人暗访长春，调查既有街区的主要建筑物情况，为伪满政府临时办公厅舍选址做准备。⑤ 可见，在伪满成立前，日本关东军就开始为殖民地傀儡政权"首都"的选址以及未来建设做了充分的谋划和算计。

（二）"名"与"实"："新京"命名背后的殖民意图

除了地理、政治、军事和经济考量外，日本殖民势力之所以远离旧有的一切势力关系，其实质乃是追求所谓"清净无垢的发祥圣地，建设王道政治发源的纯行政首都"⑥，在某些研究者的解释中，它被理解为日本人在心理上对一切"旧"的排斥——将长春确立为"新国家"的"新首都"，并将之建设为"新"都市，其以全"新"姿态和形象传达海内外。但在笔者看来，所谓"新"与"旧"并非无条件的、超时空语境的。正如前文所

① ［日］驹井德三：《大满洲国建设录》，第 210 页。
② "南满洲铁道株式会社"经济调查会：《新京都市建设方案》，1935 年版，第 133 页。
③ ［日］鑓田研一：《新京——满洲建国记（3）》，东京新潮社 1943 年版，第 141 页。
④ ［日］永见闻太郎：《新京案内》，第 27 页。
⑤ ［日］越泽明：《满州国的首都计画》，第 119 页。
⑥ ［日］小野木孝治：《满洲国首都建设に就いて》，《满洲建筑协会杂志》1932 年第 6 期。

论，日伪对"旧"的排斥，对"新"的推崇，实则为一种殖民意识形态话语的建构，急欲借此将东北去中国化，斩断东北地区的政治、历史文脉。此种殖民意图，在围绕伪满"首都"命名展开争论中，有隐微而确凿的呈现。

伪满当局于 1932 年 3 月 10 日和 14 日召开了两次"国都"命名的专门会议，而定名则是在第二次伪国务院会议中完成的。① 两次会议都是在伪国务院总务厅长驹井德三的主持下召开，出席会议的有伪国务总理郑孝胥和各部总长。在第一次会议中，驹井德三提出，将来是要把长春建设为称得上"首都"的城市，就需要给长春起个能配得上"首都"的名字，于是向伪国务院会议成员征求长春更名的意见。伪外交总长谢介石提议叫"新京"，驹井德三对这个名字很欣赏，当即表示这是个好名字；伪财政总长兼吉林省长熙洽又提议叫"复京"；在第二次会议上又有人提出叫"盛京"②。驹井德三当即表示："叫'盛京'是不行的！这不是清朝的复辟吗？我们要建设的是一个新国家！"郑孝胥见大家意见相持不下，便说："就叫'新京'吧，这样执政（伪满傀儡皇帝溥仪，引者注）也不会有什么异议的。"就这样，决定将长春更名为"新京"③。

"新国家""首都'新京'"等随后成为日伪双方常挂嘴边的时髦政治话语。那么日伪双方对"新"所持理解究竟凸显了怎样的意涵呢？

日本人将中国东北称为"大陆"，日本本土称为"内地"。这一称谓不由得让人想起 1495 年哥伦布对其所发现的美洲大陆命名为"新大陆"以及后来欧洲列强在殖民扩张中对所发现和占领的地方进行重新命名，以示

① 伪满国务院官制的第 5 条中规定：为了联络统一行政事务维持平衡全局而设立伪国务院会议。这个伪国务院会议（在日本称其为内阁）由伪国务总理领导，由伪各部总长、总务厅长、法制局长、兴安局总长、资政局长等组织而成。参见"满洲国通讯社"：《满洲国现势》，1933 年版，第 3 页。

② ［日］鑓田研一：《新京——满洲建国记（3）》，第 201—202、226 页。

③ ［日］鑓田研一：《新京——满洲建国记（3）》，第 226 页。

主权这样的行动。新的命名正是殖民者（支配者）修改地方历史并重新赋予地方一定的象征意涵与空间次序的重要手段。如前所述，"新"与"旧"相对而生。透过哥伦布，欧洲人看见了美洲"新大陆"并将两个相隔遥远的空间——欧洲大陆与美洲新大陆连接在了一起。对于欧洲殖民者来说，后者这是一块"崭新"的土地，这里不但意味着地理时空之新，同时也意味着希望、未来、创造、财富等价值指向，又暗含着其现实的荒凉、落后、未开化等。如此意涵成为欧洲帝国持续对北美大陆的地理空间及政治空间次序展开重构的意识形态依据。四百年后，日本人同样将中国东北看作新"大陆"，用"大陆"——"内地"的称谓，建构中国东北与日本之间新的空间、文化和历史关系，割断中国东北与中央的地理、历史以及文化脐带，并将新塑造的虚妄国家历史与文化通过各种载体注入伪满洲国这一新的地理、文化和政治空间秩序中。可见，日本在这样的称谓中释放出与欧洲殖民者对待美洲新大陆同样的宏大殖民意象。在此意义上，对于生活在贫瘠弹丸岛国的日本人来说，中国东北这块富饶的土地是其未来生存发展的希望之地，也是其欲成为亚洲霸主的筑基之地。因此驹井德三在听到"新京"这个命名的时候，反复回味多加揣摩之后发出了"好名字啊"的感叹[1]。就如泷川政次郎所说：

> 叫新京这个名称，尽管很大程度上带有一个新国都的意思，但选用新京这个名字是有新生的意思的。作为普通名词的新京，与旧京这个名称相对，作为固有名词的新京，是特殊的名称。而且，其新的意义在于有改天换日的新的意思，加上必须解释为让人民重新开始的意思。这样一来满洲国就像永久的变成了新的国家一样，新京也必须是永久新的国都。[2]

---

① ［日］鑓田研一：《新京——满洲建国记（3）》，第 201 页。
② ［日］泷川政次郎：《新京》，《满洲行政》1939 年第 4 期。

不仅如此，这一命名也勾连起日本人心目中另一种情怀，那就是"新京"曾经在日本被使用过，它是拥有一千年历史的日本旧都京都的旧称①。借此命名这一日本旧都的投影得以在殖民侵略中借尸还魂，满足日本殖民势力对"帝国"历史延续及其"新生"的虚妄想象——"新京"就是个象征的存在，使无论身处"内地"还是"大陆"的日本人都置身于同一"帝国空间"中。如此，殖民象征意涵便通过命名行为嵌入殖民空间的中心位置。

对于被日本人操纵的傀儡溥仪及其追随者而言，"新京"则寄托了另外的想象。本书在之前的章节论述过，长春因清政府为管理在皇家禁地游牧垦地设长春厅而得名，此后长春这一地方不但一直处在中央政府的有效管辖中，而且从历史上看也只有在中国的时空下的"东北"，才能对长春的历史与文化传统展开合乎其本身的合理描述与解释，如有学者指出，东北是中国时空下才有的维度，"东北是一个方向，是因为中国的存在才存在的一个方向，是从中国方向意义上的一个命名。当我们进入到中国的时空中，才能找到东北的位置"，"东北不仅仅是东北人的东北，东北本身即意味一种注定的地缘关系，同时蕴含着文化的、经济的、政治的关系，一种'中国'关系"②。生活在东北的各民族更是在中国的文明的宏大背景中繁衍生息着，"东北早就隐藏在中国二字之中了"③。因此，溥仪及其追随者在伪满"首都"命名上做出"复京""盛京"称谓的提议就不足为奇了——即使未来的"首都"被命名为"新京"，在他们心中，也具有复辟的意涵。正如溥仪所说："复辟——用紫禁城里的话说，也叫做'恢复祖业'，用遗老和旧臣们的话说，这是'光复故物'，'还政于清'——这种活动并不始于尽人皆知的'丁巳事件'，也并不终于民国十三年被揭发过的'甲子阴

---

① ［日］泷川政次郎:《新京》。

② 张未民:《东北论——中国时空感知下的东北（上）》,《东北史地》2004 年第 4 期。

③ 张未民:《东北论——中国时空感知下的东北（上）》。

谋'。可以说从颁布退位诏起到'满洲帝国'成立止，没有一天停顿过。"①

而且，在众多复辟的道路上"还有一条，是最曲折的道路，它通向海外，然后又指向紫禁城，不过那时的紫禁城必须是辛亥以前的紫禁城。这条路当时的说法则是'借外力谋恢复'"②。如此，借助日本势力，无论建一个什么样的国，对于傀儡溥仪及前清遗臣们而言，都必须指向"辛亥以前的那个紫禁城"。于是，在这些傀儡的虚妄想象中，伪满洲国与逝去的大清国、"首都新京"与古都北京的意象通过"新京"这一命名将一切复辟意象同构在了一起，似乎已然破碎的复辟之梦在如此意象中重新拼接在了一起。

二、殖民都市的景观想象："国都"都市计划

新京作为中央集权的政府所在地，作为满洲文化发祥的根源地，就像从江户到东京的革新变化一样，是当今世界中最富于迅速变化的城市……200KM² 的区域，100 万人口；幅面 60M 至 38M 的路面，绿树掩映的大市街；完备的上下水道；除特殊部分在高 20M 以内近代的洋风样式建筑外，如欧美那样到处可见的几十层的摩天楼；市内巧妙运用无数散落的大小的公园将商业街、住宅街、官厅街连接起来。享乐区域与旧市街相接，国都宛然呈现出一个庞大的公园的景观……③

这是一段摘自伪满国务院"国都建设局"于 1934 年改订的《国都大新京建设の全貌》中的文字，其时，所谓"国都大新京"还停留在纸面的规划，和此类夹杂着历史谎言和未来想象中——在上述从未来视角出发展开对"国都新京"未来都市景观愿景的描画中，我们看到的是一幅现代功能主义形式下的都市景观图像——如果剥去浮华的审美表象，可以确凿地

---

① 爱新觉罗·溥仪：《我的前半生（全本）》，群众出版社 2007 年版，第 64 页。

② 爱新觉罗·溥仪：《我的前半生（全本）》，第 138 页。

③ "满洲国政府国都建设局"：《国都大新京建设の全貌》，《满洲建筑杂志》1934 年第 3 期。

发现，理性和规范的分区规划占据了这幅图像的中心。值得注意的是，在这里，日本殖民者并未仅仅对欧美现代都市规划形式进行简单的复制，更重要的是他们植入了象征殖民者在城市空间和社会管制方面的意识形态：在其规划形式展现背后，将"从江户到东京"的所谓"历史革新精神"映射到这个所谓"满洲文化发祥的根源地"的"国都"变迁历程中。作为日本控制的伪满洲国"国都新京"，一切殖民政治目标在其展示上都需要配置相同口径的规划装置。于是，在《满蒙开发方策案》指导下，制定这些装置的总体规划开始了。

（一）殖民都市计划的空间模型与景观蓝本

伪满洲国成立不久，未来"首都"的规划构想与建设就得到了"满洲建筑协会"的积极响应，后者主要由一批活动在中国东北地区的日本建筑专业技术人员组成，以"满铁"建筑课为核心，成立于1920年，在此后长达25年的活动时间里，对东北新兴都市规划与设计、现代化住宅的移植、东北建筑史研究，以及引介欧美现代思潮等，均产生了重要影响。由于其官方色彩浓厚，又具有一定的民间性，"满洲建筑协会"在"新京"命名确立后，随即展开较为成熟的讨论，在某种程度上说，即是殖民势力纠集专业人士所做的具有"预谋"的殖民都市规划及其景观幻想。

1932年，《满洲建筑协会杂志》5月号的扉页上刊发《对满洲国首都建设相关都市计划及建筑计划的意见募集》特别会报，提出未来"国都"现代化建设的十四项要件。[1] 该杂志希望在中国东北的日本建筑师围绕"国都"建设给予更多的建议和展望，给"新国家"各路要员提供参考。[2] 一

---

① 分别是：（1）建筑法规制定上的根本重要条件；（2）建筑规则实施相关的监督机构设置；（3）地域设定和用地分配；（4）建筑样式；（5）城市中心；（6）公园、绿地、娱乐地、赛马场、飞机场等；（7）交通问题；（8）住宅政策；（9）暖气设备；（10）卫生设备；（11）煤烟防止；（12）主要建筑材料；（13）城市照明；（14）军事设施。
② 《对满洲国首都建设相关都市计划及建筑计划的意见募集》，《满洲建筑协会杂志》1932年第5期。

个月后，通过遴选，最终有二十篇文章入选，分别刊载在《满洲建筑协会杂志》第 12 卷（1932 年）6 月号和 7 月号上①。这二十篇文章有十六篇围绕十四项要件展开对"国都"的规划与建设的构想，另外四篇则是有关"新首都"街路照明、换气供暖防止煤烟、气象与建筑防水工事和郊外土地投资等具有明确针对性的专门文章。

综上所述，可以看到，当时活跃在伪满或关注伪满"新京"建设的日本建筑师对于"国都"规划和建设的构想，主要是围绕四种基本结构模型以及功能配置展开的。

第一种模型由"满洲建筑协会"会长小野木孝治所描绘。他主张独立设置区域建设新城。城际轮廓呈长方形，并且它是一个可延展的单元，具有向四周扩展的兼容性。新城分为行政区、住宅区、商业区、工业区、混合区以及未定区。行政区设置在城市中心，在城市对角线交叉部的中心点设置议事堂，以此为轴呈对称结构，左右分别是"执政府"和行政厅，周围是银行、交易所、"建国纪念堂"以及公会堂，整体布局呈 T 字结构。以行政区为中心向三面设置放射状景观大道延伸至轻、重工业和商业等各个功能区，并与纵横街相交叉围合构成直角式城市路网和街区结构。从整体上看，行政区空间被城市路网完全围合起来，在精确界定的区

---

① 其中 6 月号被专门设为"满洲国新首都"城市计划的专号，这一期刊载了"满洲建筑协会"会长小野木孝治，副会长冈大路（"南满洲工业专门学校"教授），理事汤本三郎（"满铁"工事事务所所长），植木茂（"满铁"地方工事课），村田治郎（"南满洲工业专门学校"教授），山边钢（大仓土木株式会社），渡边成二（"满铁"地方工事课），名誉会员松室重光，会员中泽洁（"满铁"技术局），小清水仙之助（美国明威株式会社特派员），关东厅土木课长清水本之助，东京电气株式会社大连出张所荣隈荣，中村建筑事务所中村舆资平，前"满铁"秘书役上田恭辅，大连建筑师渡边齐、田之乡、佐久良町人以及丹俊国等十八位日本建筑师撰写的对"国都新京"规划建设的构想文章。参见：《满洲建筑协会杂志》1932 年第 6 期；受文章及刊物篇幅所限，入选的另外两篇文章，即"满洲建筑协会"理事草野美雄（横井建筑事务所）的《国都建设への序曲》和"满洲建筑协会"理事田中国益（大连警察署保安课）的《满洲国建筑法规制定上の根本要件に就いて》刊载在 7 月号上。参见《满洲建筑协会杂志》1932 年第 7 期。

域中凸显出来，被赋予了城市中心的观念和文化指涉，这使之具有了仪式感和纪念性。行政区后面是公园区域，这里配置了迎宾馆、国际俱乐部、庙宇、博物馆、图书馆、运动竞技场、娱乐地、飞机场及主要停车场等设施；左右两侧是高层集合住宅；商业地区分为大小两种；工业地区分为轻、重、特种三种，同时兼顾安保和卫生等其他区域；公园和绿地作为一个系统，分散配置在划定各个区域中；设置地上巴士和地下巴士所构成整个城市的交通系统同植被绿化带、花坛，将城市各个功能区域连接成一个整体。①

小野木孝治强调，为了保证发展如此"花园式"基本结构与配置图式，限制平面的膨胀性，就要制订出严密、系统的都市计划；在城市立体景观呈现上，则须依据严格的建筑法规，促成立体向上发展的条件，实施高层集合建筑，释放空间最大效用；各建筑配置标准的暖气、卫生及上下水设备，并设立公共机关对其进行统一管理；为预防城市空袭受灾，地表的各建筑物要准备地下室，对发电站、水源地、瓦斯罐等特别设施做好防护工程。为了进一步凸显现代都市景观，他还格外提到，街路上配置丰富的照明，不但使城市成为"不夜城"，而且有利于安保，这样就会出现城市本质与外观一致的城市景观和街区。为了保障上述都市计划和建筑规则忠实地实施，就要严选技术人员并设置以技术为本的设计审查和施工的监督机构。②

如果单纯从规划形态上来看，小野木孝治的城市设想与当时在欧美遍地开花的霍华德"田园城市"之间存在着许多相似之处：假设规划区域为能够独立设区且具有均质化平坦的地理结构、土地功能性的分割、限制规划平面的膨胀性、中央空间的设定、林荫大道、公园，外围的绿带、住

---

① 〔日〕小野木孝治：《满洲国首都建设に就いて》，《满洲建筑协会杂志》1932 年第 6 期。
② 〔日〕小野木孝治：《满洲国首都建设に就いて》。

宅、工业以及良好的交通联结等。只不过在形式上，小野木孝治将霍华德的"田园城市"圆形城市结构置换成长方形结构；在组织管理上，设置城市规划与实施监管机关，安排城市总体规划，建设费用支出以及城市建设的监督与控制。① 然而，这并不足以说明小野木孝治设想中的未来"首都"像当下某些研究者所说的那样，乃是霍华德的"田园城市"的翻版，事实上，尽管有如此"田园城市"的模态，但小野木孝治的城市"蓝图"中还是表露出"豪斯曼式"的情怀和梦想，在城市结构中去掉田园思想中反中心化的特定功能，通过空间组织，制造出凸显权力的行政中心以及景观大道，并与花园和绿带加以结合，营造出美观的城市外表，以求凝固时间，使殖民统治得到永恒。"满洲建筑协会"理事汤本三郎在文章中也同样持有这种"纪念碑"式城市模型的理念，将政治区置于"新京"中心，在这一区域中"设有直径至少2千米的大广场以及大公园。广场在祭祀日和庆典时充分发挥其集会的职能，可以容纳数万名群众，在中心放置建国纪念物供群众瞻仰。广场外围设有环路分别建造政府机关厅舍和各职能机关"②。

第二种城市基本结构与功能形式配置模型由"满洲建筑协会"理事山边钢（大仓土木株式会社）所构建。这一模型可以看作是霍华德"田园城市"模型与美国社会学家欧内斯特·W.伯吉斯于1923年提出的同心圆城市结构模型同构的产物。

在霍华德的城市规划思想中，他以6000英亩为一个单元，将"田园城市"置于这一单元中心位置，用地为1000英亩。城市以圆形为基本型，"6条壮丽的林荫大道——每条宽120英尺——从中心通向四周，把城市划成6个相等的分区，中心是一块5.5英亩的圆形空间，布置成一个灌溉

① ［英］埃比尼泽·霍华德：《明日的田园城市》，第58—59页。
② ［日］汤本三郎：《新国都の建设》，《满洲建筑协会杂志》1932年第6期。

良好的美丽的花园；花园的四周环绕着用地宽敞的大型公共建筑——市政厅、音乐演讲大厅、剧院、图书馆、展览馆、画廊和医院"①。

山边钢预想的城市模型与前述霍华德"田园城市"模型的圆形基本形式极其相似，但与小野木孝治的规划类似的是，山边钢规划中的城市内部结构也发生了变异——执政机关成为城市的绝对中心；且放弃了霍华德把城市划成 6 个相等分区的设想，而是按功能之需划分区域大小；还引入伯吉斯同心圆城市结构模型设置了过渡地带并呈辐射状向外扩散。

山边钢在将执政机关设定为城市绝对中心的同时，认为应严格控制执政机关的扩张。在他看来，执政机构区域的伸缩率不高，因此依据同心圆形式首先在城市中心设定 A、B、C 三级区域，将最初以满足基本之需设置为 A 级区，经过几年发展之后，需要时再向四周扩张至 B 级甚至 C 级区域；接下来以此为圆心向外辐射，设置工业区域、商业区域、住宅区域等，原则上允许这些区域向外无限膨胀。具体来说，依据发展时机，有些区域可能会优先发展，但不应该集中在一个方向上，而是分散在几个方向上，而工业区恐怕会限制在一个方向上。各个设定区域按未来扩展方向设立功能设施，如公园、小学校、警察局、机关、医院、银行、纪念建筑物、邮局、市场等公共设施。军用区域、监狱区域、卫生区域（如垃圾处理场、墓地、避疫区等）则配置到离城市相当远的外围。如此同心圆结构，必然使街路呈辐射状与环状相互交错。这一模型，也主张城市土地管理由城市设定专门机构统一管理。②

第三种模型由"满洲建筑协会"会员中泽洁（"满铁"技术局）参照柯布西耶依据人口统计学所设定的城市模型，对未来"新京"城市形态展开构想。

---

① ［英］埃比尼泽·霍华德：《明日的田园城市》，第 13—14 页。

② ［日］山边钢：《新京に就いて》，《满洲建筑协会杂志》1932 年第 6 期。

20世纪初，世界大都市不断涌出，巴黎、伦敦、柏林、纽约成为世界的中心。然而，在城市化的进程中，大量人口涌入城市所造成的城市急剧膨胀以及由此所带来一系列社会问题，成为社会学家、各国市政当局以及城市规划和建筑设计师等共同关注的焦点。譬如，霍华德为限制城市扩张，提出了"卫星城"主张；格迪斯将地域环境、居住与地域经济联系起来提出了"区域"规划策略。从规划思想上看，霍华德和格迪斯都是反中心主义者，两人都试图通过建立城市群或"区域"，引导人口合理迁出，解决城市问题。而作为建筑师的柯布西耶，则从建筑学角度审视城市问题。他认为城市人口不能合理迁出是因为忽视了"大城市中心这个基本的问题"，"倘若真能引导过分拥挤的居民移往市郊，必须要记得在每天的同一时间内，会有大批居住在舒适的田园城市的人群必须往返于市中心。通过建设田园城市以改善居住状况的做法完全地忽视了与市中心的联系问题"。这不但可以看出柯布西耶试图从城市内部来寻求解决方案，还足以证实他是一个纯粹的中心主义者。在他看来，"今日大城市之平面格局，由于其局促的起源（古老的小镇）及近百年来的飞速发展，市中心仍旧是羊肠小径的情形"，"必要的接触只能通过拥堵的道路网艰难地进行。除此之外，拥堵所引起的疲惫与棘手的不利条件使得商业大楼只得求助于令人窒息的走廊与晦暗的隔间"，因此，"市中心才是大量交通急速发展之处"[1]。

柯布西耶将统计学设定为现代城市规划的基本原则的基础[2]。他认为可以通过对某一区域进行人口统计，依据数据分析来评估城市发展力量和方向，对即将出现的人口过度饱和、超出正常容量、过度拥挤、居住危机等问题，通过某种外力（新技术运用、修改规划、建筑法令等）进行调

---

[1] ［法］勒·柯布西耶：《明日之城市》，第85—86页。
[2] ［法］勒·柯布西耶：《明日之城市》，第97页。

节。① 如根据当时的统计数据，在 50 年的时间内，人口的增长完全超出了原有的预期。尤其是从 1885 年至 1905 年短短 20 年间，随着人口的快速增长，交通运输发展曲线、旅客运输量及货物运输量的发展曲线出现了陡然攀升趋势。②

柯布西耶通过对当时大城市的恶劣交通状况进行详细的调查研究后，在道路图上叠加一份交通运输状况图，通过对比，以直观的方式，凸显出二者的严重的冲突。

那么，如何解决两者间的冲突，使城市有效运转呢？柯布西耶提出如下四条被他称为"现代城市规划学的基础"的假设：

1. 疏通市中心的拥堵情况，以适应交通运输之需要。

2. 增加市中心的密度，以满足商业活动接触之需要。

3. 增加交通运输的方式，即要彻底改变现今之城市道路观念，与现代化交通运输方式如地铁或汽车、电车、飞机等新事物相比较，现今的道路是毫无效率的。

4. 增加绿化和开敞空间的面积，这是为了确保人们在面对新的商业活动节奏时，能够有效应对可能出现的工作焦虑情况而必需的健康和安逸的唯一办法。③

上述四条可以看做"柯布西耶式"现代城市规划的指导纲领：通过理性的规划，运用现代化技术设备与组织方式以解决城市化发展中的一切弊端。

中泽潔首先运用柯布西耶人口统计方法，对长春人口进行了预测和分

---

① ［法］勒·柯布西耶：《明日之城市》，第 98 页。

② 自 1800 年至 1900 年的一百年之间，巴黎的人口从 60 万增长到 300 万；伦敦由 80 万增至 700 万；柏林由 18 万增至 350 万；纽约由 6 万增至 450 万。参见［法］勒·柯布西耶：《明日之城市》，第 86 页。

③ ［法］勒·柯布西耶：《明日之城市》，第 88 页。

析。他以长春"满铁"附属地为例，统计了 1907 年至 1929 年 23 年间长春"满铁"附属地人口的变化，以及附属地土地利用面积，并依据柯布西耶人口统计增长曲线图模式推测，三十年后附属地的人口将达到 12 万人。① 以此数据分析为基础，中泽潔认为，作为"国都"的"新京"，因增加了政治、军事、经济上的重要性因素，未来的城市规模、人口将以几何倍数增长。②

毫无疑问，按照这一预测，随着人口膨胀，未来"新京"势必会出现欧美大都市所遇到的"城市问题"。于是，中泽潔参照柯布西耶提出的四条"现代城市规划原则"，移植了一个人口三百万的现代都市的市街计划的例子。

中心部位为"城市中心"。两条纵横主干道与网格街路构成城市的交通系统，对角线街路可以使从中心到周围地区形成最短的距离，以满足活动接触之需要。城市中心街路密集且道路宽阔，向外街路宽度逐渐变窄，主干道向外延伸至城市外围 U 字形的郊外住宅区，这样不但可以增强交通运输能力，还使城市成为一个整体。

第四种模型则来自于"满洲建筑协会"理事草野美雄。他通过对柯布西耶的机械主义建筑观、格罗皮乌斯的国际主义建筑观以及赫伯赛摩的大都市观的梳理与批判，提出了对"新京"的构想。

他认为，现代的大都市是资本主义的经济组织的特有产物，产业合理化运行是其追求的终极目标。然而，由于资本主义其他方面之需，将大都市进行极端非合理化处理，导致交通不畅。因此，交通规划是现代建筑师们将这不合理的大都市进行合理化的主要任务。草野美雄进而认为，柯布西耶只是利用几何学原理将现在的城市混乱进行了整理，对整体做更高程

---

① [日]中泽潔：《新国都计划に对する所见》，《满洲建筑协会杂志》1932 年第 6 期。
② [日]中泽潔：《新国都计划に对する所见》。

度秩序性的改善，尤其交通规划也像以前那样不进行过度的重组，并不能显示出新的城市结构感，根本没有突破；而赫伯赛摩则不同，他把交通规则置于理想城市重心，解决交通问题的方法与其说依据提高交通能力，倒不如去探索交通的可能限度，于是赫伯赛摩将城市道路比拟三层建筑进行城市规划，在上层的住宅区设置步道，下层的办公区设置车道，再下层地下设置远距离高速交通机构等——这一规划就是"为了阻止交通的最小限度"而创作的"立体城市规划方案"①。

　　通过上述辨析，草野美雄将柯布西耶的平面几何整理术与赫伯赛摩的立体整理法作为"国都新京"规划方法，那就是将政治都市的行政中心、商业中心、教化中心以及生产中心按高速交通机构以及对角、环状两线路进行规划。街区规划应根据经济、卫生、美观等原则，将城市的发展引向正确的轨道。依照城市的美观，商业街道与住宅街道自然相区别，直线街道尽可能短（三百到四百米距离）。商业街道通过对交通流量的考虑来决定幅宽和长度，并且长距离的商业街道应避免弯曲和扭拐。主要交通是以市中心、市郊边界、市外近郊为主，尽可能采取放射状结构。②

　　纵观上述四种模型，当时流行于欧美的现代城市规划理念，通过日本建筑师的加工再处理，在这里被多维度地呈现出来。他们摒弃了欧美在城市规划上过度偏重假设均质、静止模式（均质平坦的土地、均质的人口发展、均质的交通可及性），忽视因交通、通信和运输所产生的空间离散或聚集的弊端，开始特别注意当都市增长时，土地利用和人口的迁移沿着交通可及范围进行组织或扩张，尤其注重利用交通运输网络所衍生的道路直接有效地连接另一个区域。单从城市规划角度上看，这是对的，可以有效平衡城市发展机制。然而，任何人为创造之物都具有某种目的性，日本建

---

① 　[日]草野美雄：《国都建设への序曲》，《满洲建筑协会杂志》1932 年第 7 期。

② 　[日]草野美雄：《国都建设への序曲》。

筑师对"国都"规划构想存在怎样的动机呢？

（二）完美与秩序：殖民主义都市空间和景观的美学手段

在上述四种有关"新京"之未来都市计划的空间模型与景观蓝本中，"田园城市"或"公园城市"的城市美学构想和中心化、结构化的城市功能考量，乃是其不可分割的表象与肌理。这种对于城市空间和景观之"完美"和"秩序"的追求，实质上构成了殖民统治者借由一种以现代性城市景观为表象的"乌托邦"来压抑、切割长春之历史脉络的美学手段。

按照卡林内斯库对于"现代性"与意识形态之内在关联的分析，在现代性的思想演进脉络中，贯穿着一种"抑制人的宗教需要和宗教想象"的企图，"上帝死了"的口号愈加响亮。但是，"就整体而言，即使现代性试图抑制人的宗教需要和宗教思想，它也没有成功地做到；通过使宗教需要与宗教思想偏离传统的道路，它甚至在异端学说（在宗教、道德、社会政治思想和美学中）大量滋生的表面现象下强化了它们"①。这些所谓的"异端"中，最为重要的、影响深远的就是"乌托邦"的强力登场——"乌托邦"作为一种意识形态，早已有之，但也只有到了 18 世纪以后，在上述现代性观念嬗变的演进脉络中，才借助于科学、工具理性等现代观念、思维方式以及技术手段等，得以崛起为贬低过去和传统的最重要的意识形态工具。对于同一时期兴起的帝国主义而言，这种吸收了现代工具理性的乌托邦尤为必要，因为它所象征的完美与秩序，不仅仅具有观念层面的号召力，而且在实践层面，也能够提升效率。按照鲍曼的说法，它"对于清除并不适合与事物宏大规划的那些特征、制度、实践或是人来说是必不可少的"②。日本殖民者以及"满洲建筑协会"对"新京"未来城市空间和景观

---

① ［美］马泰·卡林内斯库：《现代性的五副面孔》，顾爱彬、李瑞华译，译林出版社 2015 年版，第 65 页。

② ［英］帕特里克·贝尔特、［葡］菲利佩·卡雷拉·达·席尔瓦：《二十世纪以来的社会理论》，瞿铁鹏译，商务印书馆 2014 年版，第 327 页。

之"完美"和"秩序"的规划与想象,正是用以清除长春固有城市景观中的中国传统城市景观和美学以及沙俄影响,进而塑造新的城市空间及其秩序的有力手段。

在这里,"全新"与"完美"的城市景观乌托邦想象,乃是延续了帝国主义海外殖民策略的具体表达。就帝国主义的殖民扩张史而言,"在帝国规划中,空间构想的作用,可能在空间的绘制和命名活动中体现得最为明显"①——关于后者,前文在讨论"新京"之命名时,已有涉及,而在后文中,还将针对殖民者有关"新京"之建筑艺术的样式、风格的命名中详细展开——但是,对于将殖民意图转化为"确定的政治连接、经济依赖、建筑板块和景观改造的物质空间性"而言,城市建设与规划无疑更为重要,也更为直观,而其最典型的显现则是"建筑风格的转换,以及作为殖民地统治方案一部分的规划实践",因为,它们往往"以理想城市的名义,全面促成了殖民地的领土扩张和置换,而最为严格的种族隔离政策也开始实施"②。关于这一问题,从"满洲建筑协会"副会长冈大路和理事汤本三郎的描述中可见一斑。

"满洲建筑协会"理事汤本三郎提出将"新京"分为三个区:第一区是政治与高级住宅区。设有大公园以及直径至少2公里的大广场。广场在祭祀日和庆典时充分发挥其集会的职能,可以容纳数万名群众,在中心放置"建国"纪念物供群众瞻仰。广场外围设有环路,分别建造政府机关厅舍和各职能机关。建设两条连接新旧市街的第二大放射道路,在道路沿线建设官舍、高级住宅及商业街。商业街中有各种高品位的场所,主要为日本高级职员和伪满高级官员服务。第二区是"满铁"所在的新市街。此处作为商业区是最繁华的地方,与政治区相比应更自由发展,建有随处可见

---

① [澳] 简·M. 雅各布斯:《帝国的边缘:后殖民主义与城市》,何文郁译,江苏凤凰教育出版社2016年版,第26页。

② [澳] 简·M. 雅各布斯:《帝国的边缘:后殖民主义与城市》,第26—27页。

的小公园，冬夏皆可利用。第三区为城内的旧市街。此处是中国人聚居的老城区，属于中下层人的聚集区。在市区改造上只要卫生达到要求即可。因此这里作为游乐区，可以设置吸食鸦片和赌博等娱乐场。①

而"满洲建筑协会"副会长冈大路更是赤裸裸地表达了规划中的种族隔离目的：其一，将日、鲜、满、蒙、汉各族居民从统治管理和卫生角度按人种进行分区居住规划。分区，有利于日本殖民者观察各民族动向，维持秩序，减少各民族之间的交流和联合，表面上宣扬"合理分配"，实则意在有效监督各民族动态。其二，将商业区也按等级分化：分为一种二种或者甲种乙种，其实也是一种变相的种族歧视和等级划分。各民族上流人士可以去高档地区娱乐购物，下层人士只能在低等级的区域活动。②

从以上诸种表述中可以看出，日本建筑师将西方现代城市规划理念与形式移植到对伪满洲国"国都新京"的规划构想实践中，意图通过"空间"配置将一切暴露在被看透、被观察的可能性之下，对殖民地进行精确的控制，达到统治目的。众所周知，空间是现代国家统治和治理社会的直接工具，正是通过对空间有目的的分割，进而将适当的人置于适当的位置，这样，统治阶级才能达到治理目的。田园城市、区划、功能主义等现代城市规划理论在对空间的实践中得以发展。明治维新后，日本就开始接受西方现代城市规划知识，展开社会治理。19世纪末在殖民台湾过程中，为管理和解决卫生问题，他们逐步展开了都市改造与规划实践；20世纪初"田园城市"运动之风吹到了日本；③1925年，在震灾复兴计划指引下开始了都市美运动。④1904年日俄战争期间，经受了西式教育的日本建筑师随军

① ［日］汤本三郎：《新国都の建设》。
② ［日］冈大路：《满洲国新首都建设に关する都市计画并建筑计画に对する意见》，《满洲建筑协会杂志》1932年第6期。
③ ［英］彼得·霍尔：《明日之城：1880年以来城市规划与设计的思想史》，第123页。
④ ［日］中岛直人：《都市美运动：シヴィックアートの都市计画史》，东京大学出版会2009年版，第21页。

踏上了中国东北的土地，① 其后，随着日本对中国东北殖民的深入，前往东北的日本建筑师也不断增加，于是在1920年成立了旨在将"建筑作为殖民地治理推进器"而发挥作用的"满洲建筑协会"，并在东北都市规划与建筑设计中扮演了关键角色。协会中的日本建筑师凭借其所掌握的现代城市规划知识，借由"满铁"和殖民当局以及"满洲建筑协会"所赋予的权力，在中国东北这一殖民地中展开实践。因此，他们的规划绝不是简单从城市规划、景观设计和美学本身目的出发，而是假借"规划"，深藏了殖民主义动机，上述种族隔离的殖民区域规划在"国都新京"构想中呈现，也就不足为奇了。

三、"国都"规划方案的出炉与实施

尽管对"新京"的规划方案集中面世于1932年11月，但这不过是日本殖民势力蓄谋已久的设想的一次集中展示。事实上，早在1931年12月8日，由日本关东军参谋部第三科公布的旨在长期殖民中国东北的指导性文件——《满蒙开发方策案》中，第五款"地带及都市"中就明确提出"预期新兴聚落特别是大城市的出现，从统一的观点做好都市计划实施准备"的指导方针。② 随后，在1932年5月21日，关东军司令部又制定出《对满蒙方策（第四次案）》，其中明确提出了"期望国都尽快建成"的要求。③ 由此，一份早有预谋的所谓"国都"建设计划很快出炉并付诸实施。

① ［日］西泽泰彦：《海を渡つた日本人建筑家：20世纪中国东北地方における建筑活动》，第16—18页。
② ［日］小林龙夫、岛田俊彦：《满洲事变（现代史资料7）》，みすず书房1985年版，第292页。
③ ［日］小林龙夫、岛田俊彦：《满洲事变（现代史资料11）》，みすず书房1985年版，第636—639页。

（一）游移与虚幻的"中心"："国都"建设计划的炮制及其核心问题

在关东军的极力推进下，1932年9月16日，伪满国务院公布了设立"国都建设局"以及"国都建设咨询委员会"官制八十八号和八十九号教令，任命了"国都建设局"首任局长阮振铎，总务处长结城清太郎，技术处长近藤安吉。此外，总务科长由"满铁"来的江崎猛担任，沟江五月任计划科长，相贺兼介为建筑科长。[1]局长受伪国务总理指挥与监督，下设理事官一名，技正（工程师）十三名，事务官七人，属官十七人，技士（技术员）二十六人。[2]总务处掌管官印管辖、文件、人事总务、会计、城市规划、整地，技术处掌握"国都"计划上的技术以及施行的事项，具体分科规程由局长制定。[3]而"国都建设咨询委员会"委员长则由总务厅次长阪谷希一担任，委员中有葆康、王静修、金璧东、结城清太郎、近藤安吉等，意图在"国都"以及未来伪满洲国的规划和建设上加强对"国都建设局"的统制和指导。[4]事实上，"国都建设局"官制公布以前，伪满"国都"规划和建设活动就已经按关东军指示开始实施了。这也昭示着日本帝国主义通过规划和建筑等现代知识和技术对长春城市空间的殖民化塑形开始了。

伪满洲国刚刚成立，关东军特务部便分别指令"满铁"经济调查会[5]、

① ［日］相贺兼介：《建国前後の思出》，《满洲建筑杂志》1942年第10期。

② "满洲国政府国务院国都建设局总务处"：《国都大新京》，卷首。

③ "满洲国通讯社"：《满洲国现势》，1933年版，第143页。根据1932年11月1日公布实施的"国都建设局分科规程"，确定技术处建筑科的职能，主要对伪满洲国政府建筑物的设计、施工监理和民间建筑的建筑指导及建筑申请的审查。参见［日］西泽泰彦：《海を渡つた日本人建筑家：20世纪中国东北地方における建筑活动》，第108页。

④ "满洲国通讯社"：《满洲国现势》，1933年版，第143页。

⑤ "满铁"经济调查会脱胎于"满铁"调查科，在形式上，属于"满铁"内部机构，但实际上，它是负责所有"满洲"经济调查及制定经济建设计划的专门机构。

临时"国都建设局"组织人员着手制订"新京"都市计划方案①。

1932 年 7 月 27 日，关东军特务部委员藤根寿吉、经济调查会副委员长石川铁雄、佐藤俊久主查以及临时"国都建设局"局长丸山悦郎在奉天关东军特务部将"国都"规划立案内容提交给关东军特务部。特务部对此进行审议后指令临时"国都建设局"局长以此立案内容进行草案计划，完成后，立即与关东军特务部商议。②

随后，8 月 18 日，在关东军司令部（奉天东拓大厦内）召开了由军方、"满铁"和伪满洲国三方参加的第一次联合商讨会（出席者见表 3-1）。

表 3-1　"新京"都市计划第一次联合商讨会出席者名单③

出席方	出席人
关东军军部	参谋长小矶国昭、参谋副长冈村宁次、奉天特务机关长板垣征四郎、顾问藤根寿吉等
伪满洲国	伪国务院总务厅次长阪谷希一、临时"国都建设局"总务处长结城清太郎、计划科长沟江五月
"满铁"经济调查会	第三部主查佐藤俊久、嘱托折下吉延、第八班主任小味渊肇、调查员近藤政光

---

① 1932 年 3 月 29 日，"满铁"经济调查会第三部第八班主任小味渊肇接到命令开始着手"国都"规划方案；4 月 11 日，伪满洲国设置由丸山悦郎任局长的无官制"国都建设局"，开始着手"国都"规划调查和立案工作，具体由近藤安吉负责，计划科长沟江五月具体规划设计；5 月 20 日，"满铁"经济调查会第三部第八班成员近藤政光作为调查员开始参与"国都"都市规划；8 月 18 日，嘱托折下吉延也加入"国都"建设计划制定中（嘱托：特约人员。指接受委托担任某项业务工作的非正式职员）。参见"南满洲铁道株式会社"经济调查会：《新京都市建設方策》立案调查书类第二○编第二卷，1935 年版，第 1—2 页；[日] 越泽明：《满州国の首都计画》，第 122 页。

② 《长春都市计划に関する业务联络に関する件》，载"南满洲铁道株式会社"经济调查会：《新京都市建設方策》立案调查书类第二○编第二卷，第 115 页。

③ 根据《新京都市建設方策》绘制。

会议由关东军参谋长小矶国昭主持，主要议题有二：一是临时"国都建设局"对"国都"第一期五年计划建设方案进行说明并接受军方质询；二是讨论第一期建设所需费用预算方案。按 7 月 27 日立案内容，"国都"都市计划建设区域为 200 平方公里，除去近郊农村 100 平方公里，事业建设区域面积为 100 平方公里，其中既存市街占 21 平方公里，第 1 期五年建设区域为 20 平方公里①。按此建设规模推算，临时"国都建设局"局长丸山悦郎拟定出"国都"第 1 期五年建设费预算总额约 6000 万日元。出于政治目的，伪满洲国政府的实际掌控者总务厅长驹井德三、总务厅次长阪谷希一、外交部次长大桥忠一则通过长冈驻法大使，欲向法国全额借款，不但允诺以土地售款收入偿还，还应允法国参与到伪满"国都"规划和建设中来，希望以如此优厚条件博得法国对当时国际政治处境艰险的伪满洲国的承认与支持。② 然而，在这次会议上伪满洲国上述预算及借贷方案均遭到军方的激烈反对，最终，在军方的统制下，预算总额降至 4300 万日元，分五年进行投入，第一年 750 万日元，第二年 1475 万日元，第三年 745 万日元，第四年 610 万日元，第五年 490 万日元，预备费 230 万日元，向法国借贷也由全额降至 2225 万日元。③

1932 年 10 月 13 日，"国都建设局"计划科长沟江五月来到"满铁"经济调查部，就溥仪提出"执政府朝向应为绝对南面"的条件进行商讨，并开始制作第四方案。④10 月 18 日，在关东军特务部（奉天公会堂）召开了由军方、"满铁"和伪满洲国三方参加的第二回合联合商谈会（出席

---

① "南满洲铁道株式会社"经济调查会：《新京都市建设方策》立案调查书类第二〇编第二卷，第 7—10 页。

② ［日］越泽明：《满州国の首都计画》，第 133 页。

③ 会议具体内容详见《新京都市计划第一回打合会议事录》，"南满洲铁道株式会社"经济调查会：《新京都市建设方策》立案调查书类第二〇编第二卷，第 77—86 页。

④ "南满洲铁道株式会社"经济调查会：《新京都市建设方策》立案调查书类第二〇编第二卷，第 2、88 页。

者见表 3-2）。会议由关东军顾问藤根寿吉主持，主要议题分为两个部分，首先小味渊肇对"满铁"经济调查会第三套方案的说明，第二项是因溥仪提出的"执政府朝向应为绝对南面"的条件而做的第四套预案，以及"国都建设局"的修正案的说明。

表 3-2 "新京"都市计划第二次联合商讨会出席者名单 [①]

出席方	出席人
关东军军部	顾问藤根寿吉、委员梅津美治郎等
伪满洲国	"国都建设局"总务处长结城清太郎、计划科长沟江五月
"满铁"经济调查会	第三部主查佐藤俊久、嘱托折下吉延、第八班主任小味渊肇、调查员近藤政光
京都大学	武居高四郎

这次会议之所以会讨论"执政府"的朝向这一细节问题，是因为，尽管伪满政权是尽人皆知的傀儡，但从形式上说，"执政府"不但名义上是"新京"的中心，也是整个伪满洲国的中心，因此，"执政府"的位置选定成为日伪"国都"建设计划的核心问题——围绕这一象征性的"中心"，伪满洲国各方势力聚讼纷纭，针对其地理位置、建筑计划以及周边配置等发表了不同的主张。于是，日伪当局提出了九项"执政府"建设位置筛选的必要条件：一是正门是否朝南；二是规模上要有威严感；三是"执政府"面积及建筑物种类；四是"执政府"内要设有"执政"起居空间；五是"执政府"位置要在铁道和街路主干线联络方便合理的地域；六是正门前要有集会巨大空间；七是要考虑与主要停车场和市中心距离关系；八是护卫兵营位置；九是警备上的难易程度。基于以上考量，"满铁"经济调查会最初设计了三个方案：

---

① 根据《新京都市建设方策》绘制。

第一案将执政府位置设置在距离南满支线铁道1公里的杏花村附近台地上，正门朝南，前庭配置2.5平方公里的公园，其南面空地东西两侧配置各主要机关。①

第二案将执政府及政府机关设置在位于八里堡东南约一公里的上高台子附近。此地带夹在南北二条溪谷中间，呈扇形，是一片由上高台子向东南呈缓慢倾斜的比较广阔的区域。

第三案将执政府及政府机关设置在南岭兵营的南面。这一地理位置被"满铁"经济调查会认为最为适合的地方。执政府设置在南北1300米、东西1200米的比较平坦的高地上，呈六角形，作为政治中心主要机关的部署要有相应的配置。另外，此地可以配置大公园、雄伟壮阔官衙，在这些方面的优势是前两个方案无法比拟的。②

本次会议中针对上述三个方案，"满铁"经济调查会和"国都建设局"之间发生了争论："满铁"经济调查会赞同第三方案——虽然"执政府"正门没有朝南，但小味渊肇认为这一地域视野宏阔，从南岭的山丘向北倾斜，在旧城内的伊通河支流小河谷结束，是眺望全城绝佳之地③。他们还设想，未来铺设的宽阔的大街路从中央停车场延伸到诸官衙再到大公园，然后直线通向"执政府"正门，借地势形成斜坡，形成仰望视线，可以凸显"执政府"的威严，而且，在正门前庭设置的大广场上可以举行盛大集会。此地在交通位置上因避开城市中心，不会带来通行障碍，而南岭兵营

---

① "南满洲铁道株式会社"经济调查会：《新京都市建设方策》立案调查书类第二〇编第二卷，第39页。

② "南满洲铁道株式会社"经济调查会：《新京都市建设方策》立案调查书类第二〇编第二卷，第41页。

③ "南满洲铁道株式会社"经济调查会：《新京都市建设方策》立案调查书类第二〇编第二卷，第88页。

集中在"执政府"周围，有利于警备 ①。特约出席会议的京都大学教授武居高四郎则认为，从作图等高线上看，"国都建设局"认同的杏花村第一案比较合适。嘱托折下吉延则建议要实地考察"执政府"预定的三处位置，他认为，如果站在司法部塔楼俯瞰"国都建设局"所认同的杏花村位置，在视觉上"执政府"就被放置在谷底中了 ②。会议最后，决定就"执政府"的位置进行实地考察研究。

随后，从10月20日到22日连续三天，"满铁"经济调查会与"国都建设局"共同就"执政府"位置进行现场调查，同时进行计划的商讨。10月28日，"国都建设局"工务处长近藤安吉来到"满铁"经济调查部，就第四方案进行协商，最后决定制定《在杏花村附近设置离宫及执政府的方案》（称为甲案）和《在南岭设立执政府的方案》（称为乙案）两种方案供军方选择。11月5日，在"满铁"经济调查部副委员长室召开委员会，审议第四方案甲、乙两案，最终甲案获得通过，并于11月7日在关东军特务部（"新京"兵营内）召开第三次协商会（参会人员见表3-3）。

表3-3 "新京"都市计划第三次联合商讨会出席者名单 ③

出席方	出席人
关东军军部	顾问藤根寿吉、委员梅津美治郎等
伪满洲国"国都建设局"	"国都建设局"总务处长结城清太郎、技术处长近藤安吉、计划科长沟江五月
"满铁"经济调查会	第三部主查佐藤俊久、嘱托折下吉延、第八班主任小味渊肇、调查员近藤政光

① "南满洲铁道株式会社"经济调查会：《新京都市建设方策》立案调查书类第二〇编第二卷，第41页。
② "南满洲铁道株式会社"经济调查会：《新京都市建设方策》立案调查书类第二〇编第二卷，第89页。
③ 根据《新京都市建设方策》绘制。

会上，"满铁"经济调查部对提交的第四方案甲、乙两案进行商议。虽然"国都建设局"案和"满铁"经济调查审议案（甲案）比较接近，但仍未达成完全一致。最后决定"执政府"暂且在杏花村北方黄瓜沟附近选址，在将来财政充实之际，再决定在南岭或铁路西部大房身附近的二块候补地中选择适宜之地，进行"执政府"的建设。会议确定第一期五年的市区建设面积约十二万平方公里，区域范围在既成市区的南边，东边至南岭西部的沟渠，南边到西高台子、上高台子，西部为越过"满铁"线的十里沟、大房身；同时要求"国都建设局"将根据前项商议事项，进一步制作新计划方案图，在 11 月 17 日提交给联合研究会审议。①

11 月 17 日，日伪如期在"新京"兵营内关东军特务部召开联合会议，就"国都"建设计划最终案进行商议（出席会议者见表 3-4）。他们决定将杏花村选定为临时"执政府"建设用地。同时，将第一次会议提出的第一期建设计划预算总额 4300 万日元降至 3150 万日元。② 会议结束后，日本关东军司令部随即批准了《国都建设计划概要》。③

表 3-4 "新京"都市计划第四次联合商讨会出席者名单④

出席方	出席人
关东军军部	吉田顾问、藤根顾问、竹田委员、糟谷委员、岸委员、是安委员、田中嘱托、东福干事、横山大佐、岛田中佐、塚田参谋、德田海军中佐等
伪满洲国"国都建设局"	"国都建设局"代局长结城清太郎、技术处长近藤安吉、计划科长沟江五月

---

① "南满洲铁道株式会社"经济调查会：《新京都市建设方策》，立案调查书类第二〇编第二卷，第 92 页。

② "南满洲铁道株式会社"经济调查会：《新京都市建設方策》，立案调查书类第二〇编第二卷，第 93、97 页。

③ ［日］越泽明：《满州国の首都计画》，第 123 页。

④ 根据《新京都市建设方策》绘制。

续表

出席方	出席人
"满铁"经济调查会	宫崎委员长、第三部主查佐藤俊久、嘱托折下吉延、第八班主任小味渊肇、调查员近藤政光

通过以上对伪满"国都"建设计划制定过程的梳理，可以看出，参与"国都"建设计划制定者完全由日本人组成，并在日本关东军的统制下，最终完成了"国都"建设计划。这不得不让人产生"这是为谁建的'国都'"这样的疑问，而日伪在"执政府"的位置选定中，尤其运用现代科学规划方法刻意凸显"中心""宏大"意识来彰显"权威"与"文明"的虚幻殖民意识形态本质，无疑也显露无遗——事实上，作为"中心"的"执政府"的虚幻，并不仅仅体现在意识形态层面，在伪满洲国存续的十年间，"新京"都市计划次第付诸实施，而直到它走向灭亡，这一"中心"也都仅仅停留在规划图纸上。

（二）"国都"建设计划概要

"国都新京"城市规划是在1932年10月完成的，但这一规划其实早在半官方、半民间的殖民建筑师团体——"满洲建筑协会"内部有了充分的讨论，形成了几套较为成熟的方案和模型；而同步在关东军、"国都建设局"和"满铁"等殖民当局内部召开的几次"新京"都市计划联合商讨会，则为其提供了政治基础。今天，重审该规划，无疑能发现，其所呈现的首要特征便是贯穿了后者的意志，那就是以"谋求统治发展，内助民心收揽，外为国威扬达"为目的的殖民政治考量为出发点①，一切有关"新京"城市建设和发展的宏大形式叙事都围绕此政治考量展开。

从技术上看，设计方案首先考虑到了未来"新京"城市人口发展的可

---

① "南满洲铁道株式会社"经济调查会：《新京都市建设方策》立案调查书类第二〇编第二卷，第1页。

能性。当时的资料显示，世界上在 30 万以上人口的大都市有 146 个，100
万以上的城市有 29 个，180 万以上的城市有 9 个[1]，而"新京"未来 15—
20 年内人口被预设为从当时的 13 万突破到 50 万甚至达到 100 万[2]。通过
与世界其他先进城市的人口与面积比的考察，按人均面积 120—150 平方
米推算出"新京"未来城市规划建设区域。[3]建设计划区域设定在"新京站"
偏南的以高台子为中心东约 6.5 公里，南约 10.5 公里，北为 8.5 公里，西
为 7 公里的地带，北西端到苏家营子附近，北东端达金钱堡附近，南方进
入高家店附近的丘陵地，东方到达石碑岭附近，西方到达小隋家窝棚，总
面积约 200 平方公里，呈长方形布局。[4]

在这 200 平方公里规划区域中，近郊及紧邻地部分约 100 平方公里作
为将来发展的预备用地，近期建设规划实施面积则约为 100 平方公里，其
中包含原有"满铁"附属地、宽城子铁路附属地、商埠地以及老城等不在
建设规划之内的约 21 平方公里，实际规划建设区域面积只有 79 平方公
里。其中官公用地约占 47 平方公里，民用地占 53 平方公里（具体分配见
表 3-5）。

表 3-5 100 平方公里建设区域（包括既成市区）的土地用途分配表[5]

官公用地（单位：平方公里）			民用地（单位：平方公里）		
1	官公厅舍、其他用地	6.5	1	居住地域	27
2	道路用地	21	2	商业地域	8
3	公共设施用地	3.5	3	工业用地	6
4	公园、运动场、其他	7	4	杂种地域（未指定地）	10

---

[1] "满洲国政府国都建设局"：《国都大新京建设の全貌》。
[2] "满铁"经济调查会：《新京都市计划说明书》，1932 年版，第 14 页。
[3] "满铁"经济调查会：《新京都市计划说明书》，第 13 页。
[4] "满洲国政府国都建设局"：《国都大新京建设の全貌》。
[5] 根据《新京都市建设方策》绘制。

续表

官公用地（单位：平方公里）		民用地（单位：平方公里）	
5　军用地	9	5　特种地域（蔬菜、畜牧）	2
小计	47	小计	53
总计	100		

　　其次，在日本殖民者和伪满当局看来，新建市区要彰显殖民帝国的宏大气势，并富有现代感，因此，它就必须脱离旧城区重新进行全新的规划与建设。于是，规划从"满铁"附属地开始向南展开，把"新京"的城市脉络与日本殖民者此前的殖民活动与街区建设相对接，而有意斩断了其与长春老城的关联。若只考虑技术上的原因，可以说，"满铁"附属地街区作为"新京"大门所呈现近代的城市形态，已经具有相当的规模；另外，新市区与已有旧市区（长春老城和商埠地）在未来的连接则可以展开二次发展，两者之间无论是在街道规划上还是在地域制度上，在"新京"构成中都保持着密切的关系。① 基于上述两点考虑，将新市区建设置于"满铁"附属地以南，长春老城及商埠地以西，"南满铁路"以东的 79 平方公里的范围内。

　　伪满"国都新京"城市规划的第二个显著特征就是将当时欧美流行的"地域规划"这一现代规划理念引入到对"新京"的规划中。前文介绍"满洲建筑协会"对"新京"的规划与想象时已评述，这种规划在当时欧美被认为在解决城市因无限膨胀所带来的卫生、安全以及交通等破坏性问题时起到了重要作用。尽管欧美各国对于"地域规划"的理解不尽相同，但其普遍应用足以表达了他们对这种规划的信念。"地域规划"将土地按城市

---

① "南满洲铁道株式会社"经济调查会：《新京都市建设方策》立案调查书类第二〇编第二卷，第 27—28 页。

性质及发展目标分为用途地域、高度地域、面积地域及美观地域 4 类。然而这种规划理念经由殖民者移植到伪满洲国城市规划中后，为了彰显"国都新京"的宏伟，充分发挥殖民政治职能以及与其紧密相连的经济设施、文化设施、安保设施、卫生设施、交通设施及公共社会设施的完善，原本在"地域规划"中只是作为"去中心化"的城市构成之"一元"的"用途地域"规划则被凸显为"中心"放在了首要位置。

在这一变异了的现代城市"地域规划"中，"新京"的"用途地域"按功能分为"执政府"、行政、商业、工业、交通、住居以及未指定的七大区域。

对于当时的日本来说，殖民就是目的，因此，规划在这里具有了殖民统治工具的功能性质。对于"国"之中心的中心——"执政府"以及行政地域的规划，自然要通过殖民政治美学方式树立起中心与地方、元首与国民、统治与被统治的秩序性集体意识所投射而成的具有崇敬感的城市意象。基于上述目的，"执政府"以及行政中心的规划遵循了以下原则：首先是"执政府"在朝向上利用了传统的政治观念——面南背北；在位置上要有威严感，而且要设置在铁道与街路干线合理的位置上；执政日常居住设置在"执政府"内；"执政府"正门前要设置宽阔的广场以利于国民集合聚会；考虑车站与执政中心的交通关系；护卫兵营与兵数的配置；安保上的难易。① 其次，在对行政地域进行规划时则强调，行政区不但是行政中心，还应成为"新京"的城市中心地区，并且在这一地区建设中央广场，周围配置市政公所、公会堂、图书馆、音乐堂、裁判所、市议事堂以及警察署等政府各机关。这种以殖民权力为中心的"中心化"规划观念，在"满铁"公布的《新京都市计划说明书》中有清晰的表达："如果将来新京发展成为预期的话，作为其市中心充分发挥其职能，即使在新京发展迟缓的

---

① "满铁"经济调查会：《新京都市计划说明书》，第 18—19 页。

情况下也不会有任何的不便。"①总之,在奉行行政区域规划要与"执政府"
的位置确立密切相关的前提下,关于行政区域与"执政府"的位置确立,
该规划则预设了几个方案加以考量。笔者查阅到几幅当时伪满国务院"国
都建设局"公布的描绘未来"新京"行政中心的预想图,不论是"顺天广
场"方案,还是"大同广场"方案、"安民广场"方案,它们均体现出极
为明确的殖民政治权力中心化特征,这在以后成为现实的"新京"城市布
局中得到了较为忠实的实践。

商业区域主要是指在市中心主要干线街路的两侧设置商馆、银行、大
会社、中型商店等,支线街路以及居住区内设置小型商业店铺,与"满
铁"附属地、商埠地以及老城内原有的商业共同发挥作用。工业区设置在
市区下风头的东北部,与居住区、商业区分离,这样可以避开由西北风向
所导致的煤烟、瓦斯以及粉尘的侵害。其中,重工业区设置在交通便利的
伊通河东岸一带,这里有大量的劳动力、丰富的伊通河水源以及便利的铁
路线,是设置工业区域理想之地。在重工业区南部和铁北地区,设置了铁
路专用地带和轻工业用地。②

交通则是城市规划的重中之重。规划在市街中心新设了停车场,以期
形成便利理想化的铁道枢纽;市内设立交通机关依照街路建立公交网并考
虑将来地下铁道线设置。在市外交通上,以"新京"为中心向哈尔滨、德
惠、长岭、怀德、奉天等建立国道干线,试图形成理想化的交通机能。③

居住区域则分为四级。按照当时对于居住区域的人口密度规定,每平
方公里一级区为四千人(1000平方米/户),二级区五千人(880平方米/
户),三级区一万人(370平方米/户),四级区一万两千人(300平方米/户)。

---

① "满铁"经济调查会:《新京都市计划说明书》,第19页。
② "南满洲铁道株式会社"经济调查会:《新京都市建设方策》立案调查书类第二〇编第
   二卷,第43页。
③ "满铁"经济调查会:《新京都市计划说明书》,第27页。

商业地域的人口密度为每平方公里一万两千人。地域不同依次有差异，整体上平均为 1 人相当于 180 平方米，这在世界大城市密度中处于中等。①

除了区域规划外，上水道的供给与否是左右城市发展的重要因素。"新京"获得水源有三种方式：第一是抽取城市计划区域内丰富的地下水；第二个水源是距"新京"东南约 12 公里的伊通河支流小河台河的地表水；第三个水源是距"新京"东方约 40 公里的第二松花江支流的饮马河水。该规划认为，有此三种取水保障，将来一旦"新京"人口超过 1 千万，水源也不至于不足。下水道是依据地形在区域内分割成 9 个独立的排水区域，排水方法依地域的关系采用分流式或合流式。②

伪满"国都新京"城市规划的第三个显著特征就是通过规划和设计，城市美化系统和公共艺术体系以及城市街路、建筑本身所具有的审美元素，也被用来为殖民统治服务。在规划中"新京"道路用地就占据建设规划实施面积 100 平方公里的五分之一，达到了 21 平方公里，可见道路成为了城市空间格局的绝对主导元素。"新京"依然延续"满铁"附属地的网格状道路作为城市新街路骨架，在主要中心点上设置广场，并配置放射式道路或环状式道路构成城市的道路系统。

伪满当局在规划中非常注意街路围合形成街廓形状以及街景的配置。在规划中，街廓的外形以长方形为标准，住宅区域宽约 50 米至 100 米，商业区域为 60 米；工业地区宽约 70 米至 80 米，其长度以宽度的二倍到四倍为标准。另外，扩大商店的使用间口，街景沿长方形的长边布置，减少小街道与干线交叉的数量，并采用直角交叉，不但增加交通通行效率，同时也能增加土地的利用率。

具体而言，"新京"街路分为干线、一等街路、二等街路、三等街路

---

① ［日］石井达郎：《满洲建筑概说》，"满洲事情案内所" 1940 年版，第 652—653 页。
② "南满洲铁道株式会社"经济调查会：《新京都市建设方策》立案调查书类第二〇编第二卷，第 64—66 页。

和辅助线五种。①

主要交通干线具有联络主要区域的功能，车道幅面 60 米。车道设有三条，两侧车道为慢速车道，幅面 9 米；中央为 12 米宽汽车四车道。在中央车道和两侧车道之间设置各宽为 8 米的两条植树带，最外侧两边为各 7 米步行道。植树带中穿梭装束、充填花坛等美化装置。

一等街道的行车道有超过四车道的宽度，分为甲（35 米）、乙（30 米）、丙（27 米）、丁（22 米）四种。27 米以上的车道允许路面电车通行，中央设置路灯等设备；两边步道都要占有六分之一以上的宽度（含绿植带）。

二等街路设置两车道，步道设置植树带，分为 18 米、15 米、12 米三种。两边步道都要占有六分之一以上的宽度（含绿植带）。

三等街道幅宽分为 9 米、7 米、5 米三种，不带植树带。然而，5 米街道不允许汽车行驶，只允许缓慢车辆通行。街路长达 200 米以上时，则将街路二分，以利于慢车通行，同时减少干线街道交通的障碍。②

辅助线属于载重马车专用车道。长春作为农产地和粮食运转枢纽，运粮载重马车往来频繁，每日达数千辆。马车轮辐窄，易对道路造成极大破坏，因此限制载重马车在市内主要街路通行，只是允许它们在附属地内粮栈地区、货物区以及指定通行线路通行。③

公园作为都市美的重要元素受到殖民者的极大重视。殖民者深知公园与城市文化的发展有着十分密切的关系，因此，在规划中特别强调了公园具有"解放精神"的文化和休闲功能，而且还注意到其所兼具的蓄水和军事防御功能。当时世界大城市的公园面积与都市面积比为 2% 以上，譬如柏林为 2%，东京为 2.8%，华盛顿为 14%，伦敦为 9%。据此数据，"新京"

---

① "满铁"经济调查会：《新京都市计划说明书》，第 35 页。

② "满铁"经济调查会：《新京都市计划说明书》，第 36—37 页。

③ "南满洲铁道株式会社"经济调查会：《新京都市建设方策》立案调查书类第二〇编第二卷，第 60 页。

的公园（含运动场）面积比设定为 7%。公园区分为大、中、小三类，市内建有大公园，工业地区配置中公园。大公园面积约 2.9 平方公里，以宽 60 米的大环状道路与大、中公园联系，建立公园系统。市里则散布小公园及儿童游乐场等。

规划还准备在大公园内建设各种苑道，连接博物馆、美术馆、音乐堂、图书馆、水族馆等公共建筑。为解决本地区用水不足，在位于伊通河左岸高处，利用自然地形，在低地设置堤坝蓄水，将其周围作为蓄水公园，并在溪流两侧设置带状的绿地，为"新京"提供水源。

规划者所考虑的另一个具有休闲美化功能的就是运动场。规划中准备建设有代表性的国际综合大运动场，并在中小公园内实施各种运动设备；设置赛马场，并在郊外适宜之地进行"高尔夫球场"筹划。①

（三）"国都"建设计划的实施

在总体规划后，伪满当局还制定了第 1 期"国都"五年（1932—1937 年）建设实施计划。

第 1 期建设范围从"满铁"附属地向南约 3.5 公里的上高台子、新停车场（孟家屯站和"新京"站中间）到吉长线东站附近约 20 平方公里地域。修建从"新京"站到南面的公园主干道，并在距"满铁"附属地南约 1 公里的地点设置"大同广场"——此处为市政及财政的中心。新设停车场位于"新京"站和孟家屯站中间。干线街路作为公馆、商馆等大建筑物的建设地，工业地区选在吉长东站及"新京"站的北方区域。建设兵营、无线电台、军用大飞机场和国际飞机场等。该实施计划获得伪满政府批准其具体实施、建设和监督由"国都建设局"来完成。

如果说规划只是平面上想象性景观相对模糊，且具有不确定性，那么将规划具体实施、立体呈现，则是实实在在的视觉城市景观。通过前面的

---

① "满铁"经济调查会：《新京都市计划说明书》，第 54—56、69 页。

梳理可以看出，伪满的"国都"建设并不是先有规划然后再付诸建设，而是规划与建设同步展开的。其具体实施机构，除了"国都建设局"之外，还有更复杂的组织方式及其更迭历程。

其实，伪满洲国刚成立时，根据伪满官制组织法，于1932年3月9日在伪国务院总务厅就设立了需用处，负责政府营缮和用度。1932年5月16日依据已定的伪国务院总务厅分科规程，为需用处增添了营缮科。在设立"国都建设局"官制之前，伪满建筑物的建设、修缮都由伪国务院总务厅需用处营缮科负责。①

日本殖民当局早已预料，长春成为政治中心后，会有大量人口涌入"国都"，仅伪政府职员以及日本人便会激增一万多人。② 随之而来的问题是伪满政府办公用房以及宿舍紧缺。当时长春虽有大量房屋空置，但需要整理修缮。此时的伪国务院总务厅需用处营缮科缺乏建筑工程师和技术员，于是，关东军要求"满铁"向伪满派遣从事土木建筑的技术人员，③ 这样可以解决"国都"建设缺乏技术人员的问题，也为组建独立建筑组织做准备。在关东军的指导下伪满成立了没有官制的临时"国都建设局"，临时办公地点设在"满铁"附属地内一个叫"满洲屋"的旅馆内。正式设立"国都建设局"后，办公地址也迁移到原第一监狱院内最远的一处平房中。④

从1933年3月到1935年10月，伪满洲国在日本人策划下经过了几次机构改革，伪国务院总务厅需用处营缮科逐渐成为伪满洲国所有利用国库支出的建筑物的建设、地方支出的建造物营造统制监督以及中央官署专

---

① ［日］西泽泰彦：《海を渡つた日本人建築家：20世紀中国東北地方における建築活動》，第106页。

② "满洲国国务院国都建设局总务处"：《国都大新京》，第5—6页。

③ ［日］西泽泰彦：《海を渡つた日本人建築家：20世紀中国東北地方における建築活動》，第106页。

④ ［日］相贺兼介：《建国前後の思出》。

用电话和主要官署机械采暖作业管理的统制中心①；1935 年 11 月，需用处
从伪国务院总务厅中独立出来，组建营缮需品局，需用处营缮科则被改组
成营缮需品局营缮处。②1940 年 1 月 1 日，在营缮需品局营缮处基础上，
改组成立伪国务院直属的建筑局。③而伪国务院直辖的"国都建设局"官制，
在 1937 年第一期"国都"五年建设计划完成后（1932 年 3 月—1937 年 12 月）
废止，其中的建筑科则划归"新京"特别市管辖，组建成新的"国都建设
局"，负责完成"国都新京"（长春）第二期五年建设计划以及其他的建筑
行政事宜。④

　　尽管伪国务院直辖的总务厅需用处营缮科与"国都建设局"分属完全
不同的政府建筑组织，但在 1938 年之前，总务厅需用处营缮科同"国都
建设局"一起推进官衙改造、建造以及"国都"规划与建设。⑤

　　1932 年 5 月 5 日，"满铁"建筑科建筑师相贺兼介⑥奉关东军命令来
到还没有官制的"国都建设局"报到，并担任临时"国都建设局"建筑科
主任。到任后第二天他就开始着手伪满洲国政府第一厅舍和第二厅舍以及配
套的职工宿舍（单身宿舍和家庭住宅）的建筑设计工作，此时"国都"规划
还在进行中。⑦从这个意义上说伪满政府的最初的政府建筑组织实质上是
临时"国都建设局"建筑科，它在初期的殖民建筑事业中发挥着举足轻重
的主导作用。

　　"国都"初建时，专业建筑人员极其匮乏，官衙修缮与土地测量以及

---

① "满洲国通讯社"：《满洲国现势》，1942 年版，第 68 页。
② "满洲国通讯社"：《满洲国现势》，1936 年版，第 54 页。
③ "满洲国通讯社"：《满洲国现势》，1941 年版，第 100 页。
④ "满洲国通讯社"：《满洲国现势》，1939 年版，第 143 页。
⑤ ［日］相贺兼介：《建国前後の思出》。
⑥ 相贺兼介 1913 年东京高等工业学校建筑科选修课完成，1901—1911、1913—1920、
　　1925—1932 年为"满铁"建筑科建筑师。
⑦ ［日］相贺兼介：《建国前後の思出》。

收买事务非常多。在关东军调配下，任职于"满铁"的重住文男调任"国都建设局"副局长，随后伪奉天省公署建设厅厅长沟江五月也来到这里，担任计划科科长并开始都市计划。另外，植木茂与岛田吉郎等则对可充用官衙的建筑设施进行调查以及改修。① 这时，专业建筑师除相贺兼介外，只有技术工程师矢迫又三郎，而且他还是土地买收相关负责人。② 为了确保技术人员数量，相贺兼介相继邀请了土肥求、太田资爱、彭东野、白石喜平等建筑师。除此之外，毕业于"南满洲工业专门学校"建筑专业的笛木英雄，横滨市建筑课白石，大连民间事务所负责采暖设备机械的工程师河濑等，也来到"新京"。如此，临时"国都建设局"才聚集了很多的技术人员。③

表 3-6　伪满洲国总务厅需用处技术人员表 ④

日期	组织名称	工程师（人）	技术助理（人）	技术员（人）
1932.3.9	总务厅需用处营缮科	定员未定	无官职	无官职
1932.9.16	"国都建设局"建筑科	13 [3]	无官职	26 [5]
1935.11.8	营缮需品局营缮处	2	4	17
1935.11.8	同上（临时增员）	2	11	60
1936.3.19	同上（官制修改）	2	5	20
1937.4.1	同上（临时增员）	3	18	78
1938.5.5	同上（临时增员）	4	23	98

① ［日］相贺兼介：《建国前後の思出》。

② ［日］相贺兼介：《建国前後の思出》。

③ 此时，"国都建设局"中有工程师 3 人、技术员 5 人、雇员 6 人，一共 11 名技术人员，与需用处营缮科相比变成了一个充实的建筑组织。相贺兼介也在关东军指令下有条不紊地完成任务。参见 ［日］西泽泰彦：《日本殖民地建筑论》，第 62 页。

④ 根据 ［日］西泽泰彦：《海を渡つた日本人建筑家：20 世纪中国东北地方における建筑活动》绘制。

续表

日期	组织名称	工程师（人）	技术助理（人）	技术员（人）
1938.12.23	同上（临时增员）	4	21	110
1940.1.1	建筑局	5	34	278
1941.3.10	同上（临时增员）	6	36	275
1942.4.1	同上（官制修改）	11	51	444
1944.1.1	同上（官制修改）	10	49	426
1945.3.20	同上（官制修改）	8	32	270

从表 3-6 统计数据可以看出，工程师、技术助理以及技术员从总务厅需用处营缮科设立之始逐年不断增加，尤其笠原敏郎就任了营缮需品局局长后营缮处一年之中人员规模扩张 3 倍多，1938 年 1 月营缮需品局还在发布招募日系事务员和建筑技术员的公告。[1] 到了 1940 年建筑局设立后技术人员也保持大规模增长，到了 1942 年技术人员达到了高峰。直到伪满洲国 1945 年覆灭，人员还保持在 1940 年的水平。可以说这一系列人员调动及建筑组织架构都是关东军司令部制作的《满蒙开发方策案》这一指导纲领的具体体现。日本殖民者利用现代组织手段不断调配专业技术人员，尤其从国内和"满铁"抽调大批建筑技术人员进入伪满洲国政府，成为统制整个伪满都市建设的核心力量。

1933 年 3 月，相贺兼介又转任伪满总务厅需用处营缮科科长，同时被任命为伪国务院官衙建筑委员会委员。[2]1936 年 8 月，他又为新宫廷设计奉命去欧美考察；1937 年 4 月回来后，被任命为总务厅需用处宫廷营造

---

① 《政府公报（第 1142 号）》1938 年 1 月 22 日，载《伪满洲国政府公报全编（第五十九册）》，线装书局 2009 年版，第 32 页。

② ［日］相贺兼介：《建国前後の思出》。

科科长。① 伪满成立前期，"新京"都市计划的具体实施，以及一系列建筑的营造，都是在此人直接负责下展开的。

　　除前述的伪满洲国政府第一厅舍和第二厅舍以及配套的职工宿舍（单身宿舍和家庭住宅）的建筑设计外，从 1934 年到 1937 年期间，在营缮需品局营缮处和"国都建设局"的主导下，"新京"陆续新建了邮政管理局、警察学校、综合校舍、第五厅舍（伪司法部）、伪综合法院、伪国务总理官邸、"建国忠灵庙"、宫内府宫殿、伪国务院厅舍、化学研究所等设施。② 伪满"新京"作为一座新近崛起的现代殖民都市，渐渐崭露头角，呈现出一幅带有殖民原罪的都市景观，这将是本书下一章内容着力描述和分析的对象。

---

① "满洲国通讯社"：《满洲国现势》，1938 年版，第 72 页。

② ［日］相贺兼介：《建国前後の思出》。

第 四 章

伪满“新京”城市景观及空间构成

伪满洲国成立后，日伪打出建设所谓“王道乐土”、“五族协和”（即日、朝、满、蒙、汉协和一体化）的殖民政治口号。然而，日本殖民者在其对中国台湾和朝鲜的殖民实践过程中体会到，殖民统治不能仅仅依靠武力和虚假的政治口号，而是要运用现代知识，通过规划和建筑手段营造的独特都市景观所呈现的统治秩序和形象这一双重力量，潜移默化地重塑殖民地民众的心理，达到其殖民的目的。① 于是，为展示伪满洲国“国都”新形象，夸示日本殖民者所带来的“文明”，在日本殖民当局的极力推动下，完成了伪满“国都”规划，并提出官厅建筑样式，应以“满洲气氛为基准”；商店住宅等一般建筑样式，要“富有变化”营造“现代文明都市”的理想形式。②

从此，殖民意识形态在看得见的新建筑诸如“帝宫”、官衙、轴线林荫大道、中心广场、住宅、公园、商店以及电影院等各类景观装置中以不同面孔、姿态和形式得以呈现，向殖民地民众炫耀着统治者的权力。

伪满时期“新京”都市计划主要是针对新兴城区展开，长春老城和宽城子站区、“满铁”附属地等殖民地街区并不是其主要考虑对象，但后面这两部分也是作为伪满“新京”的长春城市景观之重要过程，它们甚至在

---

① ［日］松室重光：《国土の创造と建筑》，《满洲建筑协会杂志》1933 年第 9 期。

② “南满洲铁道株式会社”经济调查会：《新京都市建设方策》立案调查书类第二〇编第二卷，第 124 页。

经历较大幅度的改造后构成了"新京"重要的城市意象，比如，本章首先要论述的伪满临时"帝宫"，作为"新京"至为重要的政治符号和建筑景观便是由长春老城原有的吉黑権运局、吉黑盐务稽核处和盐仓三处扩建改造而来——事实上，尽管殖民当局信誓旦旦地宣称要打造一座全新的殖民主义城市，但长春老城和殖民地街区的建筑、道路、公园乃至各种流动的文化景观，必然构成了"新京"这一新兴殖民主义都市景观的起点，并且深度参与了其整体形象的建构。

一、复辟迷梦的表象：伪满临时"帝宫"的景观及风格

在今天长春市区东北部光复路商圈中，有一处坐西北朝东南向，占地13.7 万平方米，东边长、西边短呈梯形的院落，尽管其所处地理位置是在高地上，但还是被深埋在现代化的高楼大厦中，这就是伪满时期溥仪曾经执政和居住的"帝宫"①，俗称"伪满皇宫"。

尽管这里早已物是人非，但无论以何种视角回眸那一段屈辱的历史时，这一处宫舍及其所衍生的事件都是无法绕过去的。

伪满临时"帝宫"处在长春商埠地东北部边缘、头道沟的北岸、兴运路迤北兴华街东首的高地上，这里由两栋欧式古典风格的建筑和一些中式建筑组成的庞大景观群构成，在视觉上主导了这一区域的天际线，格外醒目。它的西面和北面紧邻"满铁"附属地，从这里向西望去，近处的"满铁"日本桥通、南广场周边商业区自不必说，两公里外的"满铁"长春火车站都能看得清楚；北望则是"满铁"附属地的铁路货场和粮栈区，天南海北的各类货商、粮商、拉脚的车夫、小生意人每天都各取所需地聚集在这里，马路上来往的载货运粮马车络绎不绝，热闹非凡；东边是吉长铁道

---

① "帝宫"在伪满时是法定名称，不能叫"皇宫"，日本可以叫"皇宫"，它用"皇帝"的前边一字"皇"字，伪满只能用后边的"帝"字。参见长春市政协文史资料委员会、伪满皇宫博物院编：《见证伪满皇宫——伪满皇宫见证人采访录》，第 59 页。

线和工厂；南面兴运路两侧有清真寺、长春监狱以及一些商铺等。

（一）"帝宫"前史及其建筑景观

这一建筑群前身是由吉黑榷运局、吉黑盐务稽核处和盐仓三处相对独立院落构成。盐仓位于最东边，分东、西两院：东院是仓库区，紧邻吉长铁道线，设北门一处，东门两处；西院为办公区，设南门和北门各一处。[①]吉黑榷运局和吉黑盐务稽核处的院子处在盐仓的西边，与盐仓西院仅一墙之隔。如果从南向北看，吉黑盐务稽核处在前，位于盐仓西院西南的位置，吉黑榷运局位于吉黑盐务稽核处的后方（北面），位于盐仓西院西北的位置。头道沟溪流从吉黑盐务稽核处南门前流过，为方便通行，上面架有一座木质桥，因与兴运路连通，因此，称为兴运桥。

俯瞰吉黑榷运局和吉黑盐务稽核处两个院落，可以发现，这是中国传统空间形式中最普遍的一种两进式四合院格局。进入稽核处南门，是一栋坐北朝南中间带有月亮门和门房以及稽核员办公室的廊房，穿过月亮门进入院内，东、西向各建有一栋稽核员办公室，连同南廊房，三栋起脊两面坡形硬山式结构青砖瓦房呈 U 字形排列，将一栋那一时期体现权力和威严的欧式古典风格样式的两层稽核处办公楼围在中间[②]。这栋建筑面南背北，俯瞰呈"工"字形结构，正立面东西两侧略凸出于主体，整体采用西式横三段竖五段对称式结构（见图 4-1）。横三段从下往上依次由房基、青砖砌墙面和铁皮屋顶构成，竖五段以开口式三角形山墙以及挑出的门廊所构成的贴脸为中轴线，向两边依次对称展开。整座建筑主要细节和形式都集中在大门入口门脸部位：山形墙、支撑柱、直线窗、门以及阳台栏杆等主要建筑结构或具有功能性的部位，大门入口门脸略微凸出于建筑主

---

① 赵继敏、张立宪：《图像档案解密伪满皇宫》，吉林文史出版社 2012 年版，第 7 页。
② 吉黑盐务稽核处主办公楼始建于 1908 年，后因年久失修，1928 年 3 月，由吉黑榷运局建筑课设计在原建筑位置进行了重建。参见赵继敏、张立宪：《图像档案解密伪满皇宫》，第 16 页。

图 4-1 吉黑盐务稽核处外观（后改为缉熙楼）①

体，上部是开口式三角形山墙，中间嵌入一个圆形窗，外饰圆形窗楣，在圆形窗楣上下左右四个方向的中间各镶嵌一个白色拱心石；三角形山墙与绿色铁皮坡屋顶相连，形成整个建筑顶部阁楼部分；贴脸中部则是整个建筑二层部分，由两个长方形直角窄窗及单开门组合成一个整体，窗与门四周饰有白色全包围窗楣和门楣，门楣上方是白色直线叠级楣头，在墙体重色的衬托下整个窗口和门口更有立体感；下部是挑出的门廊，前面由左右两对多立克柱支撑，后面，门廊与墙体衔接部位左右各有一个多立克柱支撑；门廊的上部还兼具阳台功能，采用砌筑柱垛式栏杆装饰，柱垛为方形，在数量和结构上柱垛与下面支撑门廊多立克柱一一对应，阳台栏杆方

---

① 图片来源：作者拍摄。

形柱垛中间则排列瓶型圆柱。与阳台栏杆呼应，在主入口台阶两侧也装有栏杆。

整座建筑中规中矩，不见繁缛装饰细节所带来的视觉干扰，仅有的装饰也是在建筑结构功能的基础上加以实施的，简洁直线力量的表达，青砖所显现的重色调体现出持续冲击人的视觉，有一种威严感。

穿过办公楼，是一栋中间设有大门洞的青砖大瓦房，它东西长 42.8 米，南北宽 10 米，为硬山式、南北两面外廊式建筑。[①] 廊柱和承托梁枋的雀替为古铜色。它既是一栋办公室，又是一条分界线，穿过门洞就进入到吉黑榷运局的院中。

吉黑榷运局的建筑规模相较其他两处院落最为宏阔。它分为东、西两个院落，东院为办公区，与盐仓西院一墙之隔。院内布局与吉黑盐务稽核处基本一致，东、西各有一栋办公室，院中央是一座两层方形砖木结构建筑，呈对称结构，二层四周建有木质回廊，灰砖砌筑，顶部敷以灰瓦。"个头"略高于前面吉黑盐务稽核处办公楼（见图 4-2）。南北各有一个入口，主入口为封闭式门廊，随建筑分为上下两层，呈梯形，门廊两侧用希腊柱式支撑起穹顶，一层为多立克柱、二层是爱奥尼式，穹顶两侧各开一个三角形老虎窗，入口为双扇对开大门，设有半圆形门楣，随大门形状设圆额三角凸起贴脸，贴脸正中心设拱心石。主入口门廊因建筑洞口比例和建筑结构关系，只能被限制在很窄的尺寸上，以致门廊立面被门、窗户和支撑柱占的满满的，穹顶也发生变形，看上去比例关系极不协调。然而，正是这样的比例错置关系，在外观上倒是打破了这处建筑群落沉闷、单调的视觉感受，使这一区域活泼了起来。窗户分为两种形式：圆额直角窗和方额矩形窗，一层为圆额直角窗，并装饰全包围窗楣，窗楣上部中心设有拱心石，二层为方额矩形窗，外饰全包围窗楣，上部中心设有拱心石。内部中

---

① 赵继敏、张立宪：《图像档案解密伪满皇宫》，第 38 页。

图 4-2　吉黑榷运局办公楼外观（后改为勤民楼）①

央为方形露天天井，围绕天井一层和二层建有封闭的回廊，栏杆部分原用木板封闭，其他部分用大块玻璃封闭。②重新修缮后则改成木质通透围廊（见图 4-3）。

西院是吉黑榷运局局长公馆，始建于 1908 年，原是一座由正房、东西厢房、下房以及垂花门构成的三合式院落，1923 年公馆重建（见图 4-4）③。公馆前面建有一处花园，公馆西侧是吉黑榷运局的西向入口大门。④

尽管这一建筑群周边杂乱，但在当时的长春人眼里已经是极为恢宏的了。

---

① 图片来源：作者拍摄。
② 爱新觉罗·毓蟾回忆录。参见长春市政协文史资料委员会、伪满皇宫博物院编：《见证伪满皇宫——伪满皇宫见证人采访录》，第 46 页。
③ 赵继敏、张立宪：《图像档案解密伪满皇宫》，第 118 页。
④ 赵继敏、张立宪：《图像档案解密伪满皇宫》，第 7—8 页。

图 4-3　吉黑榷运局办公楼内部样式 ①

图 4-4　吉黑榷运局局长公馆（后改为宫内府）②

---

① 图片来源：作者拍摄。
② 图片来源：作者拍摄。

在确立长春为伪满"国都"之时，关东军通过实地查勘能够充用办公的建筑寥寥无几，而能体面的充当新"执政府"的除了道台府衙外，唯有吉黑榷运局、吉黑盐务稽核处和盐仓组成的这处建筑群了，于是，时任吉林主官的熙洽就命令吉黑榷运局、吉黑盐务稽核处以及盐仓的西院全部迁出，并加以维修充作"执政府"①。一个月后，1932 年 4 月 4 日，这一修缮一新的建筑群落迎来了它的新主人——伪满"执政"溥仪②。至此，这里成了伪满洲国的"执政府"。

（二）"内廷"与"外廷"：空间、景观重构中的复辟迷梦

本来，从吉黑榷运局建筑群的内部空间布局来看，吉黑榷运局和吉黑盐务稽核处两栋主体建筑及周边附属物之间的空间关系，主要是依自然地势与功能需求而形成的。其中单体建筑在形式和美学风格上有着很大的差异，这主要源于它们并非统一规划、设计而成，而是因建造时间不同，所积淀而成的审美空间并置。但在溥仪移驻后，这一景观群落在功能上发生了本质性的变化，随之而来的，是依据现实功用对这一景观群落所展开修缮、改造以及空间布局的调整。

原吉黑盐务稽核处的合院划定为溥仪居住区，也称为"内廷"。办公楼作为执政住居被命名为"缉熙楼"③；还将北京故宫的乾清门的意象投射

---

① 1932 年 3 月 3 日，伪满洲国成立前夕，日本关东军代表森连与傀儡溥仪的肱骨重臣熙洽、郑孝胥、臧式毅等来到吉黑榷运局和吉黑盐务稽查处，逐栋对每间房屋进行查看并确定未来房屋用途。将东区的吉黑盐务稽查处办公楼改造为执政溥仪的居住楼，吉黑榷运局办公楼改造为执政溥仪的办公楼，将西区三合院的局长公馆改造成"宫内府"。参见赵继敏、张立宪：《图像档案解密伪满皇宫》，第 1 页。

② 中国历史博物馆编：《郑孝胥日记》第五卷，劳祖德整理，中华书局 1993 年版，第 2375 页。

③ 命名取自《诗经·大雅·文王》"于缉熙敬止"句的"缉熙"大有释放光明之意。同时，将缉熙楼东侧一排平房改为浆洗房和下人住处，西侧是茶膳房，南廊坊是西餐房和宿舍。参见长春市政协文史资料委员会、伪满皇宫博物院编：《见证伪满皇宫——伪满皇宫见证人采访录》，第 171 页；赵继敏、张立宪：《图像档案解密伪满皇宫》，第 34 页。

于此，把缉熙楼和勤民楼中间那栋带有大门洞的青砖大瓦房确立为内宫外廷的分界线，命名为"中和门"①。这里不仅是空间意义上的分界，还象征着溥仪所希冀的天道人伦新秩序关系的分界。

原吉黑榷运局大院设定为溥仪的办公区，称为"外廷"。办公楼成为溥仪执政的地方，取名为"勤民楼"，这一尊崇先帝祖训"敬天法祖、勤政爱民"的动机则释放着延续清王朝的梦想。将这栋建筑的南北轴线上所开的南、北大门，分别命名为"承光门"和"迎运门"，"承光门"为正门，其名意为继承光绪遗志。因其所处位置以及频繁出现在伪满各种宣传媒体上，堪称为"执政府""第一门"。在中和门与勤民楼之间东侧一排平房是日本宪兵室，凡是进出外廷人员的情况在这里看得一清二楚，与宪兵室相对的西侧为宫内承宣科（凡是求见溥仪的人，由承宣科负责上报奏事处，等待接见。现已拆除）。1934 年 10 月，在勤民楼北侧大约 15 米的地方，增建一座近似勤民楼建筑风格的家庙——怀远楼。②1935 年 1 月，又在勤民楼与怀远楼之间的西侧增建一处赐宴群臣、看电影、举办大型会议、艺术展览以及日本人对溥仪进行"教育、指导"的综合性场所——清晏堂。

西院中原有的吉黑榷运局局长公馆改做了宫内府办公场所；雇请日本设计师将前面原有的中式小花园，经过精心设计，改造成溥仪及家人休闲的日式"西花园"③。据溥仪的堂侄爱新觉罗·毓嶦回忆："西花园在现在西厢房（笔者注：指中和门与勤民楼之间西侧的承宣科）后边，有个假山，假山上有亭子，是竹子搭的，是日本式的四角亭，山下还有一个小亭和石

---

① "中和"之名是溥仪取自四书《中庸》开篇中的"致中和，天地位焉，万物育焉"。参见赵继敏、张立宪：《图像档案解密伪满皇宫》，第 37 页。

② 该建筑始建于 1933 年 7 月 3 日，1934 年 10 月 30 日竣工。它坐北朝南，勤民楼与怀远楼之间通过近似勤民楼建筑风格木质封闭渡廊连接在一起。怀远楼内部二楼南侧为奉先殿，供奉着溥仪的列祖列宗。赵继敏、张立宪：《图像档案解密伪满皇宫》，第 121 页。

③ 赵继敏、张立宪：《图像档案解密伪满皇宫》，第 40 页。

头堆砌的假山，假山有四米多高，假山下面还建有水池。靠西墙有一个土坡，站在土坡上可以看到外面。东边有个花坛，有用水泥修的小甬路，通浆洗房有小门，山下的亭子也是竹子搭的。北边有一排房子，房前有榆树，围墙边是柳树，中和门西南边是植秀轩，后边是畅春轩，房子东西走向，坐北向南。"①除了毓嶦所说的这些景致外，周边还建有小型网球场和高尔夫练球场。

经过上述以权力为中心对"执政府"内部空间重新配置后，外部空间也随着进出"执政府"路线的改变进行了重新的规划和改造。前文述及，原吉黑盐务稽核处的合院在溥仪迁入后成为"内廷"，将原来自由进出吉黑盐务稽核处的南门命名为"长春门"，只有内廷人员才可出入此门。因此，要进入"执政府"，由兴运路过兴运桥进莱薰门②走左边通道，来到西向的兴运门，跨过此门才能进入到"执政府"。如此，围绕进出"执政府"路线，重新修建了"执政府"大门和围墙。最先拆除掉的是进入"执政府"南门外的兴运门，为了夸示"中心""权力"和"威严"的意象，在原址上重新修筑了一座四柱四扇大门，它整体向北凹进，与兴运桥之间形成了一个可接受民众朝拜、炫耀执政权力的广场公共空间。这座大门门柱运用钢筋混凝土技术制作，呈灰色，样式为方形三段式，下段为柱基，中间柱身，上面为直檐与四角微翘攒尖顶组合而成帽式柱头，中间两根主柱高，东西两边副柱低，在主柱四面柱身做嵌入半柱造型，形成叠级立体效果，

---

① 植秀轩和它北面的畅春轩，都是伪满初期增建的建筑，采用的是青砖灰瓦中国传统建筑样式。最初，植秀轩曾是宫学场所，畅春轩最初是溥仪的妹妹的闺房，1937年这里又成为庆贵人谭玉玲的住所。参见长春市政协文史资料委员会、伪满皇宫博物院编：《见证伪满皇宫——伪满皇宫见证人采访录》，第53页。

② 这座大门于1934年2月建成，取名为"莱薰门"，溥仪因御纹章图案为兰花，遂取《易经》中"同心之言，其嗅如兰"之意，寓意兰花的芬芳。另外，皇帝以南为尊，薰风意指南风，暗合了皇帝之尊位。参见赵继敏、张立宪：《图像档案解密伪满皇宫》，第154页。

嵌入的半柱高度与副柱一致；大门门扇为铁质镂空造型，外漆朱红色，中间置圆形铜质镀金兰花御纹章；大门主门为向内（北）对开，东西两侧副门向内单开，大门下设滑轮，地面置滑道，方便大门开合。尽管大门柱头运用了四角微翘攒尖宝顶这一传统样式，但现代钢筋混凝土材料、砌筑技术以及铁质镂空材料的应用足以体现出现代感。

如此，这样一座传统形式与现代形式和技术杂糅的大门，与周边的自然景观和青砖灰瓦的建筑形成鲜明的对比。溥仪称"帝"后，将此门的名字由兴运门改为莱薰门，与此同时，将流经"执政府"南门前的头道沟沟渠，改造成"玉带天河"的护城河；将进出"执政府"唯一通道——木质的兴运桥拆除，重建了一座钢筋水泥桥，桥两边的桥栏柱也复制了莱薰门的柱式。这样，透过门、广场、桥连同护城河这些元素所构成的独特景观被仪式化了（见图 4-5）。

图 4-5　莱薰门和兴运桥 ①

1932 年末，对进入"执政府"最后一道大门（原吉黑榷运局西向大门）进行了重建（见图 4-6）。这是一座将中式牌楼建筑逻辑，引入了西式古

① 图片来源："满洲国通讯社"：《满洲国现势》，1935 年版。

图 4-6 兴运门 ①

典建筑的构造逻辑和切挖堆叠的形式。这一中西样式杂糅的大门，正面以四根通天大柱穿过层层挑出直线檐部直抵上部层层叠级折线式檐部，撑起上面由方形墙垛、片断墙以及上部呈弧形"匾额"状造型物组合的女儿墙，"匾额"的上部镶嵌着兰花御纹章，下面是"兴运门"三个字，这一名称是将原来兴运门的名字移到这座大门上的（见图 4-7）。在折线檐最下层檐线上还饰有连珠纹，与直线檐下面相交部的柱子没有采用古希腊柱头样式，而是直

图 4-7 兴运门局部 ②

接用了中国传统建筑构件——雀替；对开朱红大门，镶嵌着竖九路、横九

① 图片来源：爱知大学国际中国学研究センター，https://iccs.aichi-u.ac.jp/database/postcard/manzhou/category-39。

② 图片来源："满洲国通讯社"：《满洲国现势》，1935 年版。

路，饱满而厚重的金黄色门钉。整体上看，这座大门以层层挑出直线檐部为中心，纵向上将大门一分为二，上部因结构复杂，形式丰富，产生极大视觉重力，与下部只有四柱呈现的简单形式形成强烈对比，要不是有柱基的支撑，形成了视觉上的阻力，整座大门下部在上部的"重压"下，似乎要不堪重负，重重的楔入地平面。另外，在直线檐与折线檐之间的片断墙上镶有二龙戏珠，在对称结构的限制和狭小空间的挤压下，两条龙不但失掉了生动威严气势，而且在做工上失掉了层次，显得极为粗糙。尽管这座大门乍看上去给人以欧风的视觉意象，在建筑细节上也融入了中式元素，努力地与其周围建立协调关系，但在整体环境中详加端详，形式上的不伦不类，就会使大门跳脱环境，有种生硬突兀之感。

除了上述两座大门之外，将"执政府"西侧兴运门外的空地经过改造，变为溥仪的跑马场，跑马场北侧为马厩和御用车库，西侧是禁卫军军营。近卫军军营则放置在"执政府"东南角的位置。

如此，整个景观群落的空间布局，以及单体建筑之间的空间关系，从原来的秩序转换成以"中轴线"格局为核心的权力空间布局。

（三）"东洋式"风格的凸显与殖民建筑景观的身份确证

1934 年，溥仪称"帝"后，"国都"规划建设区域内的新"皇宫"营建一时无法完成，只能将"执政府"改为临时"帝宫"继续使用，然而，"仰观皇帝宸处之宫室"破旧，对内对外无法体现出"朝廷之威仪"与"皇居之安适"，于是，日伪当局决定斥百万巨资从 1935 年 9 月开始对临时"帝宫"进行改造及增建"皇帝"处理政务的议事殿、民众拜谒的赐谒楼、休闲的御花园、民众聚会的府前公园、健身馆以及阅武厅等建筑设施，并对上述改造和增建的设施进行了详细的规划和说明：

议事殿，开地五百坪，建二层之洋灰钢筋建筑物，外形仿北平旧宫，采纯东洋式，内部参考世界各国宫殿之装饰，取其合理美化。

御花园，仿法国式之布置，园内广设花圃，于中央建水塔，并旁引外流建水池，庭园之周围建纯东洋式画栋雕砌之回廊、阁榭，配列各方进献之珍贵贡品。

御健身馆，西式建筑，设台球、乒乓、电影及其他健身游戏具，后庭设御用网球场及驰马场。

赐谒楼，于宫门正衙建赐谒楼，楼前庭院可容一般民众拜谒。

府前公园，平填宫内府前沟渠，拆除现宫内府正门右侧之禁衛军兵舍，于该处新建宫门，宫门前一片广场，设民聚公园，禁衛军兵舍移于新宫门内右侧。

御阅武厅，於府后建武道场任一般武道选手参加演技，上供天览。①

在上述对外发布的规划中，笔者发现，议事殿、御花园以及健身馆三处建筑物不但在外形上，而且在风格上给出严格限定。足以看出日伪当局对这三处建筑物所采取的建筑风格以及完成后呈现的视觉形象格外看重，尤其，处理政务的议事殿和具有教育功能的御花园都要以纯"东洋式"风格呈现，这种"东洋式"风格，又极大改变了整个临时"帝宫"的景观风貌和空间格局，对此，后文会有专门阐释。

到了1938年末，历时三年，由宫廷营造科科长相贺兼介设计的表征"皇帝威仪"的纯"东洋"式的宫殿终于建成②。为象征所谓"日满同心同德"，溥仪将此座宫殿命名为"同德殿"③。这座宫殿是如何体现出"东洋"风格的呢？整座"帝宫"随着这座新宫殿的落成又呈现出怎样的空间秩序呢？

---

① 《谋宸居之安适，改建宫廷内苑》，《盛京时报》1935年7月10日。

② 1938年11月25日竣工，1939年2月10日正式启用。参见［日］西泽泰彦：《海を渡つた日本人建筑家：20世纪中国东北地方における建筑活动》，第128页；赵继敏、张立宪：《图像档案解密伪满皇宫》，第49页。

③ 赵继敏、张立宪：《图像档案解密伪满皇宫》，第54页。

图 4-8　同德殿建筑主体图 ①

　　作为权力象征的同德殿，集政务、叩拜、居住及娱乐于一体，位于勤民楼的东侧，分上下两层，坐北朝南（见图4-8）。俯瞰同德殿，整座建筑并没有采取建筑中轴线对称式构图，而是以入口车寄（外玄关）和广间（大厅）②组成 A 区主体建筑为起点，向东衔接叩拜间和生活区所组成的 B 区，向北接休闲娱乐的 C 区以及服务区 D，呈不对称式布局结构。尤其由 AB 两区构成的宫殿主体平面布局似意象化┳┗状的"龙"形结构。以 A 区为龙首，广间（大厅）、B 区为龙身龙尾，向东延伸至东御花园中（见图4-9）。可见，之所以会呈现不对称结构布局，完全是以平面形式为核心展开布局的。在殖民政治意识形态统制下，功能服从形式，形式成为了建筑目的的首要因素。

　　单檐庑殿式大坡屋顶、金黄色琉璃瓦、正脊两端高高扬起的鸱尾、垂

————————————

① 　图片来源：伪满皇宫博物院。

② 　广间，日本的称谓。

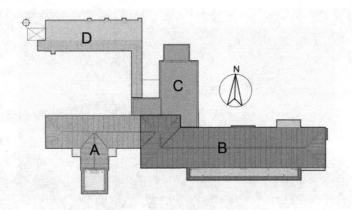

图4-9 同德殿平面布局图 [1]

脊和角脊端的龙首、探出的门脸托起三角形山墙、厚重的车寄（玄关）、长方形窗、土黄色墙面、花岗岩墙裙……这是新筑宫殿的主要景观元素。当我们将这些构成元素按从上至下的次序加以组合，直观上就会产生北京故宫宫殿样式被装配到西式建筑结构中的意象，也有种运用现代建筑手段对明清皇家宫殿重新改造而衍生出的新样式的错觉。出现上述直观错觉和意象并不奇怪，庑殿式大坡屋顶、金黄色琉璃瓦、垂脊端的龙首等元素的确都是明清皇家宫殿建筑所采用的形式和构件。然而，当笔者对建筑结构、砌筑方式以及建筑构件的视觉样式等加以仔细甄别和辨析，发现这座建筑绝非只是明清皇家宫殿建筑结构和样式的现代化，而是处处显现出深受中国建筑文化影响的日本建筑特征（见图4-10）。

一正脊四斜脊的四坡式屋顶形式，在中国叫作"庑殿顶"，日本叫作"寄栋造"。这种顶式在中国古建屋顶样式中属最高级的形式，象征尊贵。因此，只应用到与皇家建筑有关的建筑中。这种顶式由中国传入朝鲜和日本后，也被应用到宫殿和佛寺的建筑中。在中国和日本木造建筑中这种顶

---

① 图片来源：王志强：《伪满皇宫缉熙楼、同德殿修缮工程纪实》，长春出版社2018年版。

图 4-10　同德殿主体样式 ①

式因梁架结构不同而呈现出微小差异，中式采用抬梁式结构营建屋顶，这种承重结构可以使屋顶高度、坡度以及出檐大小等都可以进行调整，而日本采用的是小屋组桁架结构营造技术，下昂、椽子、斗拱等结构失去了支撑作用变得可有可无，但为保持这种顶式只能沦为装饰物，这种桁架结构不但拉高屋顶，还使屋顶坡度变陡，出檐变短。在这座伪皇宫的营建中，木造虽用石造的钢筋混凝土技术，但支撑屋顶还是采取木造桁架方式。②因此，使用这种屋架结构进行营建，也使同德殿屋顶坡度变陡，出檐变

---

① 图片来源：于维联、李之吉、戚勇：《长春近代建筑》。

② 据原伪满皇宫建筑设计师、工程师于勋治的回忆："用 1：5：1 灰浆，即一份水泥，五份砂子，一份石灰。用干灰浆砌砖，边砌边用水浇"的日本砌筑法砌筑墙身。屋顶基础是日本式砖基础，底下是钢筋混凝土，直接砌砖，顶面也是钢筋混凝土，上加炉灰、锯末和石灰的混合物。上面是木屋架，三角屋架，密度比洋灰瓦小一点，约一米宽一个，屋架上钉木板，上铺油纸，直接抹上一层泥，上面铺黄色琉璃瓦。瓦上有眼，隔几个瓦用铜丝连上，防止脱落，顶面坡度在 30°—45° 屋架。可以通过 2016 年伪满皇宫修缮顾问丸田洋二的修缮图纸看到同德殿所使用的这种木造日式小屋桁架的原貌和证据。参见长春市政协文史资料委员会、伪满皇宫博物院编：《见证伪满皇宫——伪满皇宫见证人采访录》，第 165—166 页。

短。这样就出现了以熨斗瓦为底，立瓦为中，上盖冠瓦的日式正脊、垂脊和角脊。[①]

正脊两端的鸱尾样式则引用了日本唐招提寺金堂正脊上的鸱尾形制（见图 4-11、4-12）[②]。从两图对比可见，同德殿鸱尾的鳍部顶端向前探出超过头部并向上扬起，浮雕感的叠级鳍部与镶嵌在凸起的纵带上大粒联珠纹以及下面直线连纹底座一起，不但强化了鸱尾的立体效果，而且给人以秩序、锐利之感。

图 4-11 唐招提寺金堂正脊上鸱尾[③]   **图 4-12 同德殿正脊上鸱尾[④]**

[①] 房盖有两个特点，一是屋脊，一是檐头雨滴。脊是日本式的，雨滴瓦头上铸有"一德"和"一心"字样，两种交替排列，主要精神是"日满结合"。参见长春市政协文史资料委员会、伪满皇宫博物院编：《见证伪满皇宫——伪满皇宫见证人采访录》，第 166 页。

[②] 这种鸱尾的形态，在中国北魏时期经百济传入日本，飞鸟时代遗物玉虫厨子、天平年代的东大寺大佛殿和唐招提寺金堂的屋顶正脊两端都设有这样造型的鸱尾。镰仓时代，橘正重依在唐招提寺金堂重建时，在鸱尾的纵带上加入小粒连珠纹，也就是现在鸱尾的样式。参见［日］关野贞：《日本建筑史精要》，路秉杰译，同济大学出版社 2012 年版，第 35—57 页；［日］森郁夫：《瓦》，太文慧、高在学译，上海交通大学出版社 2015 年版，第 46 页。

[③] 图片来源：https://www.douban.com/note/723015108/?i=7162063-IH-j-3。

[④] 图片来源：作者拍摄。

　　垂脊和角脊延续了日本鬼瓦脊的营建风格（垂脊长而角脊短），因建筑的特殊性，既放弃了日本建筑一般意义上的兽头和鬼瓦，又摒弃了中式的写实脊兽，垂脊和角脊两个端口分别放置了意象化了的龙首和具有佛教意味的象鼻龙首。

　　直线檐部造型环绕整个顶部，檐下以石造托梁为装饰，制造一种木造建筑的视觉意象。每到檐线相接的屋角部，都采用檐线向上微翘的日式"增弧"样式。

　　大门顶端的构造不是西式的三角形山墙，而是在日本被称为入母屋破风的结构，其典型特征就是在石造博缝上设悬鱼，悬鱼上镶嵌有六叶菊座造型。山花中央镶嵌兰花御纹徽。探出的车寄（外玄关）形成阳台，顶端三面建有寄栋式屋顶围栏，角脊相交处置宝珠，角脊端为象鼻龙首。从正面看，大门顶端三角形入母屋破风假借阳台顶端寄栋式屋顶样式形成借势共生关系，在视觉上造成重檐"歇山顶"样式的错觉，体现威严、凝重之感（见图4-13）。运用这种借势营造重檐"歇山顶"视像的还有娱乐间扩延出的庭间结构。

图4-13　三个时期同德殿正门图（从左到右，分别为2018年、2004年、1938年）①

---

① 图片来源：伪满皇宫博物院。

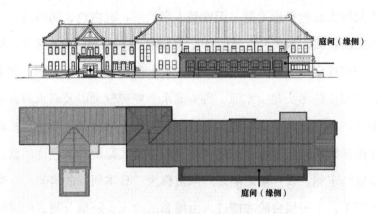

图 4-14　同德殿庭间位置图①

　　庭间（见图 4-14），是室内与室外中间的过渡空间，它是日本民居建筑中特有的一种空间，又称为"缘侧"。这种空间是"以活动的障子拉门构成的开放式空间。障子门一般由细木框架敷以尽可能薄的和纸构成，虽然阻隔了光线与视线，但半透明的纸质形成了含蓄的空间感"②。不但能感受到外面的声响和光线，还能感受到"介于现实与非现实的变化瞬间"③。这种带有扩张关联性的空间，在深受神道教和禅宗影响的日本人观念中，不但"相信空洞即空间是充满神灵的所在"，而且还认为"神灵的出现往往在于自然物的移动瞬间，这也孕育了他们造型表现的基本思维方式"④。这样，在日本建筑中占有极其重要位置的庭间就成为"充满神性的地方"。同德殿的长庭间约 3 米宽，"北侧从西向东依次是便见室、中国间、书画室、台球室。各室内陈设时有变动，台球室安置台球架处，在地板下面修筑水泥支柱，以上各室南面为长廊，长廊地板是两种彩色小方格的瓷砖地

① 图片根据《伪满皇宫缉熙楼、同德殿修缮工程纪实》绘制。

② 潘力：《间——日本艺术中独特的时空观——访日本当代建筑大师矶崎新》，《美术观察》2009 年第 1 期。

③ 潘力：《间——日本艺术中独特的时空观——访日本当代建筑大师矶崎新》。

④ 潘力：《间——日本艺术中独特的时空观——访日本当代建筑大师矶崎新》。

面，中间铺大红色条形地毯。天棚是人字坡形，乳白色，间隔约一米处有一木架突出表面，木架为古铜色"①。南侧则是九个大门洞，每个门洞则是由两边门扇固定中间对开组成的四扇玻璃大门构成，每个大门上装有白色纱帘，庭间东侧尽头是由水池、兽头滴水、瓷砖壁画以及滴水声音组成的静态景观，与室外日式庭院的动态景色形成相互映衬的美学关系。庭间中摆放休闲藤椅，溥仪经常在这里休闲、欣赏日式庭院的景色、用膳。

在庭间东侧，仅一墙之隔是一间被称为"日本间"的房间。一进门有一小的玄关，上一层台阶才能进入由糊和纸的木头隔扇分割成的隔间，每个隔间都铺榻榻米，其中，"床之间"是居室中最重要的位置，是客厅内的一个凹间，"这个空间被日本人赋予了极其深刻的精神内涵，根据不同季节悬挂相应的山水画卷轴，并摆设与之协调的插花"②，是为溥仪与帝室御用挂吉冈安直准备的房间。

扩延出的庭间上面则是阳台，连通"皇帝御居间"和"帝后御居间"。从上面俯瞰，下面的庭院景色尽收眼底。在最东侧"帝后御居间"的客厅中可以看到不一样的景色，"楼上的几间屋，就这屋是两面都有窗子，比较敞亮，站在东边窗子可以眺望伊通河，可以看到往吉林去的火车，火车由宫墙外面驶过，经过长春东站再绕过去，向西北方向绕过去，一直可以看到火车走得很远很远的地方。南窗子可以看到整个院，所以这窗子是惟一的一间有点意思的房间"③。与庭间、阳台发生的美学意象一样，这又是一组实景（伊通河、吉长铁路、火车）与造景（日式花园）既对立又共生的景观意象同时呈现在一个体验中，这一实一虚、一动一静、亦真亦幻的

---

① 原伪满皇宫建筑设计师、工程师于励治回忆录。参见长春市政协文史资料委员会、伪满皇宫博物院编：《见证伪满皇宫——伪满皇宫见证人采访录》，第168页。
② 潘力：《间——日本艺术中独特的时空观——访日本当代建筑大师矶崎新》。
③ 溥仪的堂侄爱新觉罗·毓蟾回忆录。参见长春市政协文史资料委员会、伪满皇宫博物院编：《见证伪满皇宫——伪满皇宫见证人采访录》，第73页。

现实与非现实的体验，是对傀儡皇帝以及伪满洲国最绝妙的注解。

"东洋"式风格不仅体现在宫殿的外部样式中，还延伸至室内。同德殿的正门一共有两道门。"第一道是双扇大门，铝合金制的，呈银白色，中间有花饰，往里边开，中间镶的大玻璃。第二道门是并排三个门，都是双扇门，木制门框，咖啡色的，木头上先刷一底色，再上一层漆片（或是酒精漆），可以看到木头的纹理。同德殿的木制门都是这种门，中间镶大块玻璃，门拉手是铝合金的。这两道门的弹簧都在门轴里边。二道门平时只走中间的门，两旁的门锁着"①。过了二道门和玄关，就进入了广间（大厅）。为营造出整座宫殿金碧辉煌、奢华之感，整个大厅所有凸起处都涂上了金色。

大厅，美术水磨石地面下半截墙身也是美术水磨石砌面，上半截是疙瘩墙。南面一排为落地长窗，北面一排为方形水磨石立柱。立柱之间的拱呈梯形，柱上拱边勾出云状卷花图案。立柱托住二楼的渡廊，天棚亦有美术图案，吊灯一线排开，条状地毯从门口铺起，穿过大厅，直通内室。

地毯宽约 1.5 米，厚 5 公分。大红色，织有黄色圆形花边。南北两面一般摆有长青盆景。大厅西侧有一方形拱门，门下三层台阶通向次厅，每层高 25 厘米，台阶两端各一台，台上装置着腾舞状飞龙，质地为合金，镀成古铜色。与其遥遥相对的西便室门两侧也是同一质地同一形状的龙饰。

大厅的东部（台阶上部分）也是美术水磨石地面，值得一提的是这部分的天棚很有特色，是格子式天棚，格子用石膏做成，凸起内加麻絮做筋架，格子交叉处有一木质金色十字花，上雕龙形图案。

---

① 溥仪的堂侄爱新觉罗·毓嶦回忆录。参见长春市政协文史资料委员会、伪满皇宫博物院编：《见证伪满皇宫——伪满皇宫见证人采访录》，第 61 页。

　　然后是谒见室，是溥仪会见大臣及关东军司令官、日本使节等的场所。室内设有宝座一个，两边各设一扶手椅，同时设有沙发、茶几等。地面全铺大花彩龙图案地毯，紫檀色格子天棚，上吊宫灯。①

　　日式高腰格式墙裙和格子式天棚是统摄同德殿其他房间的重要装饰元素。格子天棚造型分两种，一种是折上天棚，又称为"覆斗式"天棚；另一种是普通格子棚，格子中间绘有龙形。②

　　从以上的详细分析我们可以清晰地看到，整座宫殿从外到内体现出"设计者"极其缜密的设计逻辑和表现手法，从建筑意图到日本建筑风格呈现，从样式图案形式到制作工艺都精细地注入诸如建筑布局、结构、构件、室内装饰和陈设等各个部分中，就连琉璃瓦的色料都要从日本购进。③可见，日本殖民者运用知识，欲通过完美呈现日本"血统"的东洋风格建筑形式清晰表达殖民思想和景观风貌，树立压倒一切的殖民中心性意图可谓费尽心机。

　　在同德殿建设过程中，宫殿庭间前面的庭院也开始了建设。首先在宫殿"日本间"前面庭院东边同时修建了一座防空室，所挖土方就在防空室南边堆起一座假山，并在上面种上草皮和树。防空室建成后又在上面堆起4米多高的假山作为伪装，于是，在这不算宽敞的庭院中堆起两座假山。防空室南面的空地上，又建了一座四面围着栏杆的小型骑马场（后在此建了伪神庙）。在宫殿以及两处假山围合的中央建有一个中间圆形四周四块方

---

① 原伪满皇宫建筑设计师、工程师于勋治回忆录。参见长春市政协文史资料委员会、伪满皇宫博物院编：《见证伪满皇宫——伪满皇宫见证人采访录》，第167页。

② 原伪满皇宫建筑设计师、工程师于勋治回忆录。参见长春市政协文史资料委员会、伪满皇宫博物院编：《见证伪满皇宫——伪满皇宫见证人采访录》，第166页。

③ 同德殿所需的琉璃瓦，所用原料，土为抚顺当地产，色料为日本名古屋产。参见《营造宫廷应用砖瓦预定下月竣工》，《盛京时报》1938年3月10日。

形的花坛，花坛之间由小碎石块路连接。① 这时的庭院并无严格规划，只是由因地制宜堆砌的两座假山、中央花坛和骑马场构成的粗糙结构布局。

同德殿建成后，由当时"新京"特别市公园科科长佐藤昌对庭院进行重新规划和改造。② 新改造的庭院大致呈左右对称结构，西边依然是中间圆形四周四块方形的花坛，中央花坛中设置了两个日式石造路灯，花坛西边修筑一条碎石小道，通到假山。东边修建了一个葫芦形的水池，池水来自南面的假山东侧两米多高的人工小瀑布。"瀑布前边建个水池，水池边上安有两个聚光灯，夜间照着瀑布，像是真的一样，在山的后面有一间水泵房，由水池子通到埋在地下的一条管道，水泵抽上水来，再顺着小山里的管道流向瀑布。瀑布下面有小水池，池水满了以后流过一个弯曲的小溪流到北边一个略似葫芦形的大水池中，水池中央有一个小岛，两边有个小桥，岛上有个日本式的路灯"③。另外，"在日本间的外面有一个小小假山石，五六块石头垛起来，里边藏着水龙头，一打开也能哗哗流成小溪流，下边有个小水池，半弯形，不过是四五米而已"④。这一看似普通的山水相惜的园林景观在日式石灯和樱花树的提点下清晰显现出和风的意象。

1940 年 5 月 28 日在"帝宫"御花园东南角，一座日本神社样式的建筑落成，并由木质透塀围合成一个封闭院落，显示出场所的神秘性，这就是为供奉日本"天照大神"圣物而建造的"建国神庙"。从坐落南向的神门位置看，这是一座坐北朝南的建筑布局，钢筋混凝土基础、屋身为高床式木造结构，主体建筑由拜殿和本殿通过祝祠殿连接呈"T"形的复合殿社，并

---

① 溥仪的堂侄爱新觉罗·毓嶦回忆录。参见长春市政协文史资料委员会、伪满皇宫博物院编：《见证伪满皇宫——伪满皇宫见证人采访录》，第 75 页。

② 赵继敏、张立宪：《图像档案解密伪满皇宫》，第 74 页。

③ 溥仪的堂侄爱新觉罗·毓嶦回忆录。参见长春市政协文史资料委员会、伪满皇宫博物院编：《见证伪满皇宫——伪满皇宫见证人采访录》，第 75 页。

④ 溥仪的堂侄爱新觉罗·毓嶦回忆录。参见长春市政协文史资料委员会、伪满皇宫博物院编：《见证伪满皇宫——伪满皇宫见证人采访录》，第 75 页。

由拜殿向本殿逐级增高。本殿后面还建有祭器库和神庙所。从外观看，三个殿舍屋顶都由两个斜面组成，形如三本翻开的书倒扣，这是日本神社极具特色的流造样式，拜殿正面入口侧的屋顶向前延展，形成前檐微翘的曲线。屋顶都敷以铜瓦，门窗隔扇等使用日本尾州产的丝柏。[①] 拜殿正面是象征神域入口的四柱三间的明神系神门，神门前是石柱灯笼（见图4-15）。

图 4-15 "建国神庙"门 [②]

---

① 为庆祝日本纪元2600年，在日本关东军的策划和授意下，傅仪将在1940年6月，第二次东渡日本，请回代表"天照大神"的铜镜、勾玉和草薙剑三件"圣物"进行供奉。于是，1940年2月初，伪满国务院总务厅开始着手准备迎接"圣物"，将"帝宫"东南角小型骑马场拆除，修建一座供奉"圣物"的"建国神庙"，设计由建筑局第二工务处营造科科长葛冈正男负责，但对神社建筑以及技术并不了解，加上工期短，于是，葛冈正男、藤岛哲三郎与负责工程监理的矢追又三郎来到内务省神社局，同神社局和神宫司等主管进行协商，最终的设计由神社局完成。2月27日，在伪满洲国总理官邸审议通过了设计、预算和建筑等事项。3月9日，举行了奠基仪式。随后，日本著名的社寺建筑大工匠鱼津弘吉带着手下进入现场。3月20日，举行本殿立柱式。这里需要指出的是，有材料如赵继敏、张立宪著的《图像档案解密伪满皇宫》中将"建国神庙"奠基日期记述为2月9日，根据矢追又三郎在《建国神庙·建国忠灵庙》文章中的记述和表述，奠基日期应为3月9日。参见［日］矢追又三郎：《建国神庙·建国忠灵庙》，《满洲建筑杂志》1943年第1期。

② 图片来源：［日］西泽泰彦：《海を渡つた日本人建筑家：20世纪中国东北地方における建筑活动》。

除了这些主要建筑外，还配置参道大小两个鸟居、手水舍以及庙务所等"神庙"设施。

随着御花园和"建国神庙"陆续建成，所形成的以同德殿为核心的日本"血统"东洋风格的景观群落彻底改变了"帝宫"的空间结构和精神结构——在近代帝国主义的殖民实践中，对殖民地传统建筑风格的改变乃是一种常见的殖民文化策略，它们常常在殖民地城市复制或摹仿"帝国故土"的城市和建筑风格 ①，以此实现对殖民空间的视觉形象的改造，进而在艺术、文化乃至精神的深层结构实现对殖民地的规训和建构。伪满时期，人们早已意识到这一风格东洋化的"帝宫"的殖民意识形态性，即使是傀儡皇帝溥仪，也对其深表厌恶和不满，认为此种宫廷建筑与其复辟的企图相左 ②，但是，这并不能阻止此种以建筑和城市景观为表象的殖民文化策略在"新京"的大规模展开，并建构起一种殖民权力的空间映像。这正是本文接下来要阐发的问题。

二、殖民权力的经纬："新京"的景观轴线与政治、宗教建筑景观

溥仪刚刚进驻吉黑権运局建筑群的时候，曾经有意识地对该建筑群落加以改造和扩充，并在这一过程中显现出明确的"中轴线"意识。众所周知，"中轴线"格局是"平面布局……其所最注重者，乃主要中线之成立。一切组织均根据中线以发展，其布署秩序均为左右分立，适于礼仪"③，也是《周礼·考工记·匠人营国》篇中所规定的："匠人营国，方九里，旁门三门，国中九经九纬，经涂九轨，左祖右社，面朝后市，市朝一夫。"④这样一种以皇权为中心的政治伦理意识。因此，中轴线所

---

① ［澳］简·M.雅各布斯：《帝国的边缘：后殖民主义与城市》，第 27 页。

② 爱新觉罗·溥仪：《我的前半生》（全本），第 294 页。

③ 梁思成：《梁思成全集》第 4 卷，中国建筑工业出版社 2001 年版，第 13 页。

④ 闻人军译注：《考工记译注》，第 112 页。

贯穿的，是一个王朝的气脉，是国家的秩序。作为清王朝末代皇帝溥仪深知中轴线秩序的意义，尽管有违于"面南背北"的营建宫城祖制，但随着怀远楼建成后，与勤民楼、中和门及缉熙楼一起所呈现的中轴线结构布局基本形成，溥仪所希冀重建"中轴线"的秩序意识并辐射帝国广袤疆土的意象随着对内部功能的调整和改造就这样被重新确立了起来。

1935年"东洋式"建筑风格的加入，深刻改变了原有建筑空间和景观关系，并以审美方式重新塑造了一种殖民权力空间构造——何谓"东洋式"风格？

"东洋"相对于"西洋"得以确立。在中国，一般意义上的"东洋"概念有二，一是对西洋而言，指亚洲东部；二是专称日本。① 而在日本，"东洋"概念中不但将自身纳入土耳其以东的亚洲诸国文化圈中，② 而且，明治维新使日本迅速崛起，脱亚论甚嚣尘上，尤其甲午战争中国的失败，导致日本对中国的蔑视，于是，消解中国文化的母体性，自诩为儒教思想正统的继承者，生发出"日本思想中早已孕育东方思想本源的观点"。随着国家主义兴起，"透过对日本'国体'、'国民道德'的强调"，不断强化日本的"特殊性"和"优越性"，"进一步为日本的个别性赋上符合提供'东洋'普遍性伦理的资格"。构造以日本为核心的"东洋文化"并将其自身作为东洋文化的表征。在这样的论调中，表现出强烈的掌控东亚乃至亚洲各国的霸权意图。于是，"东洋"概念从最初的地理内涵，被不断赋予文化和政治内涵并侵入各个领域。在日本帝国主义大肆侵略扩张时期，尤其在伪满洲国"王道"政治的配合下，以"东洋"组词的诸多称谓成为殖民侵略的遮羞布，并将其极力打造的"东洋"这一隐匿的殖民政治文化形态视为

---

① 舒新城、沈颐、徐言诰等：《辞海·上》（全二册），中华书局1936年版，第1479页。
② 《广辞苑》，岩波书店1995年版，第1824页。

最高文化统制形式植入殖民地建筑的营建中，以视觉形式加以显现。然而在具体实践上，这种"东洋文化"所统摄下的建筑"风格"只在殖民地最高权力机关建筑上使用，是极端政治化的体现，将总体平面布局形式放在首位，或明喻、或隐喻表征最高殖民统治意志，譬如伪满国务院以"王"字形式布局，关东军司令部则以日本天守阁的造型体现军事霸权和城的意象。这也是在"帝宫"中重要建筑物要采用纯"东洋"风格的原因所在。除了纪念碑式的中央塔屋、大坡式屋顶及建筑构件、车寄（外玄关）、壁幕（壁砖）等基本要素外，在建筑细部上以日本建造结构、砌筑方法、建筑构件和图案为统制，根据建筑物功能或加入西式、或中式、或印度、或东南亚其他国家建筑元素和造型，并将此杂糅的形式装配在西式建筑比例和建筑立面构图中。由此，生成这样一种杂糅的、"四不像"式的"东洋"风格。

于是，在伪满"帝宫"中所营造的"东洋式"景观群落，在视觉上，所释放出体量、样式、色彩、平面布局等形式感力量，凸显于周边的建筑与自然构成的景观群落，形成了新的重心；在空间上，与傀儡皇帝溥仪所建立的宫室布局形成鲜明的对比，那就是——随着"建国神庙"的建成，这一景观群落在经营布局上完成了坐北朝南、左祖右社的帝王宫室结构，从而，欲以"正统"的面目示人，并试图以建筑样式以及所表征殖民现代性改写殖民地民众的心理结构和意识。通过一系列视觉和精神上殖民统治意识的重构运作，彻底打破了溥仪处心积虑所建立的中轴线式的空间秩序。不但建立了新的轴线，而且牢牢占据"帝宫"的"中心"。因此，伪满"帝宫"的空间已不再是"皇帝"身份的容纳与象征，而成为了权力的物质形式，这样的空间，"不再仅仅是为了被人观赏或是为了观看外面的空间，而是为了便于对内进行清晰而细致的控制"，是对"居住者发生作用，有助于控制着他们的行为，便于对他们恰当地发挥着权力的影响"①。这一表述以及伪满"帝宫"所呈现的殖民权力轴线结构模型，在伪满洲国的都市布局和建设上也体现了出来。

（一）"新京"城市景观的"都心"及中轴线

在伪满"国都新京"都市建设规划中，城市空间布局及建设是以"执政府"为中心展开的。而且，新建区域的道路筑造系统仍旧采取二线直角交叉（网格化）的原则。依据功能设置不同等级的城市道路，并在道路两侧布置公共建筑，建筑物除特殊种类外不得高于20米②；在主干道重要节点处设置圆形广场，加入放射系统、循环系统；路面不但敷设沥青，还要注重街路美感③。除此之外，在规划中将预建设的公园、广场及街路进行了命名（见表4-1）④。在命名上还规定要将"建国"大理想表现出来，对于尚未建设的区域内的村落名适当的加以保留并采用。并且，依街道方向，将南北向的街路称为"街"、东西向的街道叫做"路"，幅员在38米以上的街道要以"大"字称呼。可见，这一系列的规定都旨在打造整饬有序、尺度宏大的城市景观。然而，"国都新京"的实际空间布局和建设，却不是以规划上"执政府"为中心展开的，而是从打造新的城市地理"都心"和殖民政治"中心"开始的。

表4-1 "新京"街路表

大　街	大同大街、东万寿大街、西万寿大街、承德大街、长春大街、顺天大街、东盛大街
广　场	大同广场、顺天广场、安民广场、南岭广场
大　路	兴安大路、兴仁大路、至圣大路、安民大路、盛京大路、龙江大路、吉林大路、民康大路

---

① ［法］米歇尔·福柯：《规训与惩罚》，第195页。
② "国务院国都建设局总务处"：《国都大新京》，第10页。
③ "新京特别市"长官房庶务科编撰：《国都新京》，"满洲事情案内所"1940年版，第13页。
④ "新京特别市"长官房庶务科编撰：《国都新京》，1940年版，第15—16页。

续表

街名	翔运、安达、昌平、兴亚、卿云、康平、永安、建和、太和、清明、百汇、立信、同治、长庆、五色、龙门、虎林、天宝、治平、万宝、开元、春光、景云、长安、奉化、兴隆、和平、春明、西高台、乾明、永平、明水、昂溪、赛马、大顺、丰年、显德、西丰、西安、建平、彰义、天福、宝正、泰来、开运、通辽、东安、临河、和顺、乐土、云鹤、福民、兴业、祯明、明伦、民乐、民丰、树勋、信和、清和、洪熙等街
路名	新发、北安、崇智、丰乐、熙光、天安、咸阳、城后、锦水、建国、百草、东朝阳、西朝阳、柳条、太平、天庆、德惠、元寿、慈光、西顺治、东顺治、大兴、永昌、义和、明德、同光、隆礼、宝清、东高台、神泉、富锦、德昌、镜泊、呼伦、永兴、景耀、咸通、庆福、抚松、通化、东光、平泉、和光、重光、元和、普民、公平、金辉、延寿、永乐、安乐、明善、明昌、信和、至善、慧民、岭东、磐石等路
公园	白山公园、大同公园、牡丹公园、顺天公园、黄龙公园、和顺公园

1932年7月，也就是"国都新京"都市建设规划刚刚开始之际，日本殖民当局就已经开始在"满铁"附属地街区中轴线中央通大街向南延长线约1.5公里处的道路两边开始了"国都"建设①。这一位置的选定是以"满铁"附属地街区中轴线中央通大街与八岛通大街交汇地为中心点，以"满铁"附属地南北长度约1.5公里为半径，在中央通大街向南延长线作交点而确立的，这一位置就被确定为城市地理的水准原点，也称为"国都"的"都心"②。并以这一地理水准原点为圆心建设了一个直径218.1米的大广场，命名为"大同广场"（今人民广场）。广场分别在正南、正北、东南、东北、西南和西北设置6个出口，东南向道路命名为民康大路（今民康路）、东北向道路命名为长春大街、西南向道路命名为"建国"路（今建政路）、西北向道路命名为兴安大路（今西安大路）。将"都心"与中央通大街连接的南北向的道路确定为主干道，道路宽度设定在

① 在日本殖民当局命令下，由相贺兼介设计的伪满洲国政府第一、二厅舍开始进行建设。参见本文第三章第四节。

② "新京特别市"长官房庶务科编撰：《国都新京》，1940年版，第13页。

54 米，命名为"大同大街"（今人民大街）。随着城市空间不断向南扩张，这条宽阔的南北大街也随之向南延伸至 8 公里外的伪满"建国大学"（今长春大学）。

（二）殖民权力的感性显现：伪满政治建筑景观的风格化实验

最初虽然有两栋建成的伪满洲国政府厅舍（第一、二厅舍）作为参照，但因远离当时的"满铁"附属地、商埠地和长春老城区，四周荒野空旷，无法形成典型的空间，因此，"都心"和中轴线的景观意象并不突出。然而，到了 1937 年"国都新京"建设第一个五年计划完成之时①，随着日本关东军司令部（1934 年竣工，现吉林省委）、日本关东局（现吉林省政府）、第三厅舍（伪满财政部，1934 年建成，现浦发银行）、第四厅舍（伪满交通部，1934 年建成，现吉林省石油化工设计研究院）、第七厅舍（伪满吉黑榷运局，1934 年建成，原建筑已拆除，现吉林省财政厅）、康德会馆（1935 年建成，长春市政府曾使用，现闲置）、第十二厅舍（伪满蒙政部，建于 1935 年，原建筑已拆除，现联通大厦）、三中井百货店（1936年建成，现长春百货大楼）、大兴大厦（1936 年 10 月竣工，现吉林省政府 3 号办公楼）、世界红十字会"满洲总会"（1936 年建成，原建筑已拆除，现中国银行业监督管理委员会吉林监管局）、日本毛织会社（1936 年 12月竣工，现商用）、伪满协和会中央本部（建于 1937 年，位于今儿童公园北部，现闲置维护中）等建筑物以及白山公园（建于 1933 年）、牡丹公园（建于 1933 年）、大同公园（建于 1933 年，现儿童公园）沿大同大街相继落成，中轴线大同大街的景观意象才显露了出来。而"都心"大同广场也随着伪满电信电话株式会社本社的建成（建于 1936 年，位于大同广场的西部），与伪满洲国第一厅舍（位于大同广场东南部，原建筑已拆除，现长春市委），第二厅舍（位于大同广场西南部，现长春市公安局）共同作

---

① 1932 年至 1937 年为"国都新京"建设第一个五年计划时间。

用，轴心景观意象也得到了增强。

从 1938 年到 1941 年间，伪满洲国实施了"国都新京"建设第二个五年计划。其间，大同大街两侧又相继增建了国防会馆（建于 1938 年，位于今胜利公园东南部，现方舟美术馆）、大德会社（建于 1938 年）、东拓大楼（1938 年 8 月竣工，吉林日报社曾使用，现商用）、海上大楼（建于 1938 年，现长春市医院）、伪满"建国大学"（建于 1938 年，位于大同大街的南端）、日本神武殿（建于 1940 年，位于牡丹公园内）、伪满"建国忠灵庙"（1940 年竣工，现长飞小区内）等建物。在大同广场内部，随着伪满"中央银行"总行在广场西北角建成（1938 年竣工，现中国人民银行长春中心支行），4 栋极具特色的标志物与中央巨大花坛以及周围环境清晰的关联，形成高度的个性和空间组织结构，并凸显出 6 条出口道路的方向性，也使得广场的"六角星状"的形态特征凸显了出来，一旦这个庞大的空间有了形态，大同广场不但成为这座城市景观意象中最鲜明的节点，还成为城市的核心、焦点和象征。虽然，大同大街的空间连续性被大同广场打断，但是，大同大街两侧的植物配置和沿街建筑立面以及整齐划一的退让红线，都赋予这条大街以连续性的特征，强化了这条大街的方向感，而且，贯穿始终的街名，也给人留下连续、整体的印象。

最为重要的是，作为中轴线的大同大街，从建筑物的功能属性布局上看，由起点① 到终点伪满"建国大学"大致可以分为三个部分。第一个部分是从起点到大同广场，向西辐射到"南满铁路"线，东至大经路，这里形成以日本关东军司令部和日本关东局为中心的殖民政治、军事、经济、

---

① 这里的起点是指"满铁"附属地街区中轴线中央通大街与八岛通大街交汇地。

教育、生活和娱乐区域①；第二部分从大同广场经兴仁大路（今解放大路）到至圣大路（今自由大路），向西辐射到"南满铁路"线，东北至民康路，东到南岭体育场，这里形成包括伪满洲国新"帝宫"（规划中的"执政府"）在内的政治、军事、经济和生活区域；第三部分从至圣大路（今自由大路）到伪满"建国大学"，这里主要是伪满洲国教育和宗教中心。至此，那些分布在大同大街沿线序列中特殊用途的建筑物在日本关东军司令部和日本关东局的统合下，改变了这条大街的属性，使得这条大街成为殖民统治以及进行殖民活动的聚集处，这些建筑物的特殊立面特征以及高度使得大同大街呈现出典型性特征，成为了控制整个城市的中轴线。

1933 年，日本殖民当局在大同大街西侧的杏花村开始了伪满洲国"帝宫"（规划中的"执政府"）、官厅街——顺天大街以及两侧的伪满官厅的建设。

伪满"帝宫"北起康平街，南到兴仁大路（今解放大路），西靠西万寿大街（今西民主大街），东临东万寿大街（今东民主大街）。东、西万寿大街沿线分布着伪满洲国国务院总务厅长官邸、总理大臣公馆、伪满洲国外交部以及各国公使馆等；沿顺天大街北起兴仁大路（顺天广场），南到安民广场（今新民广场），官厅建筑沿顺天大街自北向南东侧有伪国务院、伪司法部、"满鲜日报社"；西侧是伪军事部、伪经济部和伪交通部以及顺天公园（今朝阳公园），伪中央法衙则坐落在安民广场的东南角。作为所谓王道政治"最高权力"象征的伪满"帝宫"，直至伪满洲国灭亡，也未能建成。而顺天大街两侧的规划建设所呈现的景观意象，明显受到了北

---

① 这里主要有关东军司令官官邸、大同自治会馆、"日满军人会馆"、康德会馆、海上会馆，伪满洲国赤十字社、天理教会、东本愿寺、忠灵塔，雄飞寮、朋友大厦、大兴公司、东洋拓殖、日本毛织会社、"新京"药品株式会社、大仓洋纸株式会社、近泽书房株式会社、三中井百货店、宝山洋行、小卖市场、"帝都"电影院、丰乐剧场、"国都"饭店、蒙特卡洛大舞厅和"中央满西饭店"以及聚合住宅、宪兵队住宅、关东局住宅和白菊小学校等。

京城皇权意识形态的影响，呈现出秩序化、礼仪化的特点，看似实现了以溥仪（"帝宫"）为核心的权力格局，宣示出极权的"王道"意象，但实质上，无非是日本统治者出于安抚溥仪和维系其颜面所做的形象工程罢了。从整个"新京"完成的景观格局上看，伪满"帝宫"与顺天大街的官厅所形成的轴线无论在地理位置、街区长度、街区规模上，还是通过放射路网形成的城市景观上来看，都无法与大同大街相提并论。这也暗合了伪满临时"帝宫"中殖民权力的轴线空间布局。

如果说伪满洲国国务院及下属各大部，是居于城市次要位置的"形式上"的统治轴线，那么位于商埠地北端，溥仪十四年间所居住的伪满皇宫，则是完全被隔离于权力之外。溥仪作为名义上高高在上的国家元首，被临时弃置于城市边隅之地，实可谓伪满洲国权力关系在实际环境中的真实写照。

1934 年 8 月，一座占地 76500 平方米、主体建筑总面积 13424 平方米的庞大建筑物在大同大街与新发路交会的西北角落成并投入使用，这就是臭名昭著的日本关东军司令部。① 这一地理位置上极具战略性，这里是新发屯这一区域地势最高的台地，它北靠依头道沟河水修建的具有殖民政治、军事和文化功能的西公园，西部是日本关东军司令官邸并与"满铁"时代就形成的日本军事区连在了一起，南边是大同自治会馆和"日满军人会馆"等殖民统治机关，东边则是早在 1933 年 10 月就已竣工并投入使用的日本关东局（后来主要是日本宪兵司令部）。俯瞰这一区域，日本关东军司令部呈"王"字形，日本关东局呈"L"形，这两座在当时看来体量巨大的堡垒式建筑不但处在"国都"中轴线大同大街原始北起点处，而且占据大同大街东西两侧，形成关隘意象扼住了整个城市的大动脉。

可见，日本殖民统治机关不但在地理位置上占据了重要节点，而且在

---

① 《关东军司令部厅舍新筑工事概要》，《满洲建筑杂志》1934 年第 10 期。

视觉形象上也要宣示出日本殖民统治的权力。

　　我们从一张当时斜侧面的角度拍摄的日本关东军司令部，看到的是一座既壮观又怪异的建筑体（见图4-16）。说其壮观，来自于巨大的建筑体量、墙立面上不断重复长条直型窗所形成强烈的秩序感、中央的高塔以及两翼的塔屋对周边建筑物和环境所呈现出的压倒性力量。说其怪异，来自于在中央高塔与两翼塔屋连结而成的日本天守样式的统合下与西洋古典建筑构图、现代材料以及中式宫城午门的意象造型拼合而呈现的异态形式。这一建筑形式被日本殖民者称为"近世式东洋风"①。

图4-16　日本关东军司令部②

　　整座建筑坐北朝南，采用钢筋混凝土构筑，外墙立面贴饰黄褐色水泥瓷砖。主体三层，正立面采用西洋古典建筑常见的横三竖五的构图布局，以中央高塔和车寄（外玄关）为中心向东西两翼展开并建有塔楼，而且两翼向前后（南北）伸出，形成了似北京故宫午门的造型意象。除建筑平面

①　《关东军司令部厅舍新筑工事概要》，《满洲建筑杂志》1934年第10期。
②　图片来源：《满洲建筑杂志》1934年第10期。

布局为表征最高殖民统治意志而特意打造"王"字形结构外，就是以日本天守的视觉样式呈现的中央高塔以及两翼的塔屋。[1]

作为城的核心部分的天守，源起于日本战国乱世，它由防御性的实际功能逐渐演进为所谓"象征着世界的中心性与唯一性"的视觉装置[2]，并且通过"建筑样式、装饰和工艺美术方面的所有技巧，强调威权、至尊与全新的制度"[3]，日本殖民集团将这一"夸示权威的视觉装置"移植到伪满洲国"国都"，就是要强化日本殖民者的绝对主体性、权威性，并将殖民权力的威吓力量通过这一视觉装置辐射到整个殖民地（见图4-17）。

图4-17　天守阁[4]

---

① 中央高塔以地面为基准向上至高塔顶为31.5米，两翼塔屋以地面为基准向上至塔顶为24.9米。参见《关东军司令部厅舍新筑工事概要》。

② ［日］迷泽贵纪：《日本名城解剖书》，史诗译，南海出版公司2016年版，第7页。

③ ［日］迷泽贵纪：《日本名城解剖书》，史诗译，南海出版公司2016年版，第7页。

④ 图片来源：［日］关野贞：《日本建筑史精要》。

日本关东军司令部所采用的是一种连结式的天守结构（见图 4-18）；在形状上，中央大天守采用极其简易的两层塔式样式，两翼小天守则采用一层结构；在具体设计上均采用入母屋破风屋顶（中国称歇山式屋顶），三角形破风中设格子窗，顶部敷黑色铜瓦，正脊两端装有唐式鸥尾（这种鸥尾样式在前文提及的伪满临时"帝宫"同德殿以及 1940 年建成的"建国忠灵庙"上都有应用），博缝上设悬鱼，上面镶嵌有六叶菊座，中央大天守一层塔屋顶斜面上还装饰有千鸟破风，垂脊和角脊端头装有鬼瓦，远远望去，那高高扬起的固定鬼瓦构件——鸟衾，清晰可见。中央的大天守以及两翼的小天守犹如三颗大钉子把这座建筑牢牢地"钉"在这里。

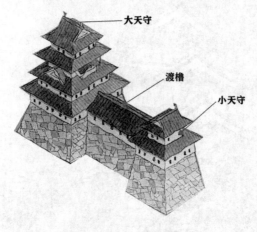

图 4-18　连结式天守 ①

它独特的形式和功能，高地势的托举，醒目的天守阁，巨大建筑体量，黄褐色水泥瓷砖所呈现的主体颜色，它与周围低矮的建筑物和环境形成强烈的对比，从而产生既吸引又排斥的视觉张力。另外，经此大道，不但具有军事与战略性质，也框围出这个特殊的统治中心。这是一座具有无上殖民权威的建筑，无论是文字还是图像，天守阁所代表的殖民权力意涵

① 图片来源：[日] 沢井竜太：《日本の城》，株式会社晋遊舍 2019 年版。

不是被彰显就是无法被忽略。无论晨昏、无论远近，只要抬起头不小心就能看见，即使远在伪满"建国大学"的位置，也能清晰看到天守样式的日本关东军司令部。就这样通过一系列视觉形式和地理结构的塑造赋予了这座建筑以殖民历史和殖民权力符号的意蕴，它由此变成了这个城市的铭记，并且被这个城市所观看。可见，日本关东军司令部这座建筑无论在形式上还是在精神上都被殖民者打造成为"国都新京"乃至整个伪满洲国的天际线，名副其实的殖民统治中心。如此，这一景观对日本殖民者来说，从民族认同角度而言，关东军司令部是一个理想的对象。它的建筑风格以及形式展现都与日本城守紧密地联系在了一起，如此本土的景观表现也使其周围景观区域呈现出明确的属性。它既是母国的象征，又是福柯全景敞视景观装置的完美复现，殖民者的威吓视线就从这里射向伪满洲国任何角落。对于被殖民的中国人来说，无论身处何处，所有一切都被纳入这一殖民权力视线的监控和压迫之中。即使伪满洲国政府也不例外，我们可以从日本殖民者对伪满洲国政府厅舍位置及其建筑样式的把控中可见一斑，一切都在这一殖民权力的控制之中。

1932 年 7 月，也就是伪满洲国刚刚成立不久，在大同广场的大同大街南出口—东—西由相贺兼介设计的伪满洲国政府第一厅舍和第二厅舍同时开工建设。[①] 经过 4 个月的极速施工，第一厅舍和第二厅舍分别在 11 月 17 日和 27 日完成主体内部工程并投入使用，第二年的 5 月 31 日和 6 月 15 日第一厅舍和第二厅舍的外观工程竣工。[②]

---

① 1932 年 5 月，伪满国务院会议批准了新建两栋政府厅舍和职员集合住宅的计划，两栋政府厅舍分别命名为第一厅舍和第二厅舍，并要表现出伪满洲国的"顺天安民、五族协和、王道乐土"的政治理念。最后，两栋政府厅舍和职员集合住宅的设计委托给了当时临时"国都建设局"的相贺兼介进行设计。参见［日］相贺兼介：《建国前後の思出》。

② 第一厅舍和第二厅舍分别于 1932 年 7 月 20 日和 31 日开工。《满洲国第一厅舍新筑工事概要》，《满洲建筑协会杂志》1933 年第 11 期；《满洲国第二厅舍新筑工事概要》，《满洲建筑协会杂志》1933 年第 11 期。

从平面布局上看，相贺兼介所设计的两座厅舍的中央都设置了外玄关，并以此为中心向左右两端对称式地伸展开来，在视觉上形成长长的直线，两端则向前突出。厅舍内部采用了相同的中间走廊两侧办公室的建筑布局，就连主体建筑面积都是相等的。①

从外观设计上看，屋檐以下，垂直和水平方向的比例关系，窗户的大小、造型以及在整体立面上的分割比例都呈现一致性，只是在第二厅舍立面的正面中央和两翼伸出部分的外壁上加入了柱式结构。屋檐以上两栋建筑则呈现出较大的差异。这主要体现在中央塔屋的样式和屋顶样式上。

两座建筑的正中央都设有 28 米高的塔屋，不同的是，第一厅舍只建有一座高塔，而第二厅舍不仅在中央设有一座高塔，而且还在正面中央突出部分建有两座小塔，为了使整座建筑看上去均衡，在建筑物两翼突出部分的位置上也相对应的各建有一座样式相同的小塔。

两座建筑中央的高塔都分为三层结构。第一厅舍三层高塔采取向上逐级收缩呈方柱梯形结构并形成三个层次，高塔四个方向立面都采用直线分割方式，形成中间镂空三分的柱式结构和样式，而且每层檐部都用简单几何形排列围合成简洁的女儿墙。主体建筑采用平顶结构，在檐部竖起女儿墙，女儿墙的立面采用与高塔相同的几何造型装饰。远远看上去整座建筑棱角分明，但中央高塔收缩的层次和几何形女儿墙的装饰也为这座建筑增添少许错落有致的视觉效果（见图 4-19）。

第二厅舍的高塔、小塔以及屋顶样式与第一厅舍有了很大的变化。第二厅舍的高塔和小塔通过柱式结构撑起了中式的四角攒尖顶，攒尖顶的四角微微翘起，垂脊上装有走兽。整座建筑顶部采用中式盝顶结构，顶部在中间及两翼突出的部分设有正脊式结构，两端装有鸱尾。中间高塔及小塔上的支撑柱的样式与建筑外壁立面上的柱式结构相呼应，形成视觉对应关

---

① 参见《满洲国第一厅舍新筑工事概要》和《满洲国第二厅舍新筑工事概要》。

系（见图 4-20）。

为了强化建筑本身权威性的空间式样，两座建筑极力体现建筑的庞大和"高塔"至高性。尤其第一厅舍的高塔，就感觉上而言，在庞大建筑体的对比衬托下，显得更加狭窄细高，与其说是塔，不如说更像是一座烟囱安置在这座建筑的正中央，塔过于突兀的视觉印象，或许是由于建筑物主体过于整饬，塔与建筑物主体之间缺乏过渡。因此，从正面看上去，横长的建筑中央安置了一个高塔，的确过于生硬突出，另外，塔与建筑之

图 4-19 第一厅舍全景图 ①

图 4-20 第二厅舍全景图 ②

---

① 图片来源：《满洲建筑协会杂志》1933 年第 11 期。

② 图片来源：《满洲建筑协会杂志》1933 年第 11 期。

间的关系要不是样式一致的装饰作用，彼此之间将失去关联。第二厅舍
虽然加入了小塔，削弱独塔与建筑各自独立的结构，在中式屋顶以及壁
柱的装饰的支撑下，使整体看上去丰富协调一些，但还是使人感到生硬、
突兀。

这样两种不同形式的杂糅风格在《满洲国第一厅舍新筑工事概要》和
《满洲国第二厅舍新筑工事概要》中被称作"满洲式"。相贺兼介对这两座
建筑所做方案进行说明时，并未将这两座称为"满洲式"，而是表述为一
个采用新式样，并混入东洋风；另一个是外形用中国样式来表现，并加入
近代风构成。① 很显然，前者指的是后来被称为"第一厅舍"的建筑，后
一个表述则指向"第二厅舍"的建筑。

虽然相贺兼介没有进一步说明他所采取的"新式样"究竟是什么式
样，但是通过第一厅舍外观可以看出，虽然采用西式古典主义建筑造
型和样式，但是在这里已经去掉了繁缛的装饰，只剩下功能性极强的平
滑外表。另外，可以从相贺兼介为神奈川县厅舍所做的方案中看出他
对"建筑新式样"的理解和追求。在这张对比图中可以看出，尽管两座
建筑方案相差 6 年，但在建筑外观造型、装饰细节上都可以看出相贺兼
介在表现方法和技巧上的前后延续性。这种把古典主义与现代主义相异
的风格杂糅在一起的式样，就是相贺兼介所表述的"新式样"吧（见图
4-21）。

可见，政府新筑工事概要和相贺兼介的表述存在着不一致性，这也可
以看出，尽管相贺兼介为"理想国家"进行官衙建筑设计深感责任重大，
但他为没能显示出伪满洲国的政治理念而感到忧虑，认识到两种方案都未
完成，预感到将来会受到批判，以至于在厅舍建筑施工之前，将两边的厅
舍的位置向后退，确保前面保有足够的空间，将来可以随时在两座厅舍前

---

① ［日］相贺兼介：《建国前後の思出》。

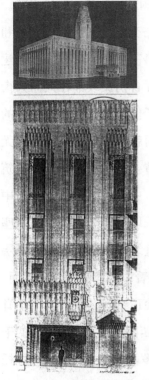

图 4-21　相贺兼介 1927 年为神奈川县厅舍所做的方案与第一厅舍局部装饰对比图[1]

面增建符合理想设计的建筑进行弥补。[2] 这一系列的担忧和补救举措表明他对自己的设计方案并不自信。[3] 最后，只好将同一平面上设计了两个外观的方案提交给伪满国务院会议进行选择。

　　最终，尽管有质疑和争论，但带有中国屋顶样式的第二厅舍获得好评。于是，伪满国务院会议决定两座建筑同时在大同广场南出口的大同大街两侧进行建设。[4] 而且，将具有"中国风"的塔屋、屋檐以及左右横长

---

① 　图片来源：于维联、李之吉、戚勇：《长春近代建筑》。

② 　[日] 相贺兼介：《建国前後の思出》。

③ 　[日] 牧野正巳：《建国拾年と建筑文化》。

④ 　[日] 相贺兼介：《建国前後の思出》。

对称的建筑形制作为国家最高方针确定为伪满洲国官衙所使用的样式 ①。

随后的 1933 年 4 月，在大同大街与兴仁大路交汇处（现人民大街和解放大路交会处）的东南角，面向大同大街的第三厅舍伪财政部开始建造。1935 年，与第三厅舍外观一模一样的第五厅舍伪民政部在大同大街的西面、第三厅舍的对面落成。两座建筑贯彻了伪满国务院会议确立的建造官衙样式的最高方针。通过两张当时的旧图就会发现这两座建筑无论在风格样式上，还是在建筑构件以及装饰细节上都惊人的相似。建筑主体两层，采取了左右横长对称式的建筑布局，中央突出，上面覆以中式攒尖顶塔屋，中央置宝顶，整座建筑屋顶仍采取中式盝顶结构，两座建筑唯一不同的是更换了房顶瓦片的颜色。② 直线圆角造型窗，上下层窗户之间饰有两连柱式。就装饰趣味而言，乍一看中国趣味浓厚，然而，加以仔细甄别就会发现，中央虽然采用中式攒尖顶结构，并在四条垂脊装上了中式传统建筑上常见的走兽，但却在攒尖四面坡顶上加入日式的千鸟破风造型，而且，中央凸出的外玄关是由六根罗马塔斯干巨柱（又称托斯卡纳柱）构成，在这里中式、日式以及西式的样式汇集到了一起，虽整体醒目但局部之间因样式风格不同而相互独立，缺少过渡衔接，尽显突兀之感（见图 4-22、4-23）。

后来又陆续在第三厅舍伪财政部南侧兴建了第七厅舍伪吉黑榷运署（见 4-24），在第五厅舍伪民政部北侧，大同大街与兴仁大路交汇广场的西南角，兴建了第十二厅舍伪蒙政部（已拆除，现中国联通公司位置。见图 4-25）。第七厅舍是所有官厅建筑中在体量、"个头"上都是比较小的，而且外装饰上也非常简洁。与其他官厅一样在建筑中央加入塔屋，但比较矮小，完全没有成为注目焦点，失去了纪念性感官意象，要不是刻意加以

---

① ［日］牧野正巳：《建国拾年と建筑文化》。
② ［日］相贺兼介：《建国前後の思出》。

图 4-22　第三厅舍伪财政部 ①

图 4-23　第五厅舍伪民政部 ②

---

① 图片来源：爱知大学国际中国学研究センター。
② 图片来源：爱知大学国际中国学研究センター。

图 4-24　第七厅舍伪吉黑榷运署 ①

图 4-25　第十二厅舍伪蒙政部 ②

---

①　图片来源：《满洲建筑杂志》1936 年第 8 期。
②　图片来源：《满洲建筑杂志》1936 年第 8 期。

220

巡视的话，很难注意到它。采用盝顶结构，敷琉璃瓦加鸱尾，主入口外门廊（车寄）由古罗马塔斯干柱式作为支撑，筑基浅色大理石贴饰，深褐色面砖贴面，一层为直线窗，二层为直线远角窗。第十二厅舍伪蒙政部与第九厅舍伪治安部（军事部）的位置和朝向相似，都是处在广场和两条街区的夹角处，于是，采取广场建筑构图，将主入口面向了广场中心，呈对称的"L"型。西式的壁柱、三角形山墙、主入口门饰、整座建筑的窗口造型以及窗饰；东方式的屋脊、坡顶、鸱吻、墙面转角的辰野式装饰，再加上建筑后面那高高耸起、"像烟囱"一样的塔楼，在这座建筑中杂糅到了一起。这样纪念碑式的杂糅建筑在当时现代建筑技术钢筋混凝土的支撑下，将具有理性和秩序性的元素通过砖瓦石堆积显现出来，看起来还是很有新奇感的。

从1934年开始，顺天大街以及伪国务院厅舍等官衙建筑在被称为"新发屯"的地方，一个接着一个出现了。在"国都"规划中，顺天大街连同它的北端顺天广场以及为溥仪建造的坐北面南的新"帝宫"一起被设置为"国都"的"中心"。顺天大街作为官厅大街，规划为宽60米的干线道路，它以新"帝宫"前庭顺天广场为起点，向南延伸至安民广场止，全长约1.5公里，计划在两侧陆续建造伪满政府重要厅舍。[1] 伪满国务院厅舍就被设置在顺天大街东侧的北端，东侧还有紧邻顺天公园的伪司法部；与伪满国务院相对的西侧的北端是伪军政部厅舍，然后依次是伪经济部和伪交通部以及安民广场东的伪中央法衙。这样的建筑布局就像在"皇帝"的面前分列两侧的文武百官，着力体现"皇权"下的秩序和仪式感。

顺天大街最先建设的是伪满国务院，而不是为傀儡皇帝溥仪所建的"帝宫"。在伪满政府第一、二、三厅舍刚刚建成的1934年7月19日，伪

---

① ［日］西泽泰彦：《日本殖民地建筑论》，第103页。

满国务院使用的厅舍就在"国都"规划的官厅街敷地——顺天大街的北起点上也开始破土动工了。① 作为伪满最高的行政机关厅舍和一国的代表有着重大的意义，自然受到高度重视。② 时任营缮科长的相贺兼介认识到伪满国务院厅舍的重要性③，自己也制作了设计方案，不过，那个方案没被伪满国务院厅舍采用，被司法部厅舍运用了④。最终，依照"国都建设局"顾问佐野利器的指示，设计由伪营缮需品局营缮处石井达郎负责完成（见图 4-26）。⑤

伪国务院厅舍坐东朝西，以中央高塔为中心向两翼对称展开，两翼则向前后伸展并在中央同样设置塔楼，两翼前后伸展出的尺度与正面主体尺度相当，从正面看建筑构图呈"凹"字形，车寄和巨大的前庭被包围在其中；俯瞰则呈"王"字形构图。整座建筑物主体由四层两翼三层构成，主

---

① 《国务院厅舍新筑工事概要》，《满洲建筑杂志》1937 年第 1 期。
② ［日］相贺兼介：《建国前後の思出》。
③ 此时相贺兼介已是伪满洲国官衙建筑计划委员会中唯一建筑专家。
④ 按牧野正巳的说法，最初伪国务院厅舍与伪司法部厅舍拟采用同样的外观计划，最终，采用了新人的方案（新人指石井达郎），而没用老人的提案（指相贺兼介），老人可以尝试设计一个别的厅舍。这和相贺兼介所设计第一、二厅舍遭到批判，尤其是佐野利器等人强烈批评不无关系。另外，当时伪满洲国营缮科的建筑技术人员中的桑原英治、石井达郎、奥田勇、葛冈正男等人都是佐野利器派到中国东北殖民地来的。参见［日］牧野正巳：《建国拾年と建筑文化》；［日］西泽泰彦：《日本殖民地建筑论》，第 103 页。
⑤ 石井达郎，毕业于东京帝国大学建筑科，1933 年 8 月来到伪满洲国，进入伪营缮需品局营缮处。最初石井达郎只知道要设计的是一座位于城镇（当时长春老城和"满铁"附属地）二三公里的地方，顺延番号被临时称为第四厅舍的建筑物罢了，厅舍究竟有什么职能一无所知。除此之外，官方还给出工费约 100 万元和具有"满洲风"外观的要求，尤其面对这个"满洲风"的外观，使得石井达郎完全无从下手，但这也是他在设计中努力实现的方向。设计方案经过多次谋划、提案和总务厅会议，特别是依照伪总务厅长官远藤的指示，才渐渐确定最终方案。参见［日］相贺兼介：《建国前後の思出》；［日］石井达郎：《国务院を建てる顷》，《满洲建筑杂志》1942 年第 10 期；［日］西泽泰彦：《海を渡つた日本人建筑家：20 世纪中国东北地方における建筑活动》，第 111 页。

图 4-26　第四厅舍伪国务院模型 ①

体比两翼高一层，腰墙将正面建筑主体四层分为二部分，第一部分是从下面建筑基座至腰墙，由三层构成，这一部分高度和层数与两翼相齐，采用的是西式横三段竖五段对称式构图，墙面横贴“东京型”茶褐色竖纹粗糙肌理的壁砖 ②；主体建筑的腰墙延伸至两翼则变成了屋檐。腰墙至屋檐一层构成第二部分，这部分墙面饰贴浅灰色小块富国石，屋顶则是濑户制描乐瓦葺。③ 正面主入口是由两根方柱与四根罗马塔斯干巨柱（又称托斯卡纳柱）组成的结构撑起三层楼高的车寄，车寄上面则是宽阔的检阅台，两翼的侧入口没有了车寄构造，四根罗马塔斯干巨柱（又称托斯卡纳柱）直抵檐部，这样简洁的处理，倒显得巨柱有种向上伸展的轻松感；而建筑正面的巨柱随着车寄从主体建筑独立了出来，在后面中央高塔的重压下，两根方柱与四根罗马塔斯干巨柱共同形成巨大的向上支撑力量。但因与中央高塔的造型相呼应，色彩相一致，使得巨柱和车寄又被拉回到中央高塔造型配置中，这样，在对比与调和视觉张力关系中对其周围环境以及观看者

---

①　图片来源:《满洲建筑杂志》1934 年第 8 期。

②　《国务院厅舍新筑工事概要》。

③　《国务院厅舍新筑工事概要》。

图 4-27　伪国务院全景图 ①

形成了压制性力量（见图 4-27）。

　　中央高塔从地基到宝顶高 44.8 米，左右翼塔楼高度为 27 米②。中央高塔呈方形结构，从车寄向上分为塔基、塔身和塔顶三层，塔基又分为两层，正面排列 4 根装饰柱；中部由平面石墙、四角的墩台以及四面装有与车寄相同的四根罗马塔斯干柱构成塔身，撑起重檐式攒尖顶，顶尖置日式宝塔，四条垂脊和戗脊上装有日式几何似龙样鬼瓦。

　　据石井达郎回忆，这样顶式是参照北京故宫中和殿样式进行设计的。1934 年元旦，石井达郎在青木菊治郎（原"满铁"总社建筑课长）的推荐下，曾专程来到北京故宫考察中式最高形式的建筑（当时他并不知道回来后要进行伪国务院厅舍的设计，这次考察只是他个人为以后的设计进行

---

①　图片来源：爱知大学国际中国学研究センター。

②　《国务院厅舍新筑工事概要》。

储备）。当他在故宫考察中看到中和殿的样式和结构时兴奋异常，并认为其他的建筑物全部都称不上值得看的东西。[①] 这样异常兴奋的触点为后来进行伪国务院厅舍的顶部设计埋下伏笔。

然而，与北京故宫中和殿对比会发现，中和殿的攒尖大顶因建造结构使重心压得很低，这样屋顶坡度和出檐都很大，而伪满国务院这座建筑的顶部虽然因塔身方形面积所限，但因建造技术采用日式小屋组桁架结构营造技术，使得屋顶坡度增高、变陡，屋檐收缩至檐口出处，没有了出檐，四角翘起的挑檐完全是日本神社鸟居笠木两翼端头的样式。可见，石井达郎只是采用现代钢筋混凝土材料，用日式的建造技术，将日式与西式装饰及构件杂糅在一起装入了中国式的外形中罢了。这样运用假借手法营造出的外观效果使人极易产生混淆，误认为这是一种中西折中主义样式。

假借的手法还体现在伪满国务院对日本国会议事堂，以及日本关东军司令部在平面布局、造型和装饰上的挪借。在平面布局上，伪满国务院与日本国会议事堂以及日本关东军司令部极其相似，都呈"王"字形构图，只是两翼向前后伸展幅度略有差异，日本国会议事堂两翼向前后伸展幅度最小，伪满国务院两翼向前后伸展幅度最大，日本关东军司令部居中，正是由于伪满国务院两翼向前后伸展幅度比例与正面主体相当，使得前面形成巨大环抱前庭；在建筑面积上，日本国会议事堂13356平方米，伪满国务院4510.5平方米，日本关东军司令部则是3277平方米；在建筑立面布局上，都是以中央塔楼和车寄为中心向两翼对称伸展，两翼置小塔楼；在中央塔屋的造型和装饰上，伪满国务院更接近于日本国会议事堂，日本国会议事堂中央塔屋顶部呈金字塔形，是对古希腊殖民城市中的毛索洛斯墓庙顶部的挪借，而伪满国务院中央塔屋的结构样式与日本国会议事堂中央塔屋的结构样式极为相似，虽然没有证据表明它们三者之间具有关联性，

---

① ［日］石井达郎：《国务院を建てる顷》。

但造型样式有着极高的相似度不由得使人产生关联的想法。

通过上面的分析，可以这样认为，这是一座以日本样式为主导的、日西折中主义的现代建筑，正如牧野正巳所说：

> 顺天大街的官厅建筑样式并不是自然而然决定的，而是通过政治意识，经过日本人的手完成的，那种折衷的方式，整体的比例，展现的是日本人艺术方面的细致。①

可见，这样一种建筑样式和装饰风格完全是在殖民意识形态的操纵下展现出来的，这也和《国务院厅舍新筑工事概要》中所表述的"东洋趣味为基调的近代式"的风格相一致。同时，在形象上展现了殖民者所塑造的"五族协和、王道乐土、顺天安民"现代化都市新风景。这与 1936 年 1 月伪满国务院竣工后，悬挂在这座建筑的二楼大厅中的"民族协和图"所展现的风景遥相呼应。凡是出入这里的人们都能看到这幅壁画。五名女性占据了这幅壁画中央的位置，携手跳着协和舞，通过服饰特征以及人物位置可以看出，蒙古人、朝鲜人、满洲人和汉人两两一组分列在日本人两侧，并以日本人为中心展示出"五族协和"图景，通过画面右侧的农民、渔夫以及丰厚的食物，左边的高粱，左端远景所描绘的"国都新京"具有现代感的建筑与松花江同构而成的"国家风景"，来表征在日本指导下的伪满洲国所显现的"王道乐土"②。在这样一幅风景壁画里可以看出作者冈田三郎助充满着在"八纮一宇"的统摄下，对"五族协和、王道乐土、顺天安民"殖民愿景的期待和憧憬。这样的殖民愿景不仅存在于日本画家眼中和心中，也通过日本建筑师的手在对伪满洲国厅舍的不断描画中被宣示了出来。至此，伪满国务院厅舍不但以其高度成为"国都"的地上标志，从城市的任何地方都可见到这座建筑上的高塔，人们在"看"的过程中，也逐

---

① ［日］牧野正巳：《建国拾年と建筑文化》。
② ［日］贵志俊彦：《满洲国のビジエアル・メデイア》，吉川弘文館 2010 年版，第 194 页。

渐意会并完成了塔的殖民象征意义。

随后,第六厅舍伪司法部、第八厅舍伪交通部、第九厅舍伪治安部(军事部)、第十厅舍伪经济部以及伪中央法衙等诸官厅在顺天大街以及安民广场相继落成。中央建有高塔这一风格依然在这些官厅上不断复写,但随着装饰细节的变化和表现以及殖民者的殖民目标的变化,总体风格的名称也随其变更着。

伪司法部北依顺天公园,与1939年竣工的伪经济部隔顺天大街相望。它的建筑规模和样式是相贺兼介将为伪国务院设计的未采纳的方案移植过来缩小而成的。相贺兼介没有延续第一、二厅舍的设计样式,而是在主体上采用了以日本样式为主导加入古罗马柱式;在装饰细节上加入佛教图案混搭的设计路径(见图4-28)。整体建筑高三层,黄褐色墙壁,顶部敷以墨绿色屋瓦,一层由日式火灯窗排列构成,火灯窗窗口按窗型由双柱式包

图4-28 第六厅舍伪司法部 ①

---

① 图片来源:爱知大学国际中国学研究センター。

围而成，采用灰白色理石饰面。第二层、三层则是竖式长方形直角窗。整座建筑在色彩上，灰白色大理石、黄褐色墙壁、墨绿色屋瓦以及在周围环境相互对比衬映下，显得格外醒目。整体建筑风格和特征主要集中在中央塔屋上，中央塔屋分为四个部分，由下至上，第一部分是厚重的外门廊（车寄），它由罗马塔斯干双柱、四连柱、围柱做支撑架起名为千鸟破风的日式三角形和坡顶构成；第二部分也分为两个层次，下面层次由四个方形壁柱直抵檐部，方形壁柱中间夹着直线窗，上面层次则去掉装饰只由平面的墙壁和火灯窗构成；第三、四部分完全伸出主体建筑，两个部分的四个面都装有千鸟破风造型，塔屋屋顶被巨大的三角形千鸟破风隐藏了，看上去只有上面的宝顶显露了出来。凡是正脊端头都装有几何化的鸱吻，垂脊上装有鬼瓦，檐部瓦当上饰有佛教盘长纹（见图4-29）。如此烦琐的构成和装饰，显现出过分强调中央塔屋的重要性，使得整个中央塔屋显现出

图4-29　伪司法部局部饰件 ①

---

① 图片来源：作者拍摄。

超乎寻常的重量感，也使得整个塔屋看上去比整个建筑物都大，比例关系极不协调，这样的比例关系在第一、二厅舍中也有所体现。如此样式的风格和装饰，也受到强烈的批评，最初受到伪司法部总务长古田正武的强烈抵制，在国家最高美学样式指导方针的压迫下，古田正武也不得不做出让步，同意了此方案。正如担任伪司法部技正的牧野正巳批评那样，这个建筑物的塔屋是个头脑迟钝者设计的复杂奇怪的塔屋，使人无法评价。[1]

伪交通部厅舍采取了与其他厅舍不同的设计方法，除了注重建筑的整体性外，更加注重建筑的色彩以及运用材料进行装饰所体现的精致性（见图 4-30）。这座建筑地上三层，半地下一层，仍采用西式横三竖五构图，

图 4-30 第八厅舍伪交通部及其细部 [2]

① ［日］牧野正巳:《建国拾年と建筑文化》。
② 图片来源:《满洲建筑杂志》1938 年第 2 期。

立面直角窗的排列使整个建筑看上去极具秩序感。在色彩上，主体基础采用浅灰色花岗岩贴饰，墙立面贴饰深褐色瓷砖，黑色顶瓦，这样配置出的低纯度色调使整座建筑有种凝重之感。在造型上，中央塔屋借用的是中国传统硬山式屋顶造型，并将硬山式建筑主体做了 90 度旋转处理，以山墙作为正面示人，人字坡屋顶从中央正脊处向南北向展开，从侧面看高高的正脊端头向两端翘起，端头则装有高高扬起的几何形鬼瓦，这样的鬼瓦造型在垂脊的脊头都有应用。主入口、墙面造型及装饰也在这中央山墙上展开。方形外门廊从山墙向前探出，四根从山墙悬出，上面饰有图案的浅色琉璃砖饰围合的方形壁柱既作为窗口又作为装饰直抵山墙上部。然而，人字形山墙的破风以及破风板处垂下悬鱼在浅色琉璃砖饰强调下，深色山墙向后退去，破风以及悬鱼向前凸显出来，在装饰与色彩共同作用下，竟在一个平面化的山墙上产生出极强的空间感，利用这样的视觉错觉，巧妙地将中央塔屋屋顶的造型从中国传统硬山式转化成了极具日本统治意象的切妻式，避免了大帽子的结构形式。这座去掉了繁缛造型和装饰的厅舍，看上去要比其他厅舍简洁、明快得多，尤其中央的塔屋与建筑两翼垛口式女儿墙在造型、色彩以及装饰上的很好配置，使视觉从局部解放了出来，将视线扩展到整个建筑，这样带给人们的视觉感不是来自局部的效应而是来自整体的力量感。这样的样式被定义为"新兴满洲式"[①]。

第九厅舍伪治安部（军事部）平面构图呈三叉戟形，它并没有采取和伪满国务院相对朝向的布局，而是借用顺天大街与兴仁大路交汇所呈现的三角形将中央塔屋和主入口朝向了"帝宫"，因此，视觉和装饰重心就都放置在了整座建筑转角处的中央塔屋主体上。主入口设外门廊，外门廊上部设围栏板及望柱；中央塔屋顶部造型采用正向硬山式结构，墙立面加入栏杆、壁柱等装饰，同时，在色彩上，将中央主体及外门廊的色彩设定为

① 《第 8 厅舍（交通部）新筑工事概要》，《满洲建筑杂志》1938 年第 2 期。

浅白色,而两翼主体立面则设置成深褐色,通过色彩的强烈对比强化权力中心意识;在局部造型上,各个部分之间配置在一起极不协调,不但有种拼凑之感,而且好像给建筑戴上一顶大大的帽子;从整体上看,中央塔屋衔接的两翼及向西向南伸展远端翼端的女儿墙都作成城墙垛口的形式,这样,与中央塔屋配置在一起呈现出堡垒的意象(见图 4-31)。然而,将这座建筑放置在整个顺天大街的景观构图中加以审视,这样的结构布局及朝向所呈现的特异性,打破了整个顺天大街本来两两相对的均衡构图,使其有种要从顺天大街整齐划一的秩序中脱离出来之感。

图 4-31 第九厅舍伪治安部(军事部)①

1939 年 7 月,在伪司法部对面落成的第十厅舍伪经济部虽然依旧采用中央塔屋装上大帽子硬山两坡顶式的建筑风格(见图 4-32),但整体已经显现出现代主义倾向。主体呈深褐色色调。探出的外门廊也变得简洁、

① 图片来源:房友良:《长春街路图志》。

图 4-32　第十厅舍伪经济部 ①

平直，去掉了古典柱式以及其他不必要的附着装饰，要是不去看中央塔屋只看建筑两翼平直的墙立面，显现出的是依靠建筑本身结构和竖直窗口构成的现代建筑力量感和秩序。然而，在"大帽子"屋顶下的现代显得极其滑稽，被视为丑恶的②。这样的建筑形式风格被定为以东洋趣味为基调的近代式。③

伪中央法衙（现461医院）是牧野正巳在探索所谓"满洲风格"官衙建筑实践中的得意之作。它坐落在安民广场的东侧、至圣大路（今自由大路）与安民大路（今工农大路）交汇的夹角点上，呈弓箭造型，两翼"弓臂"沿至圣大路与安民大路展开布局。主入口朝向西北面向安民广场，这样的特殊位置和朝向，从至圣大路、安民大路和顺天大街都能看到这座造型特殊的建筑。

① 图片来源：《满洲建筑杂志》1939年第11期。
② 《满洲建筑座谈会——岸田·坂仓两氏を囲みて》，《满洲建筑杂志》1939年第11期。
③ 《第10厅舍（经济部）新营工事完成す》，《满洲建筑杂志》1939年第11期。

　　牧野正巳认为，首先考虑要以外观表征出法衙的威严感。其次采取对称式结构将古希腊的端正之感显现出来。进而认为，"新京"中央法衙的规模很大，无论如何都不能敷衍。视野范围虽然不是很大，但因规模大，一眼就能看出来①。上述的一系列表述说明牧野正巳对法衙的设计早已经了然于胸。

　　牧野正巳摈弃了其他官厅建筑主体常采用直线形式，以及欧美建筑的柱式、装饰造型和建筑构件的做法，而采取了曲线造型形式。中央高耸的方形塔楼被左右两个弧形结构的实体墙夹在中间。顶部为四角重檐的宝形造顶式，四条垂脊端头装有鬼瓦；红褐色瓦敷顶，檐口和女儿墙都采用深褐色的琉璃瓦；墙壁贴饰黄褐色壁砖。宽大厚重的外门廊上面并不是观景阳台而是运用玻璃结构做成采光顶。两翼伸向"弓臂"转角处也采用曲线形式，贴饰加工好的弧形壁砖，曲线形式和造型的加入使得整座建筑显得格外厚重（见图4-33）。

图4-33　伪中央法衙外观②

---

①　［日］牧野正巳：《满洲国法衙厅舍设计要项》，《满洲建筑杂志》1938年第6期。

②　图片来源：《满洲建筑杂志》1939年第4期。

　　1942 年，伪满洲国最后一栋政府办公建筑第十四厅舍——伪国务院别馆（后改为祭祀府，见图 4-34）在顺天大街东侧、伪国务院的南部落成。整座建筑就地势而建，因落差比较大，入口直接接入到二层，入口外廊延伸出很长。从这出去时，北侧耸立的伪国务院的塔屋刚好映入眼帘。建筑外墙贴凸凹很大的粗糙面砖，屋顶坡度平缓。由于太平洋战争的原因，在战时体制的管制下，钢筋等铁质建筑材料严重不足，因而，这个别馆是在顺天大街所有官衙建筑中唯一用砖瓦建造的建筑，被称为"棚屋建筑"[1]。而且，也是没有塔楼，没有中国风图案的建筑，类似的建筑还有伪外交部。

图 4-34　第十四厅舍伪国务院别馆 [2]

　　伪外交部（见图 4-35）是由法国布罗萨德·莫宾公司设计建造的，并没有根据建筑形态表现伪满洲国的国家意志。主要原因是这是伪满洲国引进外国资本政策的一环[3]。这座建筑并不在顺天大街上，而是位于当时

---

① ［日］石井达郎：《国务院を建てる顷》。

② 图片来源：《满洲建筑协会杂志》1942 年第 12 期。

③ ［日］西泽泰彦：《日本殖民地建筑论》，第 111 页。

图 4-35　伪外交部全景图 ①

兴亚街（现建设街）与天庆路（现普庆路）交汇处的东南角，伪满洲国外交部建筑平面布局采取的是均衡式构图而不是对称式构图，是通过空间配置达到平衡，因而立面造型显得很丰富。主人口的正面和背面也采取不对称结构，背面用石柱支撑起外廊式结构，石柱上部加入中国雀替的造型。总体风格更接近于法式，但在这里，除了运用西方建筑构图外，设计者也试图通过融入"空透的栏杆、六边形的窗子、圆圆的月亮门"等东方式建筑构造元素以表示对"满洲式"建筑内涵的"理解"②。

　　除了上述厅舍外，伪满当局还在当时至圣大路（今自由大路）上兴建了第十一厅舍伪产业部（后改为兴农部。原东北师大附中使用，后拆除）、第十三厅舍伪开拓总局（现吉林省吉剧团）以及伪文教部（现东北师大附小）。这些建筑虽然遵循伪满建筑风格，但从建筑、布局、结构、体量

①　图片来源：房友良：《长春街路图志》。
②　于维联、李之吉、戚勇：《长春近代建筑》，第 148 页。

以及装饰上都没有超越其他厅舍，相较而言比较简单、平庸，在此不再赘述。

伪中央法衙建成后，顺天大街以及安民广场已见规模，然而，作为"国家"象征的新"帝宫"却迟迟不见"尊容"。新"帝宫"的完成，意味着基于伪满洲国的"国都建设计划"的最大的官厅街顺天大街的完成。然而，作为"国家"事业，新"帝宫"内的规划和设计在 1937 年才刚刚开始。1936 年，相贺兼介作为"宫廷营造筹备委员会"唯一的建筑技术者被派往欧美调查各国宫殿建筑的实际情况。1937 年 5 月回来后调任伪宫廷营造科长，参与新宫廷规划、具体方案的设计[①]。新"帝宫"的建筑物设计与总体配置计划，是由伪营缮需品局营缮处进行的。中心政殿的设计是当时的技术助理葛冈正男完成的；结构设计由大陆科学院建筑研究室主任同时也是建筑结构专家的小野薰（1926 年东京帝国大学建筑学科毕业）进行，图案设计由工程师藤井信武（1924 年名古屋高等工业学校建筑学科毕业）和加藤完（1930 年横滨高等工业学校建筑学科毕业）负责。工程是在 1938 年 9 月 10 日开工，由于太平洋战争爆发，铁质等建筑材料匮乏，新"帝宫"正殿主体尚未完成便在 1943 年终止了建设。新"帝宫"的完整"容貌"我们只能通过一图两用的"建国忠灵庙"得以窥见[②]。

至此，以大同大街和顺天大街两条轴线的建筑景观布局确立了起来，在这两条景观轴线上，以其特殊的建筑风格与宽阔的街道，拼合出两个区域特殊的"容貌"。同时，形成了以日本殖民权力机关关东军司令部为中心向南辐射的扇形景观结构，傀儡政府（新"帝宫"、伪国务院）展布在这种扇形景观结构的外围，完全纳入日本殖民者权力视线的监视之中。

---

① ［日］相贺兼介：《建国前後の思出》。
② ［日］西泽泰彦：《海を渡つた日本人建筑家：20 世纪中国东北地方における建筑活动》，第 130 页。

这与伪临时"帝宫"中的殖民权力景观展现有着惊人的一致性。在这样的景观展现中,建筑物与街路及周边环境发生了强烈的视觉对比关系,在这种关系中,街路和周边的环境赋予了这些建筑景观以清晰的形式,展现出每座建筑物特有的纪念碑式的形制、色彩和轮廓,不但突出了空间的特性,而且还形成了典型化空间结构,聚成了一个个重要的景观节点。这些节点不仅仅确定了城市的方向,而且还展现出所具有的殖民象征性。

在这些殖民建筑物上所附着的不同形制的高塔,占据了城市的天际线,也绘出了城市独一无二的特质,无论身处城市的哪一个角落,人们的视线都被塔所构成的景观所俘获。反过来高塔也是"看"的视觉装置,如果从这些高塔上眺望整座城市,这样的视觉经验和感受将无法达到罗兰·巴特所说的"零"的状态①。因为,这些高塔一开始就被化为殖民权力符号安置在"国都新京"的官衙建筑上,能在这些高塔上欣赏"风景"的人绝不是城市的"闲逛者",而是掌握着权力视线的殖民统治者。

然而,在众多构成殖民地都市风景的元素中,不仅有官衙建筑、街路及周边环境,还有为殖民者和统治者所生产的精神风景。

(三)精神与信仰的囚笼:"新京"宗教建筑景观

宗教是"把许多灵魂团结在一起"的精神家园,并借助建筑这一景观化的场所展现神灵家园的"种族领域",同时,以象征方式把他们所奉为绝对和"真实"的东西表现出来。不同的宗教在其教义及自身历史文化的影响下,形成独特的建筑样式和风格。在传播过程中,受到所在地域文化的影响,不同的宗教建筑所构成的场域也呈现出不同的景观风貌。

---

① [法]罗兰·巴特:《罗兰·巴特随笔选》,怀宇译,百花文艺出版社2005年版,第336页。

就伪满洲国而言，如果把街道和官厅所构成的景观看作是伪满时期"新京"城市风景的主旋律，那么，宗教场所构成的多样态景观可以看作是这一主旋律的复调之一。

1940 年 9 月 18 日，占地 45.6 万平方米的"建国忠灵庙"在"新京"南岭文教区建成 ①。整座建筑群以其巨大规模占据了南湖公园东部区域，它南邻伪满"建国大学"，西北与大佛寺相邻。大同大街与盛京大路（现东南湖大路）在这里交会，交通便利，使人们能够轻而易举的到达这里。从城市空间上看，这座庞大的建筑群坐落在中轴线大同大街南延长线"建国广场"的西侧，处在以新"帝宫"为中心形成的官厅街的左前方，更为奇妙的是它与关东军司令部在空间上还处于同一轴线上并形成视线上的对景，这样的布局不由得使人想起伪满临时"帝宫"中外廷、同德殿与"建国神庙"三者的位置关系，从中可以看出，它们不仅在布局上，而且在景观视线上有着惊人的相似。

伪满洲国作为日本帝国特殊的存在，在日本殖民者眼中自然与帝国一样是在"天照大神御光下"建立起来的"国家"，从人、物等各个方面所获得的精神与日本帝国别无二致，它的宗教信仰和形式也应与日本一致。即在所谓的信仰源头上达到日满精神上和行动上的高度统一。于是，一个被称为"新兴国家宗教"的怪胎就这样被日本殖民者炮制出来了。"建国神庙"是本庙，"建国忠灵庙"是神庙的外廷，"建国神庙"供奉的是"建国元神——天照大神"，而"建国忠灵庙"则是以慰藉在日本殖民化过程中死亡的灵魂，让其所谓的"功绩"得到"赞扬"。两庙并不是分开的，是同一的，与日本靖国神社一致。

---

① 南岭是"新京"的文教区，这里有伪满"建国大学"、伪满大陆科学院、伪满大同学院、伪满警察学校、伪满合同学校，还有南岭运动场以及伪满民俗博物馆、伪满动植物园等文化机构。参见［日］矢追又三郎：《建国神庙·建国忠灵庙》，《满洲建筑杂志》1943 年第 1 期；于维联、李之吉、戚勇：《长春近代建筑》，第 154 页。

基于上述背景，"建国忠灵庙"在朝向上与日本伊势神宫相对应。①
它分为外苑和内苑两大部分。外苑包括前门、侧门、东门、神桥、庙务所
等建筑，近1公里的参拜道从"建国广场"的前门一直延伸到中门；过了
水屋和中门才进入内苑，内苑也分为外庭和内庭，外庭是内庭前的大广
场，内庭为二进式院落，是"建国忠灵庙"的核心之地，进入内门，是一
个带有回字形门廊结构的庭院，四角设有角楼，正对内门是祭殿，左右两
边是配殿，过祭殿就是灵殿。

整座建筑外观依然采用日本样式与中国雕刻和屋顶杂糅一起的"满洲
式"②。它与日本筑地本原寺、大阪城天守阁等一样采用砖与钢筋混凝土筑
造，并加入大量防水和阻燃材料。屋顶的鸱吻和脊饰等建筑构件采用的日
本样式，室内顶棚采用日本的装饰图案，在配色上，青蓝色琉璃瓦屋顶，
红色油漆的柱子和大门，本殿的墙壁使用金箔而其他面则用金饰物。拜殿
因为缺少资金将金箔改为了黄漆，装饰物改成了铜制。可见，"建国忠灵
庙"在功能上以及构成要素上与日本神社别无二致，在建筑布局以及建筑
形态上也是日本神社建筑形态的延伸和变形。③

---

① "建国忠灵庙"最初命名为"护国庙"，1936年8月20日根据日本殖民当局的命令，
改成"建国忠灵庙"，庙的朝向不再是朝向北，应与伊势皇大神宫的方位相对应，日
本关东军命令"新京"安达部队测量班根据天体测量测定正殿位置与伊势皇大神宫的
方位相对应的经纬度。重新测定后，"建国忠灵庙"距离皇大神宫1430公里，方位角
度是132°48′54″，正殿的中心位置是西北面46°54′38″，"建国忠灵庙"根据测定方位
角度将原设计与大同大街平行的角度调整为与伊势皇大神宫的方位相对应的角度。参
见［日］矢追又三郎：《建国神庙·建国忠灵庙》。
② 伪满新"帝宫"（最终没有建成）的建筑形态就是参照"建国忠灵庙"设计的，而且"建
国忠灵庙"的主殿与1934年"新京忠灵塔"的设计比赛中获一等奖的雪野元吉方案
的塔身部分极为相似。［日］桥谷弘：《帝国日本と殖民地都市》，吉川弘文館2004年版，
第81—90页；［日］西泽泰彦：《海を渡つた日本人建筑家：20世纪中国东北地方にお
ける建筑活动》，第131页。
③ ［日］西泽泰彦：《海を渡つた日本人建筑家：20世纪中国东北地方における建筑活动》，
第133页。

综上所述，日本殖民当局从宏观上的选址、空间布局、环境营造到微观上建筑造型、色彩以及装饰细节都做出极为精细化的考量 ①，其目的就是通过对整体环境的营造制造出新兴"国家宗教"的"神圣性"。

神圣性是在知觉者对物或环境的连续性知觉中呈现出来的。在阿诺德·伯林特看来，神圣性的环境具有"某种独特的、清晰的意义"，并且知觉者在知觉过程中"和对象不是分离的、不相关的而是相互支撑的。特别是在环境中，个体会有一种被占据、被陷入一种情境之中、参与一种完全联系的状态之中的感觉。而在最强烈的时候，这种情境会唤起一种敬畏的气氛：空气似乎安静而充满感情，环境变得神圣起来"。而且在这种神圣的环境中"遍布强烈的价值感……拥有一种磁性的吸引力，将我们拉入它的力量并鼓励我们通过专心的关注或者可能通过运动来与它相互交换。这种神圣性的情形发展成了一种与被空间吸收并包含的参与者之间的连续性"②。不仅如此，神圣性的环境还有着伦理与某种社会要素，它不仅具有美学维度还有道德维度。③

---

① "建国忠灵庙"首次在 1935 年 7 月发起了祭祀"日满"文武官灵的招魂社建设的议案。并设立了以军政部佐木最高顾问为委员长、以兴建关系总务供需处理相贺营缮科长为干事的伪满洲国招魂社建设准备委员会，到 9 月为止共召开 5 次干事会并做出了决议书，1936 年 1 月 1 日得到了该委员会的最后决定案后解散，同一天设立了"护国庙建设委员会"并制定出建设计划大纲：（1）建设的目的；（2）建设地（大概的驻地）；（3）规模；（4）样式；（5）名称（"护国庙"）；（6）灵域；（7）所需经费；（8）建设计划年度分配；（9）庙宇朝向；（10）祭祀方法"按照日本靖国神社的方式"；（11）分工实施。"护国庙建设委员会"任命伪营缮需品局长笠原敏郎为委员长，伪营缮处长内藤太郎为委员兼干事长，在设计监督方面任命相贺兼介为干事。任命"南满洲工业专门学校"长冈大路、同校建筑科长村田治郎为临时委员，以他们部分方案的讨论为基础，以他们所画的平面和侧面图为参照，矢追又三郎又根据加藤完、奥本一市、田中贞一、黑木春时、川添四郎、加川雅人、故植原隆一等人的意见，快速画完了实施设计图。具体施工时，装饰由筒井新作、巽透、武田十子男、好地武等执行，石膏模型则由今村三郎负责。参见〔日〕矢追又三郎：《建国神庙·建国忠灵庙》。
② 〔美〕阿诺德·伯林特：《生活在景观中——走向一种环境美学》，第 131—132 页。
③ 〔美〕阿诺德·伯林特：《生活在景观中——走向一种环境美学》，第 134—135 页。

就"建国忠灵庙"周遭的空间与环境特性而言，尽管被殖民者制造成具有"神域"的意味；尽管与公园美景相结合，试图使其成为令人亲近的空间；尽管人们无论处在周边哪个位置都能够感知到这座"神庙"的存在，使其成为教育的空间。但是对于占长春人口 80% 的中国人来说，与这种异域的殖民宗教完全是疏离的。① 尽管它有着风景如画的南湖公园背景，但是无论从意识形态上还是环境上看"建国忠灵庙"完全是侵入性的。它既不符合中国人的审美观和宗教信仰观，更不符合中国人的文化观和道德观。这样的一个墓地式的场所是丑陋的，不仅破坏了人与环境互动的审美可能性，而且完全亵渎了这里神圣的环境。如此，日本殖民者赋予"建国忠灵庙"所谓新兴"国家宗教"的"神圣性"，只不过是日本殖民者一种自欺欺人的政治意愿和美学想象罢了。

建构新兴"国家宗教"仅仅只是日本殖民者控制伪满洲国宗教，加强殖民统治的一个维度，借助其他宗教力量来强化殖民统治才是其主要目的。

伪满"新京"其他宗教主要有佛教、道教、伊斯兰教、天主教、基督教以及日本的神道教构成。这些宗教形象通过寺庙、教堂和神社的形式得以展现。佛教、道教、伊斯兰教的寺庙以及天主教和基督教的教堂主要集中在"旧市街"人口稠密的区域中②，而日本的神道教的神社和寺庙主要分布在旧"满铁"附属地中。

"新京"的佛教寺庙以香火庙占多数，建筑风格主要是中国传统殿堂式，而且，佛教道教兼容，两教都供奉不同信仰的神灵及其偶像。③ 在当

---

① 截至 1942 年，"新京"人口总数 554501 人，其中中国人 401384 人，日本人 132419 人，其他人（朝鲜、苏俄等）20698 人。参见"满洲日日新闻社"：《满洲年鉴》，1944 年版，第 400 页。

② 伪满规划时将长春老城和商埠地合并统称为"旧市街"，"国都"新建区域称为"新市街"。

③ 王志和、马鸿超、王德才：《长春市志（少数民族志·宗教志）》下卷，吉林人民出版社 1998 年版，第 37 页。

时"新京"市内 16 座佛教寺院中，以创建于民国时期的般若寺建筑规模为最大①。

般若寺取《金刚般若经》中"般若"二字为其名，最初建在西三马路西边尽头处（大约在现长春市医院周边位置），1931 年，因长春县公署修路，迁址到当时的长春老城外西北边缘地带重建。伪满洲国成立后，按"国都"建设规划，被称为"都心"的大同广场以及官厅最先在般若寺的西南位置开始建设，以此为参照，般若寺才有了确切的地理位置——大同广场东北侧的长春大路（今长春大街）与天安街（今民安路）交汇处。②虽然这里是城市的中心，但其所处空间恰好是老城与新市街的交界地带。长春大路也成为老城与新市街的边界线，这样一条边界线既可把两个区域通过关联、渗透衔接起来，又可将这两个区域之间区分开来。般若寺作为独特的视觉标志物，成为这一边界线上突出的视觉元素，不但具有环状区域内辨别方位的实用意义，而且，它还具有被用作确定身份的象征意义。

般若寺坐西北朝东南，占地面积 1.5 万平方米，建筑面积约 2926 平方米。③

象征"三解脱"的山门为三联式结构，即由中间一座对开朱漆大门，左右两座对开朱漆小门构成，门与门之间由短直墙连接。三座门均采用殿堂式的造型，顶部为祠庙坛社、寺观衙署袭用的歇山顶式，正脊两端饰有

---

① 据记载，到 1945 年，"新京"有朝阳寺(1803 年)、大佛寺(1886 年)、般若寺(1923 年)、地藏寺（1926 年）、丛林寺（1928 年）、净土庵（1929 年）、普门寺（1931 年）、后观音寺(1934 年)、净居寺(1934 年)、慈航寺(1934 年)、圣恩寺(1936 年)、普济寺(1936 年)、前观音寺（1937 年）、极乐寺（1938 年）、兴隆寺（1941 年）、紫竹庵（1942 年）16 座佛寺。参见王志和、马鸿超、王德才：《长春市志（少数民族志·宗教志）》下卷，第 38—41 页。

② 庙名源于倓虚和尚 1922 年 7 月在长春讲《金刚般若经》，故名般若寺。参见王志和、马鸿超、王德才：《长春市志（少数民族志·宗教志）》下卷，第 43 页。

③ 王志和、马鸿超、王德才：《长春市志（少数民族志·宗教志）》下卷，第 44 页。

鸱吻，戗脊装有脊兽。檐角飞翘，每座门四个檐角下各挂两枚风铎。左右小门门额上分别书有"清净""禅林"两字。中门门额上题有"护国般若寺"五字①。山门的围墙上书有"南无阿弥陀佛"六个大字。

整座寺庙采用四进式布局，进入山门，是般若寺第一重院落，左设钟楼，右有鼓楼。迎面是三间天王殿，尖山硬山顶式，高高的正脊中央装有宝瓶，两端装有鸱吻，正脊和垂脊上雕龙画彩，垂脊端装有脊兽。这样的宫殿式造型成为整座寺庙标志性的配置。过天王殿就进入到第二重院落，正中央是般若寺的正殿——大雄宝殿，大雄宝殿是由五脊二坡的硬山顶式的殿堂，与前面卷棚歇山顶式抱厅结合而成的一个正方形建筑结构，殿堂顶部宽大的正脊两端装有向上高高扬起的精美鸱吻，中部竖有七层宝塔，垂脊上装有脊兽。抱厅不但装有脊兽而且还有翘起如翼的屋角，雕梁画栋的精美装饰。独特的建筑结构以及顶式，不但丰富了寺庙建筑样式，而且使大殿看上去宏阔气派。在大雄宝殿的前院两侧，各建有一座带有抱厦结构卷棚顶式陪殿，抱厦由六根圆柱支撑，檐角向上翘起，正脊两端饰有鸱吻，戗脊装有脊兽。大雄宝殿的后院，也建有和前院近似结构和装饰的两座陪殿。最后一重院落建有一座寺内唯一的两层建筑，歇山顶式，装有鸱吻和脊兽。楼上是藏经阁，楼下供奉着阿弥陀佛、大势至菩萨和观世音菩萨像，故称为西方三圣殿。除此之外，寺内还建有禅堂、斋堂和起居室等。

除了般若寺本身所展现出的标志性视觉外，具有娱神、娱人和经济功能的庙会活动使寺庙成为全民性集聚的中心。多功能的庙会活动在空间上极具开放性，于是，举行庙会所进行的娱神、娱人和经济等活动时也就不仅仅只限于寺庙内以及山门前的区域，以寺庙为中心向外辐射到附近的主

---

① 1936 年 5 月 20 日，为适应伪满洲国政府的要求，改庙名"护国般若寺"。参见王志和、马鸿超、王德才：《长春市志（少数民族志·宗教志）》下卷，第 44 页。

要街道上，甚至大街小巷。在娱神上呈现出非理性狂欢精神，并通过戏剧歌舞沟通人神两界。①

除了民间庙会外，伪满洲国及日本政要也频频到般若寺参加宗教活动，除了"解囊舍款"外，还将伪满洲国佛教总会设在般若寺。并且在般若寺山门外还修建了"造福观音圣场"，意在伪满洲国"建国"史上竖一精神永久的纪念文化。②

至此，般若寺不但成为"新京"最大的佛教寺院，而且，也成为当时除日本寺庙外最有"权势"的佛教寺院。

"新京"市内的道教宫观无论是规模还是香火都无法与佛寺相比③，除第一章论及的西头道街城隍庙外，还有位于宽城子附属地三辅街的关帝庙、西四道街的太平宫、"满铁"附属地永乐町（今广州路）的普善寺以及大同公园西南向斜对面的孝子坟等几处道观。

在这几处道观中孝子坟属于特殊形式的道观，这一特殊形式也使它成为伪满"新京"一景④。这座孝子坟位于牡丹公园东南角的太平路向南一

---

① 赵世瑜：《中国传统庙会中的狂欢精神》，《中国社会科学》1996年第1期。

② 据记载，1933年2月8日，澍培为伪满洲国"执政"溥仪办寿辰，伪满洲国宫内府内务官王大忠代表溥仪到寺降香。此后，溥仪年年派员到寺降香，伪满洲国总理大臣张景惠以下高级官吏及其眷属，到寺拜佛、降香者络绎不绝。1934年，溥仪为寺亲笔手书"正觉具足"金匾一方。在他们的带动下，一时间香火十分兴旺。1938年，朝阳寺（俗称南关老爷庙、关帝庙、朝阳古刹）和大佛寺归般若寺管理，成为它的下院。王志和、马鸿超、王德才：《长春市志（少数民族志·宗教志）》下卷，第44—45、65页。

③ 民国时期，1915年至1930年间，民国政府发布许多文件，如《管理寺庙条例》《道教丛林进行细则》《监督寺庙条例》《神祠存废标准》等，对道教的活动加以管理和限制。诸如农安县公署文教局发布文告：禁止供张仙、送生娘娘、财神、二郎神、齐天大圣、痘神、瘟神、玄坛、时迁、宋江、狐黄二仙等，废除见善宫、东关龙王庙、苇子沟娘娘庙、圣水泉清云观、靠山屯火神庙、平安堡三官庙等。双阳县公署于1915年通令各宫观拥有的土地，一律充作学田。这些规定和条例使长春地方道教传播受到了极大的限制。参见王志和、马鸿超、王德才：《长春市志（少数民族志·宗教志）》下卷，第197页。

④ 王志和、马鸿超、王德才：《长春市志（少数民族志·宗教志）》下卷，第199—200页。

点的大同大街（现人民大街）西侧路中的一棵老榆树下。面积只有 50 平方米左右，整座坟坐北朝南，岩石砌筑高于地面 2 米的平台，平台上四周砌以石雕栏杆，坟墓左右摆一铸铁丹炉和一石雕香炉。坟墓前还立有石牌坊，石牌坊横额上刻有"孝为本""诚则明""天经地义"等字。从南面登上平台，正面是亡母之墓，呈椭圆形，墓旁建有一座七级浮屠塔。在坟地西北角建有一座由灰色花岗岩砌筑的六角形微型道观，东北角则是一座专门供奉灵位的砖木结构小屋。

这座横亘在"国都"中轴线大同大街上的坟茔，非但没有被日伪当局拆除，反而得到了修缮，将它建成为一处景观，使人在宗教仪式过程中不仅体验到日本殖民者给伪满洲国带来的种种现代性——宽阔的街路、优美的公园以及宏大的官衙，而且体验这些胜景之际可以触发伪政权应该"忠孝"日本帝国的隐喻。就这样，这个"忠孝敬母"的故事经过日伪当局的精心包装"做为佳话四外传播"①，其实质是利用中国旧有的传统信仰和习俗进行殖民主义思想的渗透。

伪满"新京"的清真寺只有两座，一座位于东盛六条，另一座位于长通路。在规模上，当属长通路清真寺最大。回族迁徙到中国东北后，长期与其他民族尤其汉民族杂居在一起，自然受到汉族文化的影响。长通路清真寺最初在西三道街，后在商埠地区域中一个名叫铁岭屯（现寺址）的地

---

① 日伪统治期间，在孝子坟举行了多次道场，为殖民统治者鼓噪宣传。每临道场，孝子坟前人头攒动，烟雾缭绕，树上挂满牌匾和条幅。事先动用大批劳工，用席帘木架搭建大棚。大棚分上下两层。上层为道士诵经传道之所，经坛饰以青布，两侧摆放条凳。布道之日，则从外地请来一些道士诵经，道士们分列两旁，着青布道袍，敲打法器，口中念念有词，并向听道的群众散发用朱砂写在黄裱纸上的所谓"神符"。下层为民众游览之所，棚壁四周挂满"二十四孝图"，以显仲由、陆绩、王祥诸孝子之德；而世间忤逆之辈，则在地狱里遭受惩罚，一幅幅地狱图，把对人间恶行的惩处表现得淋漓尽致。而在道场之外，则挂满了"日满亲善""同心同德""五族共和""忠灵不朽"的宣传口号，体现了日伪统治者的真正用意。参见姜东平：《消失的"长春孝子坟"》，《文史精华》2001 年第 3 期。

方重新修建。从 1938 年发行的《新京市街地图》上看，当时长通路清真寺处于一个不规则的区域中，它南至长通路，北邻伪满最高检察厅，东至今清真寺东胡同，西边与伪满最高法院隔路相望。寺内整体采用不对称布局，主殿建筑坐西朝东，山门南开。清真寺是由大门、大殿、望月楼、讲堂、沐浴室等建筑构成。与世界其他宗教一样，作为精神景象非物质化象征的这座清真寺建筑并没有采用它标志性的半圆曲面穹窿顶、列柱、圆拱造型，以及高高的唤礼塔的伊斯兰风格样式，而采用中国古典宫殿样式。

　　长通路清真寺的大门采用的也是中间主门两侧配门形制，造型与朝阳寺相似，均敷以尖山顶硬山式。宽大的正脊，两边装有高高扬起的鸱吻，这样的形制是官府衙署以及寺庙中常见的造型样式。寺内布局近似四合院结构，进入寺内，甬道将寺内建筑一分为二，甬道的尽头是一排建筑，中间是教长室，它的东侧是水房子，西侧是礼拜堂，教长室前面有一棵 130 余年的老榆树。甬道的左侧为大殿，右侧是讲堂。因寺内地势东高西低，左侧大殿的基台砌筑得比较高，这样左侧的大殿和右侧的讲堂才能处于一个水平线上。

　　大殿由望月楼、主殿和抱厅三个部分构成。望月楼平面呈六边形，立面为三层重檐六角攒尖顶造型，并与主殿相连；主殿建筑结构采用三座连造形式，顶部则相应采用"勾连搭"形式，不但将三座建筑连接成一个整体，而且在视觉上给人以错落有致之感；最后面与望月楼相连的建筑的顶式则采用的是尖山顶硬山式，前两座建筑的顶式则采用卷棚硬山式造型。抱厅向前探出，顶部采用的是卷棚歇山样式。如此宏阔的群落不仅成为这一区域的景观，而且，鲜明的建筑样式也成为信众心中的标志性符号，他们认为这里是"家园"。不仅如此，伊斯兰教的民俗、音乐以及文字也散发着宗教艺术气息，尤其到了开斋节，清真寺更是热闹非凡。

　　天主教堂坐落在东四道街。它由 1898 年初建时的五间平房扩张到占地面积约 1.5 万平方米，建筑面积近 4000 平方米的建筑群。① 整座教堂朝向正北，前面设三个门，是教徒进出教堂的通门。教堂后部开有三个小门。教堂前部两侧建有八角形的耳房，向外露出四个角。耳房里面则与教堂相通。教堂后部的建筑也向两侧突出。教堂内正中祭坛上供奉德乐萨圣女神像。右面供奉耶稣圣像，左面供奉玛丽亚圣母神像。"教堂内部弥漫着神秘的气氛，阳光照耀时把教堂内部渲染得五彩缤纷"，进而使"教堂的内部的物质产生美并引导人们对美想象和理解。注视物质的美丽能导致对神的理解，可以利用尘世的光辉，用贵金属、宝石、马赛克、彩色玻璃等的光彩引导信徒接受神的启示"②。因此，教堂"不只是一个围合的空间，而是一个完整的环境，它能调动起信徒的全部感官。事实上，教堂本身就是一种多媒介的环境。""教堂不仅创造了一个感知的环境，它同时也是一个富于精神意义的宝库，它是避难所，墓地和博物馆，它是容纳信徒的建筑，它是遭遇无法言说的意义和无法现身的神的神圣之地"③。

　　教堂前面大门两侧，各建有数十间临街青砖瓦房。这些房舍除留两间做传达室外，其余均已成为民宅；西侧是神甫楼，东侧曾为教会的益华小学校。神甫楼的北面则是大教堂建成之前的小礼拜堂。④

---

① 据史料记载，19 世纪末，法国神甫沙如理受罗马教廷传信部巴黎外方传教会派遣，深入吉林地方传教。1895 年沙如理委托中国信徒白云樵在东四道街（今南关区 8 号）购买一块地基，建造五间平砖房做简易教堂，1898 年工程竣工，沙如理首任本堂神甫。1903 年用庚子地方赔款，增建神甫楼，1904 年竣工。1912 年创建教会小学，1905 年前后教堂发生火灾，1917 年，教堂区域重新进行了改扩建，重建神甫办公楼和收发室。重建后的神甫办公楼成为当时长春城内最高层建筑物。到伪满洲国成立时，这座天主教堂及周边陆续设置了"新京"中央大神学修院、圣方济各传教修女会、仁慈堂、益华小学、吉林教区财政处、罗马教廷驻"满洲帝国代表部"等机构。1931 年建德列萨（沙）大堂（即德乐沙大经堂），1932 年竣工，10 月正式使用。参见王志和、马鸿超、王德才：《长春市志（少数民族志·宗教志）》下卷，第 122 页。

② 王葆华：《宗教建筑的隐性美学》，《艺术评论》2010 年第 12 期。

③ ［美］阿诺德·伯林特：《环境美学》，第 60 页。

④ 王志和、马鸿超、王德才：《长春市志（少数民族志·宗教志）》下卷，第 123 页。

　　大教堂的哥特式建筑风格、折中罗马式建筑装饰与中间细两头粗、恰似哑铃形的平面布局，具有高度的识别性。整座建筑正立面中央高 31 米，分为三个部分，地面至檐口为第一部分，高度约 7.89 米；从檐口至正脊顶部为第二部分，高度为 13 米，这个中间设有一层阁楼，因此，从外部看整体为二层楼，但实际上是三层楼结构；第三部分是教堂的四角钟楼以及托起的高高的六边形尖顶和十字架，钟楼内悬三口铜铸大钟。① 每当那独特的钟声响起的时候，响彻整个长春城内。这一哥特式教堂仅仅是独特的异域景观的一个维度，特有的钟声也加入这一景观的构建中。

　　这座哥特式教堂如纪念碑一般远远高出周围的建筑向天空伸展。并且使其具有了场所感，使"所生活的区域具有了特殊的意味"，而且将"这里的街道和建筑通过习惯性的联想统一起来，它们很容易被识别，能带给人愉悦的体验"②。

　　中国东北四季分明所呈现出的不同色彩成为了一切景观的背景色，就这样，自然界所给予的空间结构以及色彩也加入了对景观的塑造中。夏季时，生机盎然的绿色成为大地的背景，深青色的教堂从绿色的背景中脱颖而出，教堂轮廓以及建筑装饰细节也显得格外清晰。每当钟声响起时，枝繁叶茂的树木以及自然景物的遮挡使那特有的钟声失去了锐利的穿透力，但却形成连续回声的波状声音场向外播散。与此相反，在冬季里，白雪覆盖在那独特的建筑造型上，高高的尖塔仿佛将十字架和白雪举向天穹，整个建筑与天地好似融合在了一起，建筑装饰细节在白雪的遮挡下若隐若现，变得模糊，只有那独特的教堂轮廓以及教堂那深青色的墙体才将整个建筑从灰白色背景中拉了出来。钟声在失去了茂密的自然物遮挡后恢复了锐利的穿透力，射向远方。

---

① 王志和、马鸿超、王德才：《长春市志（少数民族志·宗教志）》下卷，第 122 页。
② ［美］阿诺德·伯林特：《环境美学》，第 66 页。

基督教在长春城内创建的时间要比天主教早。1888 年，首次为信徒洗礼。主要在当时城内南街、东三道街、西三道街、北门里等人口密集的地方设立会舍进行传教活动。吉林地方庚子赔款后，1907 年，在当时西五马路建造了一座教会萃文学校（今西五马路小学处）。1934 年，在英国牧师张士敦主持下，在当时西五马路教会萃文学校西南角建造了一座单峰钟楼大礼拜堂。随后又陆续在大礼拜堂的周边西墙处建造了一座小礼拜堂、牧师府以及教会事务室等。小礼拜堂与大礼拜堂西墙仅一墙之隔；大礼拜堂的北侧是学道馆，西侧是中国牧师宅，东邻是教会施医院和英国牧师府（今市妇产科医院）。[①] 与天主教堂一样，这座高耸的基督教堂自然成为西五马路标志性的景观。

除了上述宗教之外，日本神社和寺庙也随着日本殖民势力的侵入来到长春。在日本的殖民地城市中，军队、神社和妓院是不可缺少的存在。[②] 然而，随着殖民化的深入以及所带来的居住空间和社会性空间的不断扩大，军队的存在就不再是日本殖民地城市的唯一特征。这样一来，独特的神社就成为日本殖民权力的象征。[③]

在开拓殖民地的过程中，不仅大量的日本官僚、军人以及普通民众从日本国内移居到殖民地，而且还将本国城市的特征以及宗教一并移植到殖民地城市中。宗教的作用，就如欧美殖民地的基督教会那样对于侨居欧美人来说不仅是心灵寄托之所，而且也是传教的据点。与此相似，日本在殖民地不断拓展中建设神社的第一个目的是整合日本人的社会精神。伪满洲国建立后，即使在"满铁"附属地交出了日本的治外法权，但是，教育、

---

① 1886 年，英国苏格兰爱尔兰基督教长老会国外宣教部，派英国人傅多玛到长春创建长春基督教会。参见王志和、马鸿超、王德才：《长春市志（少数民族志·宗教志）》下卷，第 167—168 页。

② ［日］桥谷弘：《帝国日本と殖民地都市》，第 81 页。

③ ［日］桥谷弘：《帝国日本と殖民地都市》，第 81 页。

军事以及神社是不能转交给伪满洲国政府管理的，要留在日本殖民者手中。由日本大使馆中设立教务事务官负责管理。其第二个目的就是担当着殖民地统治的象征机能。同时，还兼有祭祀那些日本战死者、殉职者、殉难者的作用。①

可见，神社不但是日常生活和日本人精神生活的中心，而且还是殖民统治的中心，这样，具有日本象征的神社就在伪满洲国急速增加。所兴建的神社仍然归日本国所属，由关东局教务部管辖，只有日本人在为其经营服务。日本根据皇民化政策在殖民区域内通过制度，强制其他民族信奉神道参拜神社，期待利用神道的宣抚，对其他民族的信仰进行改写，达到殖民统治的目的。这样的一种强制性信仰方式不可能在殖民地其他民众的内心深处产生对神道的崇信。

三、财富与欲望的构形："新京"的商业景观群落

除了殖民政治和宗教，经济是展示日本控制下的伪满洲国形象的重要方面。在打造"帝国"经济形象的众多方式中，通过塑造景观以及利用可视化的表达方式来展现殖民观念是日本殖民者采取的首要策略，它实质上构成了殖民势力借助于建筑意象和城市景观，对生活在城市空间中的人的欲望进行刺激、规训和塑造的美学手段，亦即"构形"。

所谓建筑意象和城市景观的"构形"，简单来说，即城市空间所展现出来的形象。由于"形象"并非是先验的、自在的，而是人为的、对象化的，尤其是对于现代都市而言，其"合理性"的规划以及对规划的严格执行，构成了其之所以成为"现代都市"的核心特征，所以，城市空间所展现出来的形象，在很大程度上就可以被理解为认知、感觉观念的工具。其"构形"功能，也就是使置身这一形象序列——建筑意象和城市景观中的

---

① ［日］桥谷弘：《帝国日本と殖民地都市》，第81—90页。

人，"根据城市网络中更大的思想体系（如道德—社会关系），来表达（重构或转变）自己的日常活动"①。在伪满洲国的"新京"，这种"构形"策略早已渗透到博览会、银行、商店以及商业会社等经济领域中。

（一）流动的景观：博览会与殖民帝国经济、商业体系的视觉叙述

1942 年 8 月 12 日上午十点，"满洲建国十周年纪念——大东亚建设大博览会"（以下简称"大博览会"）在"国都新京"中心的大同公园音乐堂拉开帷幕。②开幕式后，二千余名代表参观了各个场馆。午后，各会场正式对公众开放时，立刻涌入大批人潮，场面极为热闹。这场耗资五十万元的博览会，在 45 天的会期中吸引了五千万人次到展览场参观，③被当时媒体称为"规模盛大、绚烂豪华的兴亚之景观"的博览会④。为何日本殖民者以及傀儡政权要在这个时期举办如此规模的博览会呢？运用了何种展示手段及展示方法呢？欲透过这个博览会究竟想要展示给世人何种模样呢？

众所周知，近代日本的现代化形象是在追赶并试图超越欧美"现代性"，以及征服亚洲的殖民扩张中的幻影中展现出来的。正如有学者指出："他们从最初对西洋文明的急起直追，到最后要克服超越欧美的现代性，在显示日本现代化尝试摆脱依赖、朝向自主的苦心。然而，这样的努力却是以殖民掠夺与军事侵略作为追求的手段。日本的焦虑与苦心，都次第转嫁到殖民地社会。"于是，在追赶现代化的道路上"不断逼着日本必

---

① 张英进：《中国现代文学与电影中的城市：空间、时间与性别构形》，秦立彦译，江苏人民出版社 2007 年版，第 6 页。

② 首先由博览会总务长溿口致开幕词，随后由日本关东军参谋长笠原幸雄，伪国务总理、"博览会"总裁张景惠，协和会中央本部长三宅光志等日伪要员以及朝鲜总督（代读）以及德意公使相继陈述祝辞，主办代表"满日理事长"松本致辞后，开幕式即告结束。参见《大东亚建设博览会——辉煌肃穆今日展开》，《盛京时报》1942 年 8 月 13 日。

③ 《皇帝陛下日本临幸大东亚建设博览会》，《盛京时报》1942 年 9 月 23 日。

④ 《楼阁纵横表现共荣气象，大东亚博览会一片辉煌》，《盛京时报》1942 年 8 月 15 日。

须介入国际性的活动，同时也必须不停地把国际的世界观引进帝国内部。最能够反映这个事实的，莫过于日本主动参加国际性的博览会，并且又把博览会的活动积极介绍到日本国内及其所统治的殖民地。博览会的举办，一方面既可刺激帝国的现代产业，另一方面也可向西方现代文明取得平起平坐的地位。在国际都市，在国内都市，在殖民地都市，都可以见证日本对博览会参加与主办都保持高度积极的态度"。另外，"嘉年华式或庆典式的活动，以娱乐、愉悦的策略展示殖民地，在教化的效果上，远远超过强制式的教育制度与媒体传播"。可见，那富有"文明""美学"气息的博览会在日本殖民者的谋划下，知识、美学、教化与殖民政治高度结盟，并且与殖民商业体系联结在一起，成为表征日本帝国现代化形象的重要手段之一。

日本侵入中国东北后，就引进了专以商品买卖为主的定期市集的"见本市"、陈列农产物品为主要内容的"品评会""共进会"等，名称不同，规模也各异。1925 年，在大连，日本就举办了旨在宣扬建设成就的"劝业博览会"。① 中国东北成为日本殖民地后，在日本殖民当局的策划下，各种类别的展览层出不穷，大规模综合博览会就有 1933 年 7 月在大连举办的庆祝"建国"一周年的"满洲大博览会"②，以及 1942 年 8 月在"国都新京"举办的"满洲建国十周年纪念——大东亚建设大博览会"。单从名称和时间上看，"满洲建国十周年纪念——大东亚建设大博览会"最为重要。

一方面，1942 年，不仅只是伪满洲国"建国十周年"，更重要的是日本处在太平洋战争由胜转败的关键时期，战争需要殖民政府完整展现其在亚洲的核心地位、价值观以及"日满合作"的"辉煌"成果，从而提升其

---

① 《商工纪闻》，《奉天省城总商会月刊》1925 年第 9 期。
② 《又耍一套把戏：组织所谓"长老观光团"，参观大连"满洲博览会"》，《行健旬刊》1933 年第 20 期。

战争的士气。

另一方面，将殖民意识形态透过博览会这一现代性装置作用于视觉美学化的过程，达到美学政治化与政治美学化的目的。

为了凸显殖民者的核心价值，日伪政府尤其日本殖民当局对"大博览会"的会场选址、场馆设计、视觉宣传设计、空间布局与视线配置上，场馆动线布置以及展品展示的先后顺序上都进行精心的美学考量和安排，同时，还开展各种展览展示活动作为庆祝"建国十周年"以及在"大东亚圣战"取得的胜利，形成了展示殖民现代性的综合装置。这一装置汇集了历史学、美学、人类学等诸多话语形式和视觉展示技术，是集策划、建筑、展示和公共性于一体的复合性"展示体系"。① 自 1851 年，英国举办第一次世界万国博览会后，博览会就成为了展示现代文明的装置。它既是一种物质实体的美学表达，一种"展示和叙述"权利的呈现，也是特定公共群体的制造机器。② 也就是说，博览会是将运用知识分类的特殊物品通过视觉技术和美学方式加以展示，并且针对特定人群传播特定的价值观和理念的汇集地。在博览会的组织和展示过程中，一个特定公共群体在知识权利所制造的景观美学的幻境中被想象且被赋予形态。③ 基于此，日本殖民帝国也正是利用博览会这一重要作用将自己的殖民历史的、现世的、民族的殖民主义世界观投射到殖民地的物质和精神客体上，达到建立符合殖民主义秩序化和教化的目的。同时，博览会以展现现代性和国家现代化新气象为旨归的重要内涵被日本殖民帝国挪用、扩延、放大，成为殖民帝国总体形象的重要表征。

从选址上，"大博览会"所设的三个会场都分布在"国都新京"中轴

① [澳] 托尼·本尼特：《作为展示体系的博物馆》，薛军伟译，《马克思主义美学研究》2012 年第 1 期。

② [澳] 托尼·本尼特：《作为展示体系的博物馆》。

③ [瑞] 西蒙·谢赫：《展览作为媒介》，黑亮译，《当代艺术与投资》2011 年第 10 期。

线上的中心地带。第一会场设在当时面积达十二万坪的大同公园内；第二会场设在大同公园正对面大和旅馆建筑预定地中，总面积达八千坪；第三会场则设在"都心"大同广场的东北角的"满洲重工业株式会社"建筑预定地中（今吉林省宾馆位置）。

从展馆建设上，博览会会场中各个场馆均为临时搭建的建筑物，为呼应"大东亚圣战"主题，展馆建筑除了华北馆采用中式牌楼样式外，其他场馆都采用盒子形样式，统一规模，统一白色外观，展馆门头最上方为场馆名称，中间是一幅巨型壁画。[1] 壁画的内容根据各国或各城市所展陈物品的特色而设定，采取或写实、或装饰性的表现形式。

在视觉宣传设计方面，除了瑞云十字会徽，"大东亚博览会"的会旗、门票、宣传海报、乘车券以及纪念戳等静态视觉设计品外，还在大同大街和主要街路两侧有秩序地设置了由伪满洲国的五色旗、瑞云十字会徽和"大东亚博览会"的会旗组成的标志性视觉符号，夜晚还加强了对会场主入口以及街路上标志性视觉符号的灯光照明。[2] 这一系列视觉上的操作，殖民者不仅要实现聚焦、导视这样最低层次的功能性作用，而且要在空间和时间上将自身"形象"现代化、美学化。

"大博览会"引入了殖民政治美学的展示与观看机制。这次博览会表现出更大的"表演"企图，也就是说刻意将博览会这一流动景观符号"嵌入"到既存的都市文本空间中，显然要人们除了观看博览会场外，还要观览整个伪满洲国"国都"的容貌，并且在与周围的环境发生不同程度的差异关系中凸现出博览会自身的独特性。因此，这种机制具有展示与观看的双重意涵，并塑造出两种空间，一个是都市与展示物品的实体空间，另一个则是想象的空间。在实体空间中，"视觉"具有主导地位，"视觉"之意

---

[1]　《大东亚建设博览会建筑》，《满洲建筑杂志》1942 年第 11 期。

[2]　"满洲建国十周年纪念——大东亚建设大博览会事务局"；《满洲建国十周年纪念——大东亚建设大博览会》，1943 年版。

涵不仅具有方位辨识功用，而且还具有被主体——殖民者和被殖民者凝视的效果。凝视暗含着两种"看"的权力结构，一种是将博览会置于伪满洲国的时空中的"看"，日本帝国、伪满洲国以及博览会联结形成格式塔意象，通过"图与底"的不断转换凸显出日本殖民中国东北和建构"满洲国"的"辉煌历史"图景以及殖民政治美学下的"现代"风貌。另一种"看"则是聚焦到博览会本身，通过展品世界，映射殖民主义成就下的新的美学秩序。在想象的空间中，作为"看"的主体——殖民者和被殖民者——的理想也会借由博览会这一景观意象来表征。

博览会的植入，功能的转换，完全打破了夏末大同公园那应有的休闲、沉静的情态。博览会那统一样式的白色场馆与流动的人，与绿柳、青碧色的池面、树影所构成的时静时动的自然景色相映照，形成了富有节奏感的视觉张力。在会场外部，作为主会场的大同公园北侧与伪满协和会、伪满市公署相接；南侧紧邻兴仁大路（今解放大路），路南则是伪满经济部和专卖总局；西侧隔大同大街（今人民大街）与伪满"首都"警察厅、内务局以及十字会等众多官厅相望，南面与长春老城以及中国人居住区相邻，借西高东低的地势，整个大同公园向东形成倾斜的视角面，与平行的街区和建筑物不同，博览会的独特景观使它在视觉感知中充满着视觉张力。如此地理、物理上的空间和形式，放置在整个殖民都市背景下，因观看角度不同，就会呈现出实体空间与想象空间这两种不同的景观意象。走上西侧官厅那高高的塔楼上向北远眺，犹如一幅景观画，因独特景观形式，在视觉上形成了"图"的意象，沿中轴线大同大街向北的街区不仅变成了博览会的背景，还成为了它的底色。作为背景，伪满协和会、伪满"新京"市公署、大同广场以及大同大街两侧的伪满商业会社构成了背景中的前景；中景则是权力中枢的日本关东军司令部和关东局；"满铁"附属地处于视线的远端构成了远景，最后视觉聚焦在"新京驿"，如此视觉展现无非是要营造出殖民主义的"崇高"感。然而我们将如此视线序列倒向回来，从视觉中心点"新京驿"向南一直到博览会会场依次展开它的层次，日本殖民中国东北和塑造伪满洲国历史的底色展露无疑。如果从伪满"新京"市公署塔楼上向南望，代表"现代文明"的新建市街、综合运动场，代表"现代科学"的伪满洲国学校、动植物园与伪满洲国的官厅，代表国家宗教的"建国忠灵庙"以及远端地平线同构在一起，所展现出的是一幅殖民化的"现代文明"与殖民思想混合的图景。从上述分析中可以看出，殖民政治美学话语下的"看"所呈现的空间意象一方面想要描画出日本帝国主义殖民中国东北的历史，以及在其帮扶下伪满洲国突飞猛进的"现代文明"形象，期望能唤起观者认同；另一方面，"辉煌"的殖民历史和"现代文明"形象是在与中国城区对比的凝视中展现出来的。也就是说，这一切景观形式的塑造和意义的产生都是殖民主义差异化意识形态的映射，所谓的殖民主义差异化意识形态，就是日本殖民者把中国城区和中国人塑造成落后与野蛮的形象，以凸显日本帝国的现代性与文明进步的一种殖民思想，日本殖民者也正是不断通过这种直接而又鲜明的差异对照来建构"主体"，这样的差异化的景观意象就隐含在由西向东凝视中国城区的视线中。

登临官厅高塔远眺城市的视觉经验是极为不寻常的，是普通民众及被殖民者所不能及的，显然，只有日伪统治者才有如此居高临下远眺的特权，因此，以博览会场馆为中心从南向北、从西向东、从北向南三个方向所展现出的景观意象不仅表征"帝国的荣光"，而且还兼具殖民自我教育的功能。

除了上述三种来自日伪统治者的观看外，还有一种来自中国人以及其他被殖民者的视线。这种视觉经验只有在城市东部地势低洼的长春老城和商埠地才能获得。在伪满"国都"的城市建设改造中，长春老城和商埠地被日伪当局悬置了，相较于新城区，长春老城和商埠地地势低洼以及城区少有高大建筑物，毫无遮挡的开阔视野，打开了180度的全景式的观看模式。"新京驿"、"满铁"附属地、关东军司令部、百货商店、伪满洲中央银行、伪满国务院等厅舍、学校、"建国忠灵庙"等标志性的景观构成了城市的天际线,并作为背景将博览会场推向了前景。如此构景和观看的背后,则隐含了"教化民众"的目的,这种包含了双重展示目的和观看的经验,体现了强烈的殖民意识形态的指涉性,即透过全景景观展示,试图说服中国人以及其他被殖民者认同殖民者所带来的"现代文明",试图勾动被殖民者向往这种"美好世界"的心绪。然而殖民政治美学下的景观虽然如此强烈地刺激着被殖民者的视神经,但是殖民景观所构成的城市,仍然让人感受到殖民权力阴霾所散发出的沉重气压。

处在同一核心位置的第二、三会场,展开视线也有同样的景观体验。通过上述的分析,我们体验到了殖民政治美学下的现代景观意象以及所指涉的意义。拉回视线聚焦到博览会,开启第二种微观的观看模式,殖民权力的阴霾依然隐含在物品的展示体系中。

第一会场作为"大博览会"的主会场,共计有 51 座展馆,加上演艺场、美术馆、书籍文化馆等文化设施以及储蓄所、彩票店、大食堂、小卖店、茶店、休憩所等其他附属设施超过了 90 座。会场内,一条倒 Y 字形内湖由西向东将会场一分为二,依自然空间之势和物件"性质",展馆分为两个集群。

会场的正门,采用了长方形立柱的形式,一对对呈弧形排列向两翼展开,中部九根高挑的立柱构成了博览会的主入口。这样一种刚健样式,是与"大东亚圣战"主题相呼应的结果。正门入口正中门头上则悬挂着日本的国旗,伪满洲国"国旗"悬挂在两侧,凸显出日本帝国的中心地位。两侧柱间下部设有封闭挡墙,内外面书写着"大博览会"宣传语,挡板上面插着"大博览会"的会旗。入口内外摆放两组瑞云十字会徽与"大博览会"的会旗组合的展示架,正门外还立有五组"大博览会"的会旗,夜晚佐以灯光照射,极为醒目。这显然是在营造殖民技术现代性下的现代都市氛围，"是在施展某种情感和感受的诱惑"①。

"从水晶宫开始的博览会，对于物品展示的安排是逐渐朝向以物件'性质'配合当时对于知识结构的理解而建立一套分类架构，并以空间上出场的先后顺序尊遇其优先等第。"这次"大博览会"也不例外，日本殖民者完全继承了这样的博览会展示技术。一进入会场，狭小的V字形广场空间中塞满了当时日本生产的比较先进的战斗机、战车和高射炮等兵器，意在凸显日本帝国武力上的强大，加上进出的观展人潮在这里汇集，狭小的V字形广场显得格外喧闹和拥挤。第一会场的参观动线是从左侧开始，按顺时针方向展开，顺着左边路线，过小桥，进入第一展馆景观群，参观动线按线性方式进行配置，首先揭开整个展示第一幕的馆舍是"大东亚战争馆"，随后是"建国历史馆"和国际情势馆，与此相对则为日本殖民当局掌控的伪满洲电业、伪满洲生活必需品、"日满商事"和伪满洲电信电话四个特设场馆以及伪满业馆和"满铁"馆，在此中央广场上则陈列着日本侵略者在战争中缴获的武器战利品。伪满洲国的"新京"、奉天和哈尔滨三馆被置于"满铁"馆的后面湖畔一隅，隔绿树带东侧则是关东州馆和间岛馆两馆。②公园东北角远端是美术展览馆，其间，第五次伪满洲国美术展在此举办。以上展馆构成的景观群落主要表征三个方面内容，一是日本"大东亚战争"的"胜果"；二是"轴心国"的情势；三是宣扬在日本殖民帝国的"帮扶"下，伪满洲国在精神、文化、经济和资源等方面取得的"成果"。另外，"新京"馆前湖畔设有一座日本风格的"迎宾馆"，名义上是以方便贵宾休憩并集会之用，实际上，进入这座"迎宾馆"后面的露天休憩凉台，依栏眺望，看到的则是隔湖对岸以

---

① 王确：《茶馆、劝业会和公园——中国近现代生活美学之一》，《文艺争鸣》2010年第13期。

② "满洲建国十周年纪念——大东亚建设大博览会事务局"：《满洲建国十周年纪念——大东亚建设大博览会》，1943年版。

东京馆为首的日本各府县与各会社财团的专属馆舍群，凭借这一绝佳位置，能够眺望着日本殖民帝国的"盛世"。它不仅是现实地理空间的投射，还是日伪"主仆"关系的隐喻。可见，"迎宾馆"既是会场中独特景观，又是观景的地方；它既是观看又是被看之处，使每一个观看的人在"看"和被"看"的主客体之间转化。①

跨过公园东面远端的小桥，进入到第二场馆景观群，这个区域总面积达五千六百五十余坪，是第一会场也是整个"大博览会"会场面积最大的景观群落。这一景观群采用凸显日本在亚洲核心地位的同心圆布局，东京馆设在中心位置，周围有大阪等日本十三馆，以及朝鲜馆、华北馆、南京馆、蒙疆馆、台湾馆等展馆，最外围是第一产业馆、第二产业馆、三井馆、三菱馆等。②

整个第一会场的展示配置不论采用的是线形布局，还是同心圆结构，无非在与伪满洲国等的比较中确立日本殖民帝国的"轴心"主体地位，通过比较凸显日本"帮扶"伪满洲国成功之处。在这样的人为设定的观看秩序中，一切的景观、展物和观展人都依次展开了自己的表演，观展人的审美愉悦在这样的观看秩序中得到充分的释放，同时，在对展品的认同中也确证自己的身份。除此之外，分布在场馆之间的储蓄所、演艺场、纪念邮戳按印场、邮局、彩票站、食堂、室内外休息处、土产卖店等场所也吸引着大批的观展人聚集其中，热闹非凡。

第二会场主要展示伪满洲国的农业资料、国策下产物状况和日伪兴农开拓成果。一进入会场，是一个圆形喷水池，里面饲养着珍奇淡水鱼等。以圆形喷水池为参考基线，会场采用环形布局。左面有林产馆、开拓馆、农产馆、水产馆、畜产馆等五馆，右侧有宣传国内特产品的展销

① ［澳］托尼·本尼特：《作为展示体系的博物馆》。
② "满洲建国十周年纪念——大东亚建设大博览会事务局"：《满洲建国十周年纪念——大东亚建设大博览会》，1943年版。

馆和兴农部模范园等。在水产馆和畜产馆中间设置陈列优秀农械器具的农械具馆等。

第三会场为观客的游览场。建筑面积约八百五十坪，是集娱乐、展览会和教育于一体的复合环境。会场中央是航空飞行塔、儿童火车和旋转舟。以此娱乐设施为中心展开扇形配置，进入会场从左至右依次为挖掘机馆、潜水作业馆、投跳火焰表演场、怪力馆、热带植物丛林馆、"建国历史馆"、海女馆（采珍珠）以及小卖店。在这里最吸引人的是三十多米高能自动连续旋转的航空飞行塔，对于当时从没乘坐过飞机的人来说，体验到的不仅是急速飞行的恐惧感，还有从高空中俯瞰到整个现代都市所呈现出的宏大全貌而迸发出的震惊感。这样标志性的娱乐设施从场外都能看到，如此新奇之物吸引着大批观展人和儿童来到这里体验。同样受青睐的还有儿童火车，在狭小的空间中，火车绕着环形轨道行进着，每位体验者都体验着现代产物的神奇力量，在体验中把现实与未来重构在了一起。除此之外，旋转舟等其他场馆也都融入能够唤起人们娱乐欲望的游戏元素，借助现代科技，施展着某种情感和感受的诱惑。

由此可见，这不仅是一个展览的会场而且还是大众娱乐的地方，展示与娱乐相融合。一进入会场就被充满离奇而富有趣味性的各种装置所震惊，会场外的行人不断被场内游戏者所散发出的叫声吸引，随后就像磁铁一样被吸入其中享受着游戏的快乐。另外，一旦人们进入各个场馆进行体验时，时间的概念就消失了。尽管这些体验活动是有时间限定的，但是，每一位体验者在体验时可以把时间悬置，在不同的游戏馆中进行重复性体验。并且，在游戏过程中，外面的世界几乎全被遗忘了，只享受现时。

借助多样性景观，这里成为殖民现代性的缩影。它的意义不仅停留在具有现代特质的表面，还将一系列殖民话语的阐释渗透进游戏活动的娱乐中，无论是游戏的体验者还是观看游戏的人，都在游戏和体验中将日本殖民帝国视作"现代文明"的化身，也正是在这样一次次的游戏体验和观看中日本殖民帝国在伪满洲国的"主体"地位得以确立。可见，这是一个隐含殖民权力和意识形态的环境。"这里的每一件东西似乎都是为了让人放松和愉快而设计的，但微妙的控制遍布于每一个角落，对每一位游客进行着完全的操纵，尽管采用的是一种使人消除警戒心理的温和的方式。"① 并且，这里的每一处景观都被裁剪成了殖民教育的素材。每一个观展者甚至家庭，尤其儿童，都成为殖民教育的对象。借助殖民美学化的景观表面以及游戏娱乐形式，将殖民意识形态、伪满洲国的国家历史以某种形式需要的方式销售给所有体验者。在如此的外表下，展现出来的却是一种地地道道的殖民极权主义环境。

作为流动的景观的"大博览会"，它不仅是"物"的美学呈现与展示，还是殖民意图的可视化的实践与表达。这样带有殖民意图的展示体系更渗透到诸如百货公司、商业会社与银行等殖民经济体中。

（二）商业中心：殖民都市的财富"纪念碑"与经济"神殿"

从"新京"火车站沿大同大街向南徒步约二十五分钟即可到达"大博览会"三处会场。② 在这二十五分钟的行程中却穿过了当时"新京"的核心商业中心。

俯瞰这一区域，商业景观布局的基本结构是以殖民政治中心——关东军司令部所在的新发路为起点，沿大同大街，向南横跨北安路、丰乐路（现重庆路）两个街区延伸至大同广场，以广场上的伪满洲国中央银行为终点，在大同大街两侧展开。这一区域既是"新京"这座城市的中心地带，也是这座大都市区重要的公共展示中心和地标性区域，与"满铁"附属地

---

① ［美］阿诺德·伯林特：《生活在景观中——走向一种环境美学》，第38页。
② "满洲建国十周年纪念——大东亚建设大博览会事务局"：《满洲建国十周年纪念——大东亚建设大博览会》，1943年版。

和大马路商业街区相比，这里呈现的是一种现代景象。这里不仅拥有四通八达的道路交通网，而且有日本殖民者主导设计建造而成的伪满洲国的国家银行和伪满洲国电信电话株式会社，最具经济实力的日伪财阀商社——东洋拓殖株式会社（四层半高）、康德会馆（四层高）、海上火灾保险株式会社（五层高）、日本毛织会社（四层高）、大德会社（四层半高）、大兴大厦（四层高）[①] 以及三中井百货商店（四层高）所组成的商业综合体有秩序地分布在大同广场以及大同大街两侧。

　　"宏大、现代、财富、权力"是上述这些景观元素所要追求和表达的主要方面，蕴含着运用现代工艺技术追求现代主义风格的理想。除伪满洲国中央银行依然采用历史主义与现代主义折中样式外，其他建筑则呈现出一种现代样式风格而显得与众不同。作为"满洲式、东洋式和兴亚式"风格的官厅建筑的对立面，这些建筑有着奢侈外表、简洁形式体块以及几何式塔屋顶。它们以巨大的体量占据在主要街口上，成为局部街区标志性建筑物，并且在大同大街那宽阔街道以及周围环境的映衬下，这些建筑无不体现出"宏大"的视觉感。在建筑外观上，弱化历史主义繁缛的装饰样式，追求简洁现代主义风格，高大门脸，狭窄而密集的直线式窗户有秩序地排列在没有任何装饰的墙立面上，甚至在里面加入了活泼的圆形造型（日本毛织会社）。笔直檐线和腰线，这种水平的感觉，也给予经过扩展的立面以力量感、节律感以及开放的连续感与延伸感，从而使看到的现代主义风格的效果得到了相当有效的展示。大理石或花岗岩的外表面饰面，极力打造奢华之感。[②] 这些建筑有着如此相似的结构和样式，在视知觉的作用下将大同大街上近似的建筑物连接起来，形成连续性景观意象，不仅结构有

---

① 日本的财阀出资建成的有东拓大厦、海上大厦等，由伪满洲国特别会社出资建成的有大兴大厦、房产大楼、电力大楼等建筑。参见［日］牧野正巳：《建国拾年与建筑文化》。
② 大理石、花岗岩是当时极为名贵的外墙材料。除此之外，还有砂岩石、蘑菇石和石灰岩等。

独特的现代商业景观风貌，而且使整条大同大街轮廓清晰，美观，充满着仪式感。

整齐宽阔的大同大街、秩序井然的行道树、路灯，以及周边密集的日伪高级住宅区成为了这一商业景观群落的鲜明的静态背景。人行道上各种需求的"闲逛者"、来往的汽车，以及夜幕下百货商店所散发出的霓虹灯光汇聚在一起成为激发这一区域活力的流动景观。这些景观元素同构而成的景观场域不仅凸显着极为强烈的商业属性，而且还蕴含着极为丰富的视觉属性，为消费行动、追求新奇、情感宣泄提供着动力支持，而且所有这些景观对经济的刺激可以说相当巨大。在这里，景观"组织了美学，统率了观众"。[1]成为日本殖民帝国与伪满洲国极具现代魅惑形象的展示场。

前文述及，大同广场依高高的台地而建，借地势之利，这里视野极阔，四面八方景色尽收眼底。这里不仅是城市结构的中心，而且还和关东军司令部遥遥相望成为中轴线上的另一个景观中心。借此地利，象征"进步"科技的伪满洲国电信电话株式会社大楼和富饶国家隐喻的伪满洲国中央银行大楼相继在大同广场落成[2]（见图4-36）。

伪满洲国中央银行在所有景观元素中最为突出和强烈。日本建筑师西村好时设计的这座由钢筋混凝土打造的建筑在大同广场的西北侧，坐西北

① ［美］丹尼尔·贝尔：《资本主义文化矛盾》，赵一凡、蒲隆、任晓晋译，生活·读书·新知三联书店1989年版，第154页。

② 1933年8月31日，日本成立特殊性质的伪满洲国电信电话株式会社，1934年9月开始营业。主要监管伪满洲国的有线、无线电信电话业务和播送无线电业务。1935年8月，伪满洲国电信电话株式会社总部在当时大同广场西侧落成。伪满洲国成立之初，伪中央银行临时使用了吉林永衡官银号的办公场所。1938年8月，由西村好时设计的伪满洲国中央银行在大同广场西北侧落成，与伪电信电话株式会社一路之隔。参见《满洲中央银行总行本建筑を语る座谈会》，《满洲建筑杂志》1938年第11期；"满洲国通讯社"：《满洲国现势》，1935年版，第412页；《满洲中央银行总行工事概要》，《满洲建筑杂志》1938年第11期；吉林省金融研究所：《伪满洲国中央银行史料》，吉林人民出版社1984年版，第427、450页。

图 4-36　伪中央银行 [1]

朝东南，平面展开结构呈不规则五边形，70 米长的主体入口面向大同广场，东翼沿大同大街展开，西达熙光街，北到崇智路。占地面积约三万平方米，建筑面积达 26075 平方米，总高度达 27.5 米。[2] 除了它所处的重要位置外，它的占地面积不仅与关东军司令部、伪国务院这样重要建筑比肩，而且它的建筑面积也是当时"新京"乃至伪满最大的，不仅如此，如此巨大的体量在当时中国银行业建筑中也是绝无仅有的，比被称为"远东最巨大与最雄伟的商业性建筑"的上海汇丰银行大近 6 倍。[3]

---

① 图片来源：爱知大学国际中国学研究センター。

② 整个建筑共使用了钢筋 5000 多吨。当时伪满洲国官厅民间在建筑上使用量一年制钢总产为 9000 吨。其中一半多就用在了这座建筑上。混凝土的总量是 2 万立方米，砖 225 万块，水泥 25 万袋，外装的花岗石 7 万 5 千块。这些材料导致整个建筑物重量达 7 万吨。建筑外立面墙壁和柱子腰部以下贴饰意大利产的大理石，上面是冲绳产的石灰岩。这种石灰岩是隆起的珊瑚礁形成的。参见《满洲中央银行总行本建筑を语る座谈会》。

③ 参见 Opening of New H & S Bank, *North-China Daily News* 1923-6-30（8）；上海城市建筑档案馆：《上海外滩建筑群》，上海锦绣文章出版社 2017 年版，第 81 页。

两个强有力的形式风格组织起了这座建筑物：一个是希腊的帕台农神庙多立克柱式的应用，另外一个是简洁而清晰的现代主义样式。[1] 这样以历史主义为蓝本进行现代表现是当时世界上普遍采用的做法。这两种风格样式以建筑学同构方式进行发展和延伸，看上去两种样式既有一种整体效果，又有一种各自独立存在之感。四层高的建筑主体从正面开始以不对称四层叠级结构向东西两翼展开，面向大同广场主入口的正门立面处，五级台阶构成的基台托起十根被认为是欧洲建筑史中的原点，也是希腊样式中最古老的多立克柱式，它不仅有着"无础石，短胖的柱身"的古板形式，而且，"这种异样的风格与古板的表情以及将其移至前面的做法，很明显的是希望作品具有希腊神殿风格。"[2] 十根多立克柱支撑着巨大的平直檐部，檐部额枋上的装饰构件也做了扁平化处理，整个构件看上去特别轻巧，感觉并没有给柱子很大的压力。整个门面的造型显得既简洁又有力量的张力感，在光线的作用下，也加大了整个建筑正面柱廊的进深感，使其显得更加神秘，各部分的比例严谨，可以看出设计师在极力追求帕台农神庙所具有的和谐感。另外，多立克柱廊还提供了一个观看如画风格景观的装饰，能看到大同广场全景，而且在这里这是一个与入口的室内整合在一起的图景。然而，当建筑外立面转向东、西、北三面的时候，外观造型却完全呈现出现代主义风格的意蕴。墙立面没有任何装饰，直线式窗户增强了理性的秩序感，平直的横向檐线呈现出连续感与延伸感。这样的现代主义表现手法也延伸至室内营业厅，这样的装饰风格与德国产的巨型弧形玻

---

[1] 作为雅典娜圣所的帕台农神庙，坐落在阿克罗波利斯山上。雅典盛期的伯里克利把神庙中巨大的女神像当作储存金块的一种手段，它是由金、银和象牙做的，在地下还隐藏着民众的金银财宝，为国家的危机时候做准备。这就是中央金库的起源。参见《满洲中央银行总行本建筑を语る座谈会》。

[2] 多立克柱式原为希腊三大柱式中最早诞生的，与之后出现的爱奥尼柱式和科林斯柱式两种柱式不同。［日］藤森照信：《日本近代建筑》，黄俊铭译，山东人民出版社2010年版，第270页。

璃天花板及 28 根 9.2 米高圆形立柱构成了室内独特的景观。另外，在办公室内的装饰细节上加入了和式样式。① 外饰大理石和石灰岩，并在建筑物周围铺设了草坪，在草坪之上种植 800 株左右的紫丁香树和松树。② 在这样人工环境以及周围低矮的深色建筑映衬下整座建筑极为醒目。另外，整座建筑退让到街道规划红线内，并用通透的、象征性的低矮柱石与粗大铁链组合而成"栅栏"将建筑围合起来，这样的"栅栏"如画框一般，将这一如画式的建筑景观凸显了出来，无论远观还是近看，在心理上充满着殖民权力压迫下的紧张感，并成为"国都新京"除了殖民政治机关外又一个重要视觉中心。整座建筑风格从外至里明显处在历史主义与现代主义夹缝中。

另外，这座象征伪满洲国财富与金融秩序的特别存在物，体现着更深层的殖民用意，一方面向世人表达强大的金融是伪满洲国政权长久稳固的基石；另一方面要凸显日本殖民者作为"先进文化"的代表对伪满洲国的贡献，同时将通过美学手段所精心打造出的一座具有纪念碑性和神殿融合为一的宏伟建筑物植入"新京"城市肌理之中，从而达到塑造被殖民者对日本"友邦"及新的"国家"认同。如此容貌和体量使伪满洲国中央银行不仅成为大同大街由北向南进入广场的重要节点和标志物，还与伪满洲国电信电话株式会社那"口"字形建筑形成对应，成为兴安大路的起点。

伪满洲国电信电话株式会社坐落在大同广场的西侧。整座建筑坐西朝东，整幢建筑平面采用"口"字形围合造型，主入口面向广场。构图上依然延续西式古典横三竖五对称布局，突出中央结构，三层中央塔楼逐级向上收缩呈梯形结构，在比例上相较于整体建筑明显失衡。整幢建筑没有了

---

① 《满洲中央银行总行本建筑を语る座谈会》。
② 《满洲中央银行总行本建筑を语る座谈会》。

历史主义那样繁缛装饰，即使是最上一层的窗户上楣所呈现出的拱形造型，那也是建筑结构的结果。笔直檐线、腰线，中央的直线壁柱，极具秩序感的直线窗排列，就连突出建筑主体的中央车寄以及两侧的麒麟兽首都采用几何线性的表现形式来加以呈现。可见，一切装饰都随结构加以呈现，形式追随结构是这座建筑的主要风格特征。如此现代形象使其从周边的自然景物和人造建筑中脱离出来，具有极强的视觉识别性。

两座大楼以其地理位置、压倒性的巨大体量、独特建筑风格以及特殊组织性质成为了这一区域统治力量，不仅成为了景观中心的中心，而且与南侧第一厅舍、东南侧的第二厅舍形成连续性围合视觉效果，在格式塔的作用下，广场景观意象也得到凸显和强化。

（三）"被崇拜的商品"：作为风景的百货大楼

在这个现代商业景观群落中，最为活跃的景观之一当推三中井百货商店和新宝山洋行。① 说其活跃，是因为它具有开放的公共性，是一个在规定的时间内人们不仅可以"自由"出入的空间，而且还是贩卖商品的场所，更是视觉消费的场域，因此这里时常成为人潮川流活跃之所。

三中井百货商店位于大同大街与丰乐路交会处的西北角（见图4-37），北与康德会馆相邻，西面是当时"新京"最为豪华的丰乐剧场。这里是"新京"商业核心区也是日伪官僚的聚集区。而宝山洋行则位于新发路与八岛通（现北京大街）交汇的夹角处（见图4-38）。特殊的地形使宝山洋行呈现不一样的建筑形制。而且这里既是"新京"商业核心区的边缘地带，又是新建市街与商埠地交接地带。如果说三中井百货商店是对内展示日本殖民帝国荣耀的表征物，那么特殊的地理位置使宝山洋行成为日本殖民者对被殖民者宣示现代商业形象极为重要的表征物。这两处高级百货

---

① 三中井百货商店是由三井财团在长春投资兴建的百货业分店。1936年12月31日竣工并投入使用。宝山洋行则是1938年竣工投入使用。参见于维联、李之吉、戚勇：《长春近代建筑》，第184页。

图 4-37　三中井百货商店 ①

图 4-38　宝山洋行 ②

---

① 图片来源：爱知大学国际中国学研究センター。
② 图片来源：《满洲建筑杂志》1938 年第 1 期。

商店都是四层楼的结构，主要是以日本人为服务对象。因此大部分商品从日本进货，商店内外的各种装饰也不同于大马路以服务中国人为主的零售商店。

三中井百货商店坐北朝南，呈"L"形，主入口设置在丰乐路上，而次要入口则设置在大同大街一侧。建筑到街口转角处，作了一个圆弧处理，光滑而又圆润，给人以天然的亲近感。除了平直的腰线和檐线外，整座建筑外立面简洁，为了凸显入口以及橱窗的识别性，着重对入口处和橱窗处做了极为细致的装饰性处理。而宝山洋行依三角地形而建，呈船型，船头朝向商埠地。从整个建筑外观细节上看要比三中井百货商店丰富，它采用竖线式壁柱分割立面，这种细部处理方式为这座建筑物披上了非常优美的竖向线条，这样的竖向表达体现出设计上的精确处理与控制，并直至高高的塔楼顶端。整个建筑被装点得犹如"教堂"般"神圣"。看上去极其高大，有种向上的力量，凸显现代商业霸者的形象。

橱窗展示，是引人驻足凝望的最佳引诱物。[①] 三中井百货和宝山洋行都在一楼靠近街角位置面向街道开辟出特定商品展示橱窗。它如同博物馆一样，通过人为精心设计与区隔，赋予这里展示的商品以极高美学品质，展示空间被神圣化了。[②] 在具有仪式性的观览中，人们通常会进入"从'真实的'生活跨入了一种短暂但却完全由其主宰的"审美活动中，并获得了愉悦感。[③] 这样的审美体验，在商品消费场景中也不断出现。

百货商店继承了博览会所有的展示功能和美学意涵。唯有不同的是在博览会场中无法触碰的时髦物品，可以在现实生活中的百货公司中填补此

---

① ［美］大卫·哈维：《巴黎城记：现代性之都的诞生》，黄煜文译，广西师范大学出版社2010年版，第223页。

② ［美］卡罗尔·邓肯：《文明化的仪式：公共美术馆之内》，王雅各译，远流（香港）出版公司1998年版，第32页。

③ ［荷］约翰·胡伊青加：《人：游戏者》，成穷译，贵州人民出版社2007年版，第8页。

一欲望的缺憾。可见，百货商店内按类摆放在一起的商品犹如博览会中的展品一样成为一处处景观，正如 W. J. T. 米切尔所说，"景观是能被展现和再现的可销售商品，一种被购买和消费的对象，……在商品和有力的文化符号的双重角色中，风景成为拜物教行为的对象"，而且"作为一个被崇拜的商品，风景是马克思所说的'社会的象形文字'，是它所隐匿的社会关系的象征。在支配了特殊价格的同时，景观自己又'超越价格'，表现为一种纯粹的、无尽的精神价值的源泉"①。由此，围绕商品景观设置的消费导向动线也就变成了景观大道。另外，对于商品摆放、展示顺序、商品展示照明等也有着极为精细的设计和美学考量，并且还加入大量装饰与广告设计手段。在这里"设计本身就融入了能够唤起人们欲望的审美元素，而其中的审美元素对制造者、销售者和消费者都不仅仅是手段，同时也是目的，因为商品的利润相当大的部分是来自于其中非功能性的审美元素，而消费者在消费或使用某个商品的时刻当然常常是伴随着审美化的欣赏"。不仅如此，在售卖的商品包装上也非常注重审美形式的把握，因为"审美元素在这里也成了某种特殊的商品，审美的权力被商品收购了"。②

这两处百货商店除经营百货外，还兼营餐饮及娱乐业。主要体现在屋顶平台上设置屋上庭园和展望台，在向人们提供休闲娱乐、贩卖现代生活方式的同时，还释放出百货店特有的"视觉消费"功能，人们进入百货店，不仅想要观看店内陈设的昂贵商品，还想借着百货公司的建筑高度，浏览平日所无法眺望的远景。在远眺的同时也会收到来自他者的观看，正是在看与被看的过程中，双方不仅获得愉悦的满足而且还确立了自己的身份。除了这些观看装置外，还在建筑物上以及屋顶的女儿墙护栏上面安装了装饰灯，一到夜晚，这些装饰灯交相辉映，营造出一种"现代商业"气氛，

---

① ［美］W. J. T. 米切尔：《风景与权力》，第 16 页。
② 王确：《茶馆、劝业会和公园——中国近现代生活美学之一》。

挑动人们的视神经，刺激着人们对物质生活的欲望与想象。

除了上述的殖民消费景观展现外，三中井百货商店和宝山洋行都引入了另一种殖民消费文化，那就是将美术展览引入消费场域中。[①] 利用日本艺术界的资源，在店内为在东北的日本画家开辟展览专区。在提升商店知名度以及商品的"文化价值"同时，将殖民现代性话语渗透进消费文化中。

从"大博览会"到百货商店，勾勒出在殖民政治美学下的伪满洲国的商业景观样态以及在空间背后所呈现的殖民意识形态。

四、电影与伪满"新京"的殖民都市文化景观

1932 年 3 月，日本侵略者扶植溥仪，在中国东北成立了伪满洲国傀儡政权，并将长春确定为其"首都新京"。在伪满的殖民文化语境中，电影成为日本殖民者及伪满傀儡政权宣扬其"东亚共荣""日满一体""五族协和""王道乐土"等虚假"建国精神"的重要意识形态工具。

早在 1909 年，"满铁"就开始利用当时大热的电影宣传手法，在中国东北放映为日军"歌功颂德"的纪录片。1937 年 8 月，伪满政府则通过"电影国策案"，由"满铁"出资成立了"株式会社满洲映画协会"，亦即"满映"。日本关东军及其控制的伪政权，控制了"满映"的电影制作、输出、输入、发行、上映等，以此来垄断电影生产与传播、消费，禁止海外电影、左翼、知识分子电影以及带有民族意识的电影在中国东北传播。他们通过组织"满洲国电影国策研究会"、建立巡回放映网、举办定期观影会等，将电影变成了赤裸裸的殖民机器。对此，学界已有充分的研究，如

---

① 据史料记载，从 1939 年至 1944 年间，在三中井百货商店以及宝山洋行经常举办美术展览，譬如，1939 年 12 月 21—26 日在宝山洋行举办的《新京美术协会展》；1940 年 6 月 7—9 日在三中井百货举办的《满洲在住画家三人展》等。参见 [日] 五十殿利治：《帝国と美术——一九三零年代日本の对外美术战略》，株式会社国书刊行会 2010 年版，第 721—882 页。

有的学者致力于"满映"历史文献和影像资料的搜集与整理，有的则对"满映"电影作品及其文学剧本、电影人物等进行发掘和阐释等，此类研究在史学、文学、艺术学（电影）等学科领域均有重要创获。

然而，如果我们将电影放置到更为广阔的社会史、文化史语境，从殖民都市文化的整体视野反观这一现象就会发现，电影不仅仅是影像、声音、影星、剧本等，作为一种综合性的现代艺术、休闲和娱乐方式，它关联着一系列物质、精神、社会因素，诸如城市、影院、海报、杂志、报纸以及人们的观影消费、体验和效果等。而正是这些互相交织的因素，使电影成为现代殖民都市文化景观中不可或缺的一环。而其"意识形态机器"功能，也正是在人们观赏、体验、反思这一殖民都市文化景观的过程中显现的。

（一）电影院与新的消费文化空间的生成

中国东北最早的电影活动发生在日俄战争时期的大连。[1] 而电影放映活动，1902 年分别由大连[2] 和哈尔滨[3] 开始，沿铁路扩展到中国东北各主要城市。

电影放映活动进入长春则是五年后的 1907 年了，据 1907 年 4 月 28 日《盛京时报》载："长春西三道街，有俄人新开电灯影戏一座，于本月十二日业已开演。"[4] 这是长春最早放映电影时间和地点的记载。而且，电影放映的地方也都是戏楼、茶园等娱乐场所。长春的祥乐茶园就是其中之一。[5] 另外，除了祥乐茶园外还有丹桂茶园和燕春茶园等。[6] 这些场所地

---

① ［日］近藤伊與吉：《满洲映画生い立ち记》，《藝文》1942 年第 8 期。

② ［日］近藤伊與吉：《满洲映画生い立ち记》。

③ 孙建伟：《黑龙江电影史话》，《黑龙江史志》2006 年第 2 期。

④ 《繁盛汇闻》，《盛京时报》1907 年 4 月 28 日。

⑤ 四道街旧祥乐茶园业经开演电光影戏，甚形热闹。参见《戏园将开（长春）》，《盛京时报》1909 年 3 月 3 日。

⑥ 孙华：《旧长春的影剧院》，载房俐主编：《档案吉林——长春市卷》，吉林出版集团有限责任公司 2014 年版，第 229 页。

处闹市，电影的引入，极大调动了市民对新事物的惊奇感和新鲜感；观看电影与看戏、听曲、喝茶、观看杂耍一样，提供了一种新的市井消费空间和休闲娱乐方式。

这种新的休闲娱乐方式迅即蔓延，且逐渐与传统市井娱乐区别开来，形成了一种具有独特的专门消费空间的现代消费文化景观。其独特的专门消费空间，亦即电影院。到了1920年，东北各主要城市已有上演戏剧兼映电影的影剧院36所，[①] 其中长春有3所："御大典纪念馆"（后改名"新京纪念公会堂"）[②]、"长春座"和"株式会社长春座"。据史料记载，这三座影院取得了不凡的商业成功，如"长春座"建筑面积450平方米，营业日数200天，观众人数达到了44500人次，日均222人次；"株式会社长春座"建筑面积1073平方米，营业日数24天，观众人数4800人次，日均200人次。[③] 尽管此时只能放映无声影片，然而观众的热情却是有增无减，这从后来新的电影院不断出现就可以看出。1929年，长春七马路建起一座木质结构的小型电影院——兴华影院。[④] 东北沦陷以后，到了1936年，"新京"建成并开始营业的电影院有日本人经营的"新京"影院、长春座、"帝都"影院、丰乐剧场、朝日座、银座影院；中国人经营的有龙春电影院、大光明电影院、光明影剧院、大安影院、国泰影院等。[⑤] 考虑到当时长春的人口规模已经达到了30万，[⑥] 不难发现，电影院实际上已经成长为一种较受欢迎的休闲娱乐场所。

那么，人们在这种新型消费文化空间中，能够享受到何种娱乐体验？

---

① 胡昶、古泉：《满映——国策电影面面观》，中华书局1990年版，第4页。

② 孙华：《旧长春的影剧院》，载房俐主编：《档案吉林——长春市卷》，第230页。

③ 《满蒙年鉴》，"满洲文化协会"1922年版，第659—660页。

④ 孙华：《旧长春的影剧院》，载房俐主编：《档案吉林——长春市卷》，第230页。

⑤ 参见于泾、孙彦平、杨洪友：《长春史话（下）》，长春出版社2018年版，第608—609页。

⑥ 截至1936年末，长春人口已经达到305578人。"新京特别市"长官房庶务科编撰：《国都新京》，1940年版，第19页。

据一份 1937 年的官方统计，在 30 年代中期前，长春各电影院放映的美国片占 60%，上海片占 25%，日本及其他影片占 15%。① 而这一时期，"歌舞片、恋爱悲喜剧、侦探片、剧情剧、家庭伦理剧、滑稽闹剧和历史片"都是美国电影片种的典型，尤其是"场面十分宏大，演员众多，服装华丽，表演夸张"的儿童歌舞片和爱情歌舞片极为流行，就连上海电影的生产，也颇受其影响。② 就此而言，影院实际上为东北沦陷前的长春市民提供了一种近距离体验西方现代娱乐文化的消费空间。这是一种都市现代性体验，正如美国学者布莱恩·拉金所指出的那样，来自美国的商业电影带来的不仅仅是声与色、光与影、时间与空间的新的呈现方式，它们还借由这种感官的印象，刺激和调动着观众对于"现代"的认识和想象，而这也构成了新兴的现代市民的不可或缺的内在性因素。③

（二）"满映"与"新京"电影文化的变异

然而好景不长，伪满建立后，尤其是 1934 年 7 月 1 日《电影管理规则及实施细则》颁布后，"国务院"弘报处开始加强对上映影片的审查。1935 年 4 月 1 日，日本关东州在大连警察署设立关东局影片检查所，加强对输入影片的审查，对不利于殖民教育的影片一律禁止上映和输入。从 1934 年后，上映的外国影片逐年减少，日本拍摄的符合殖民意识形态的影片逐年增加，形成了日本片独占市场的格局。④ 电影院的性质，也逐渐由娱乐场所蜕变为日本侵略者和伪满傀儡政权的殖民意识形态机器。

"满映"在 1937 年底建立，效仿德国纳粹主义电影模式来拍摄"国策电影"，对当时的中国各族人民，以及外国华侨等居民进行全面"文化洗脑"，推行文化殖民。为满足殖民教育和影片发行需要，"满映"在东北各

---

① "满洲国通讯社"：《满洲国现势》，1937 年版，第 449 页。
② 姜玢：《凝视现代性：三四十年代上海电影文化与好莱坞因素》，《史林》2002 年第 3 期。
③ [美]布莱恩·拉金：《信号与噪音》，陈静静译，商务印书馆 2014 年版，第 107—109 页。
④ 《满洲年鉴》，"满洲文化协会"1933 年版，第 581 页。

地兴建数十座电影院，从 1938 年至 1944 年，伪满境内电影院已从"满映"
建立时的 76 座，增加到 213 座。[①] 以 1938 年 10 月至 1939 年 5 月末为例，
不到一年时间，伪满境内电影院升至 129 座。[②] 由于电影院数量的增多，
"满映"电影的传播空间也随之增大，"满映"形成了一条从剧本创作到上
映传播的完整垄断产业链。

这一时期，"新京"的电影院也已由 6 座升至 17 座，大的影院有日
本人经营的"帝都"电影院、长春座、"新京"电影院、银座影院、朝日
座、丰乐剧场、"新京"纪念公会堂和中国人经营的国泰电影院、光明电
影院、大安电影院、平安电影院等。当时长春人口分布居多的分别是汉
族、满族、回族，其次是移居到华的日本人，日本移民主要分布在四道街
区、大经路区以及长通路区，其中大经路区分布人口居多。四道街区、大
经路区以及长通路区处于繁华街区，分布着以国泰电影院、"帝都"电影
院为代表的数座影院以及娱乐场所，占当时长春电影院数量的三分之二。
尽管当时票价昂贵，从两角到一元不等，但一方面由于此前电影文化的普
及，已经培养了大批的消费者群体；另一方面"满映"以及伪满当局在推
广"国策电影"方面不遗余力，还是有大量的观众涌入影院。如有资料显
示，从 1939 年底到 1940 年初，东北四大城市平均每人观看电影次数为：
"新京" 6.72 次（总人口 37.9 万人），大连 5.32 次（总人口 55.2 万人），奉
天 4.72 次（总人口 83.4 万人），哈尔滨 3.16 次（总人口 50.8 万人）。[③]

伪满"新京"的电影文化变异尤甚，它们不仅在意识形态上管制严
格，而且其内部的等级和差序日益显现。这一时期，"新京"电影院按照
所处不同地段、内部所具有的设施环境、不同票价、不同的演出剧种及所

---

① 《满洲年鉴》，"满洲文化协会"1945 年版，第 433 页。

② 其中：日本人经营 62 座，中国人经营 67 座。参见"满映"总务部宣传课：《满洲映画
协会现况》，《宣抚月报》1939 年第 7 期。

③ 胡昶、古泉：《满映——国策电影面面观》，第 155—156 页。

针对的不同人群进行区隔，制造不同趣味。"帝都"电影院、丰乐剧场以及丰乐舞厅是长春当时放映条件最好的三家娱乐场所，由日本人投资所建造。这些剧场在建筑、装饰和设施上极尽奢华，专门针对日本人所开设，初期并不对中国民众开放。如"帝都"电影院"建于1934年，斥资15万元本金创立了合资公司，后期增加资本将毗邻'帝都'公寓收入合并经营，1936年11月1日改组为股份有限公司，资金也增加至29万元。'帝都'电影院作为东宝电影的首映场加上专门放映各种外国电影，在'新京'电影院中获得名副其实的第一评价。"[1]而当时最豪华的影院，要数丰乐剧场（见图4-39）。它因位于"新京"商业街丰乐路而得名，专门为日本人提供歌舞伎表演节目和放映电影，建筑由钢筋混凝土建造，受现代主义装饰风的影响，带有新艺术运动的味道，室内外空间呈曲线结构。据资料介

图4-39 丰乐剧场[2]

---

① "满洲国通讯社"：《满洲国现势》，1938年版，第247页。
② 图片来源：《满洲建筑杂志》1936年第6期。

绍，"丰乐剧场建于康德2年，建设费35万元，剧场分为三层，建筑面积1250坪，能容纳2000名观众。引进在东方只有两台世界最好的超级单向信号91型放映机。其他座席，暖气装备，饮茶室也是最好的，连日本国内都是罕见的，在关西以西更是达到见都没见过的程度。"[①]在这些豪华的电影院中，人们能够观看到与日本同时上映的影片。

对于中国人开办的影院而言，上述物质条件和影片放映的类型显然是不可想象的。影片由伪满洲映协统制配给，中国人的影院拿不到国外影片公映权，主要放映"满映"电影以及上海电影，上海电影大多也是九一八事变前的作品。[②]还时而受片商的刁难，出现新片、好片租不到的情况。此外，国人所经营的电影院大都由戏院或俱乐部改建而成，室内环境差，放映设备陈旧，周边道路泥泞不堪。如"'新京'电影院是由一个狭小之俱乐部，长春乐团翻修而成，地址於头道沟日本桥通，面积狭小，且室内环境污浊，机械设施亦破旧，断续放映，每换片一卷，约需十分钟"；龙春电影院是由戏院改建而成，"说起来未免穷馊之甚！以一破旧戏园，除去了方棹，换上了长凳，便胡乱地演起电影来，想一想就够滑稽的了，这个破落的影院，坐落于西四道街，称得起是'新京'最初的有声电影院"，其"内部设施甚草率，机械为日本出品，发音与光线虽甚佳，然夏雨道泥泞，冬则冷气逼人"；光明影戏院建于1935年，开业后相当兴盛，这个影院地理位置很好，位于当时的闹市区永春路，但室内过于狭小，"一进去，觉得就像要被压闷死似的，满员的时候容七百人左右。刚刚开业之初，尤以头演'翡翠马''夜来香'之时，观客之拥挤，几无立锥之地，票价楼下前排三角，后排五角，楼上八角，特别座一元，于电影事业普及之今日，不可不谓之'贵'，老板们的脸上，多噹都是浮着一层微笑的！"[③]除

---

①　"满洲国通讯社"：《满洲国现势》，1938年版，第249页。

②　[日] 永见闻太郎：《新京案内》，1939年版，第136—138页。

③　柳叶：《电影在新京》，《满洲映画》1938年第8期。

此还有大安、国泰、平安等电影院亦是如此。相较以上影院，"国都"电影院算是国人经营的电影院中最为豪华一座电影院了，它始建于 1939 年 11 月，由长春的富商展子祥投资建造，除了放映电影有时还在此公演戏剧。"国都"电影院建筑面积 2923 平方米，是一座朝北的两层建筑，1942 年邀请北京"扶风社"来长春演出，当时引爆了"新京"市民的极大热情，票价从刚开始的 8 元被炒到了 12 元，但在当时仍然一票难求。① 但在大多数情况下，这些影院与"满映"设置在学校、公共场所和居民集中的城镇的放映点一样，主要进行"满映"电影的放映活动，宣传"王道乐土""中日亲善"的虚假意识形态。

总之，日本殖民者借建立"满映"得以参与到伪满洲国电影事业中，日伪双方各取所需，在电影工作上建立一套"合作"机制。其一，对于日本殖民者来说，把殖民意识形态和文化附着在现代化设施和技术上，投射到伪满洲国电影业的各个环节中，意在重塑伪满洲国民众的意识形态，达到其长期殖民目的。而对于伪满洲国来说，则意在树立统治合法性。其二，日本殖民者自认为是现代文明的传播者，既把集现代化的建筑、设施及声光电科技于一体的电影院视为文明的载体进行宣扬，也利用电影娱乐淡化其侵略之嫌。其三，在电影"配给制度"下，电影院和观影民众被区隔成三六九等，作为民族产业的国人电影院受到严重挤压，由此折射出民族的不平等，"追求文化融合、五族协和"只是一句谎言罢了。其四，在日本殖民者制定的电影宣传策略中，电影、电影院、电影杂志、报纸、电影海报和广告成为宣扬"国体精神"和新生活方式重要载体。

（三）电影文化：殖民意识形态与大众娱乐消费的混杂

电影作为都市现代性的一面进入文化母体后，形塑着人们对城市文化的特殊体认方式。电影以其特殊属性（社会化属性、特殊制作属性、迎合

---

① 刘汉生口述实录：《伪满时期长春的电影院》，《长春日报》2011 年 11 月 28 日。

特定观影读者属性、商品属性），早已溢出"影像本体"与艺术形式和艺术表现的边界。有学者指出，"影像的运作不再是一个自足的过程，而是受制于电影系统内部和外部各种因素的相互作用，受制于社会意识形态所追求的'剩余价值'（即意识形态主体）的生产与再生产"，① 进而形成电影文化特殊的场域。这一场域集合了电影、影院、电影海报、电影广告、电影杂志等多种元素。这些元素在社会中占据着特殊的位置并扭结成"一个网络"，形成"位置之间的客观关系（支配关系、屈从关系、结构上的对应，等等)"②。这个网络关系是场域关系和人的惯习共同运作才得以显现的。

　　自"满映"成立后，"国策电影"就步入了人们的生活。"满映"独占东三省的电影资源，与电影有关的一系列周边产业也如雨后春笋般涌现出来。为了使"满映"得到更好的宣传，"满映"通过报纸、杂志等多种传播媒介传播最新思想动态以及最新影片的周边报道。如其在当时的很多报纸上都用了很大的篇幅为自己的电影绘制广告宣传，自 1935 年 3 月起到 1939 年 11 月期间《盛京时报》就"满映"在每周日的报纸上单独设立了"影海余潘"的板块，四年间刊登了数百篇关于"满映"电影的跟踪报道，从"本事"到剧照再到演员自白，还有演员相关新闻等，独占一整个版面。如当时由"满映"与日本东宝电影公司合作，李香兰主演的首部电影《东游记》，自 1936 年 5 月 7 日在"影海余潘"上刊登了电影启事后，几乎每周的"影海余潘"上都会有《东游记》电影制作的跟踪报道，演员表、摄影手记、片尾曲歌词、镜头照片、巨幅海报等相关信息，意在加大《东游记》的曝光程度，吸引人们关注这部"国策"电影，让人们走进电影院观看"满映"电影。

---

① 吴琼：《电影院：一种拉康式的阅读》，《中国人民大学学报》2011 年第 6 期。

② ［法］皮埃尔·布迪厄、［美］华康德：《实践与反思——反思社会学导引》，李猛、李康译，中央编译出版社 1998 年版，第 133—134 页。

在这一方面，《满洲映画》是其典型代表。《满洲映画》是由"满映"主办，是伪满洲国唯一电影期刊读物。其 1937 年 12 月创刊，1944 年 1 月终刊，历时七年。（前期以日满文分别出刊，自 1939 年 8 月号开始满日文合并。从 1940 年第 4 卷第 11 号开始转由"满洲杂志社"发行。1941 年 6 月号更名为《电影画报》。）它以专业姿态呈现"满映"电影，刊登了大量"满映"电影的海报、广告、演员剧照以及电影影评，其重点则是宣扬"建国精神"。对此，殖民者毫不讳言。如《电影画报》（原《满洲映画》）1941 年第 11 期上高原富次郎发表了《启民电影和观众》一文，文中曾写道：

> 谁都知道，现在的电影除了是一般人的一种娱乐外，是教育、宣传、记录等的广义文化机关。也就是电影在国家里，是有着重要的国策的意义。所以，电影并不仅仅是少数影迷或电影院的观众的东西，而是应该扩大成为所有国民的电影继行。于此，国策电影有它的根本的基础存在。所谓启民电影，就是由文化电影把这个新附加的电影为使命完全担当起来。比如新闻电影，教育电影，纪录电影全是狭义的文化电影，这类的电影，正如它们的名字所示，显然的是有着一个对于智的企图，想诉给国民使国民知道。①

高原富次郎认为电影已经不单是一种娱乐形式，更是一种传播媒介，电影将抽象的文化、思想等具象开来，再用图像的形式进行广泛的传播以达到宣传的目的。然而，要实现这种殖民意识形态训化功能，机械的说教是不可取的。因此，它又必须披上"专业性"和"娱乐性"的外衣。

所以《满洲映画》上的影评在评价"满映"电影时，除了与电影相关的文字叙述，还大量刊登了与"满映"电影有关的电影海报以及演员剧照等图片，使其形式更加丰富，拉近了电影明星与观众的距离，试图使民众对电影的了解更加深入。后来《满洲映画》改名为《电影画报》，专门为"满

---

① ［日］高原富次郎：《启民电影和观众》，《电影画报》1941 年第 11 期。

映"电影进行报道以及宣传。如电影《黄河》是一部典型的"启民映画"，它结合了当时的时代背景，将事实扭曲，黑白颠倒，为日军"歌功颂德"的同时意图洗白日军侵华战争的阴谋。剧照的中间分布着详细的演员表以及电影简介，从版式编排到剧照拍摄都反映了《电影画报》杂志对"满映"电影的重视，其中还包括大量影星海报以及剧照。

与这种殖民意识形态宣传特点形成鲜明对比的是，中国人创办的影院在电影宣传方面则突出了娱乐性。他们也在报纸上刊登一系列广告，这些广告大多由文字组成，例如《盛京时报》1931年5月3日刊登的潘阳电影院的《海上小英雄》的电影宣传广告，广告由主标题以及宣传语组成，字里行间渲染着电影的剧情，当时的人们在日本殖民者统治下，娱乐活动并不是很多，电影就成为了人们休闲娱乐的必需品。"国产影院"大多引进的都是上海电影或极少的好莱坞电影，由于当时所有电影必须由"满映"审核后再进行播放，所以当时宣传播放的大多都是娱乐性质的故事片，为当时的民众提供了更多的选择，由于是私人产业，所以广告篇幅一般都很小，几家影院的广告按顺序叠放在一起，大多以突出的影片名为主体来吸引人们的眼球，让更多人熟知这些非"满映"电影，让更多人走到影院中观看国产电影。

如前所述，伪满时期人们的娱乐活动方式是有限的，农民除了在新年、庙会或者中国传统节日上可以进行狂欢式的娱乐之外，几乎没有其他娱乐方式。加上当时的社会通讯并不是十分发达，国际时事以及新闻时讯并不能及时被人们所知，"满映"就抓住了这个社会现象，将"国策电影"率先投入到乡村中，让农民观看"娱民电影"并打着"娱乐民众"的旗号，对其进行洗脑。相较而言，城市中的民众相对则多了些娱乐方式，《盛京时报》中记录了当时人们许多的娱乐方式，如赛马、运动会、赏花、游园等，城市交通更加发达，传播媒介多，信息获得便利，都使人们的娱乐方式可自由进行选择，看电影已不是什么新鲜事情，并且"经过了相当长的时期，有了经验。电影鉴赏水准并不低下"。① 由于"满映"所拍摄的电影质量低下，从启民映画到娱民映画都得不到普通观众、影评人的认可，对于娱民映画"看过满映出品的人，失望的多，满意的少，主要的原因是这些出品给人的印象太生疏了，也就是说，人们对于这些出品受不到感动"。② 而对于启民映画则是"一味地供给道理——灌输国策，谁会耐着性子来接受呢"。③ 由此看来，"满映"出品的电影并不受民众的欢迎，使"满映"不得不拍摄一些爱情、喜剧电影，以缓解人们对"国策"电影的抵触心理。除了"满映"出品的电影不受欢迎外，日本电影也不受民众的认可。我们可以从《满洲映画》（日文版 1939 年）第三卷第 7 号上刊载一篇署名王孙公子写的题为《日系映画馆的印象随想》的文章中看出端倪：

> 满人的电影迷除了在日本电影院上映外国电影时以外是不会去日本电影院的。对这件事进行分析的话，原因有三：1. 在满人观众头脑中有了"满系电影比日本电影好的多"的先入观。2. 不懂日语，理解不了会话众多的日本电影，感觉不到趣味所在。3. 日本电影相比较而言门票价格高昂。有时票价能达到三倍以上。

针对上述三点原因，作者做了进一步解释："对于 1 这种情况，一般满人大家都是满产电影忠实的观众。《渔光曲》在苏联的电影大赛中入选，《马路天使》收到外国人的好评，《貂蝉》非常受美国人欢迎。因此大家在好评中期待观看上海电影。"可以看出，在中国的语境下，中国人更喜欢具有自身民族基因的文化和电影艺术。关于第二点，"日本的电影特别注重对话。满洲人中懂日语的人不多，能够完全理解电影的对话的也不多。因此听到却判断不出来说的是什么意思就感觉不到趣味"。关于第三点，

---

① 但丁：《关于"电影脚本"》，《满洲映画》1938 年第 5 期。
② 林音：《满洲七大导演总批判之"周晓波论"》，《电影画报》1943 年第 3 期。
③ 老汉：《日本映画の满系馆上映に就て》，《满洲映画》1938 年第 10 期，转引自 ［日］古市雅子：《"满映"电影研究》，九州出版社 2010 年版，第 103 页。

作者认为"市内各日系电影院的门票经常定为'国币一元'。不得不说这是相当昂贵的定价。满人电影院一般 2、3 角，贵的时候才 5 角以上，谁也不会花高价去看看不懂的日本电影"。①

前述"国策"电影遭遇的尴尬表明，"满映"这种将殖民意识形态性与大众娱乐性混杂在一起的电影手段效果并不理想，但这恰恰真实反映了伪满"新京"畸形的电影文化的时代症候："满映"及伪满当局一方面借权力（或资本）以电影杂志、报纸为媒介，以电影海报和广告为载体营造一个特殊的大众娱乐消费场域；另一方面，通过打造特殊电影文化，输出"王道乐土"意识。

五、公园："新京"的休闲娱乐空间及其功能变异

公园，是现代城市中的"人工自然"，是伴随着城市与乡村的分离而出现的，从理论上来说，它"主要是为都市人提供休闲和娱乐的身体和情感上的需要，它是都市人生活中较为纯粹的审美环境……公园与其他近代出现的公共娱乐设施一样，它将海纳各种合法的娱乐风格，它为来休闲的人们的'表演'提供自由的场地，它是多元审美意识交换的桥梁"②。因此，公园建造的数量、水平以及它的开放程度，往往成为衡量一个现代城市之文明程度的重要尺度。在中国，最早面向公众开放的公园是 1868 年由英国人在英美租界里修建的上海的外滩公园③，而长春最早的公园则是 1907年修建的五马路公园④。随后日本殖民者陆陆续续在"满铁"附属地内修建了东公园、西公园和日本桥公园——这与第二章有关长春作为一座现代城市的起点的描述和阐释，可以形成饶有趣味的互相印证。此后，从伪满

---

① 王孙公子：《日系映画馆的印象随想》，《满洲映画》1939 年第 7 期。

② 王确：《茶馆、劝业会和公园——中国近代生活美学之一》。

③ 李德英：《公园里的社会冲突——以近代成都城市公园为例》，《史林》2003 年第 1 期。

④ 长春社会科学院编辑：《长春厅志·长春县志》，第 470 页。

洲国成立后的 1933 年开始到 1945 年，按照都市规划，沿溪流自然形态展开都市公园建设。于是，在新市街中从大同广场开始沿大同大街和顺天大街两个轴线向南建造了大同公园、白山公园、牡丹公园、忠灵塔外苑、顺天公园、南湖公园以及黄龙公园等十多座大小公园，还修建了动植物园。从公园的营造数量和造园艺术上来看，伪满"新京"在同时期的城市建设中确有不俗的表现。然而，如果考虑到公园作为一种休闲娱乐空间，所具有的那种为都市人提供"较为纯粹的审美环境"的审美功能来看，我们或许会得出另一番结论——在"满铁"附属地时期和伪满洲国时期，殖民者陆续营建的公园，除了满足军事、政治集会以及日本人休闲娱乐和健身功能外，那就是充分发挥公园所具有的为各类人群进行审美活动和进行文化活动提供空间的开放性，通过所打造的景观以及组织文化活动着力释放最大殖民教育作用。

（一）长春近代"公园"的诞生

在商埠地五马路的东面，有一个面积约占二十八亩地的公园，因其所处位置名为五马路公园。这里曾经是墓地，1907 年，经过改良，开辟成公园。[①] 到 1910 年春，由商埠局修整，使公园渐具规模化，1927 年，长春市政筹备处又对公园再次实施了改良。伪满洲国成立后，公园被命名为"新京"公园。1938 年，更名为五马路公园，并继续对其进行了修缮。[②]

五马路公园全貌，四周的围墙上密集地排列着很多木栏，南、北、西三面皆有大门，均临靠着马路。每到春夏交际，观光游客便络绎不绝，游走眺望，公园别致的景色为游人带来了极致的视听享受，可谓是存在于闹市区中的桃花源。在公园的西南角，建造了两间瓦房作为公园的办公室。

---

① 长春社会科学院编辑：《长春厅志·长春县志》，第 470 页。

② "新京特别市"长官房庶务科编撰：《国都新京》，"新京特别市"公署 1942 年版，第 203 页。

办公室设有一名主任，掌管园内的一切大小事宜；还有多名工人，分区域负责园区的扫除和灌溉。办公室前是一片花圃，安排了很多花匠专门培育各种花草。公园的西北角有一个通俗图书馆，内有各种图书、杂志、新闻报纸等，品种丰富，便于游客阅览。图书馆后另辟有一个花圃区域，将园地借给一位吕姓之人用于栽种各种花草树木以待出售。园区东北角设计有秋千、铁杠等娱乐设施供游客随意嬉戏。除此之外，还另设有木凳、石桌和茶几等供人休憩放松。园中央建造了一个木制的凉亭，四面通透均可入内；其砖石台阶被抹上水泥，立柱和天顶都被漆成蓝色，使人感到心旷神怡；亭子的亭顶飞檐高起，犹如飞鸟腾起之势。在亭子北面的飞檐下悬挂有道尹郭宗熙所题写的匾额，上书"凌风亭"；亭两旁的柱联内容为："半池水荇能藏月，满地榆钱为买春。"凌风亭作为公园的核心建筑，掌握着公园的中心位置，如此生机盎然的景致，不但赋予了公园超然于世的寓意。而且在文学家的笔下也呈现出不同的审美体验。①

公园的偏西部有一个石洞，可供游客通行；石洞上方是由土石堆砌而成的假山，高大约有二丈（6.66米）多；山顶有茅草亭可供远眺。登上山顶瞭望的人，往往会有超越自然的错觉，广阔的视野促使游人能够进行酣畅淋漓的畅想。山洞的北方有一个池塘，用石头砌成椭圆形，中间架设有一架板桥，池塘与桥梁都安装了栏杆，预防有人在此经过时跌落。池塘的东部是一个喷水池，池中只要贮满水就会向上激射，高有几尺多，水花四溅，有如雨点，晶莹剔透，游客经常在周围驻足观看。池塘北部有一座岛屿，约有几丈高，上面植满了树木，岛屿上也有一个木亭，其中设置了坐具，木亭下方便是吕姓之人的花圃了。在凌风亭的东边，挖掘了一个曲折的沟壑，沟壑当中用土堆成山脊，极具蜿蜒曲折之势。中间高处依旧建有一个木亭，沟壑两旁种植了茂盛的榆树和柳树，枝桠交相斜靠，气象幽

---

① 萧军：《人与人间——萧军回忆录》，第129—130页。

然。沟壑的两头各架设有板桥，再往南的地方设有一个长亭，曲折回转约有数丈，其上覆盖了芦苇，下方横以些许栏杆，供倦者倚靠休息，行人也可以乘凉。公园中的树木以榆树最多也最为繁茂，树围长度平均约一尺，高约为数丈，是在建造之前此地原本就有的；杨树和柳树的数量次之；像松树和柏树等，仅仅种植于大花盆中，除此之外再没有更大的树了。至于花草类，则有石榴、柳桃、桃梅、海棠、木槿、月季、兰菊、玉簪、芍药、洋绣球等数十种，争奇斗艳，春夏摆放在外面，秋冬贮藏于地窖中，培养得法，珍护倍至，因此公园四季皆有花开，虽地处严寒，但因人工细致栽培而没有被地域的气候所影响。由此可见，此地区隔了公园景色与现实景象的联系，象征着公园作为人们可以停靠的超凡脱俗的避风港。禽兽类有仙鹤、野鸡、春鸟（即外国鸡，其冠能变）、水鸭及黄羊、熊、狼、狐、兔等，种类丰富，但可惜为数不多，未能广为遍布，以供游人观赏博览，大开眼界。公园的北部有一座去思碑，是民国十六年（1927年）本县的农、商、教育等部门为镇守使丁公洁所倾情建立的。石碑的南边有南洋兄弟烟草公司所建的售烟亭，临时售卖烟草和畅销国货等。还有一个茶社，设在凌风亭的东边，很多游客在此品茶。茶叶多用上好的顾渚茶。五马路公园的建造设置到此已全面叙述。①

（二）作为殖民开拓史叙事空间的公园："满铁"与伪满"新京"的造园活动

在"满铁"附属地内有三处公园，其中东公园最古老。1910年4月在附属地东第十三区老杨树地方，投入工费2044元修建了7904平方米带有花坛的景观，作为市区公园开放。1912年9月开始在公园内加入了祭祀京都伏见稻荷神社的分神的活动，从此，日本殖民者每年都在这里举办稻荷祭，东公园带上作为殖民地长春神苑的意义。1915年代表新兴都市

---

① 长春社会科学院编辑：《长春厅志·长春县志》，第470—471页。

的西公园开始建造，1916 年又在中央通修建了长春神社，加上 1919 年在
这里建造"御大典纪念堂"，占去了公园的 4692 平方米，此时，东公园所
剩无几。"满铁"也终止了公园建设。公园的面貌逐渐淡薄，现在剩下的
一部分仅被作为儿童游乐场使用。①

在"满铁"附属地东北端日本桥的高台上有一片自然风景，这里成为
失去了东公园的殖民者经常光顾而进行休闲的地方，因这里与长春商埠
地仅一桥之隔，中国人也常在这里游玩，于是，"满铁"殖民当局借机在
这里修建了一座黑砖中式平房，里面陈列上有关"满铁"创建的遗物和文
书，展示着伊藤博文、大山元帅、小林寿太郎以及后藤新平等日本殖民侵
略者在中国东北的"创业"历史。对来这里休闲的无论是日本殖民者还是
中国人展开殖民教育。1924 年以创业博物馆为景观中心，修建了游园步
道，移植了大量花卉等植物，正式以公园面貌呈现。1925 年 7 月修建了
公园正门，并且在正门两侧，放置两个奇怪形状的青铜鸟兽，面向日本桥
大街，吸引过往行人的眼球。② 这样，创业博物馆与休闲娱乐的公园结合
在了一起，二者不但呈现出"现代文明都市"的新空间，也是后藤的政绩
表征，而且成为日后殖民者实施教育的新形式。

西公园（今胜利公园）处在"满铁"附属地西南部，因在头道沟溪水
上游及两侧，被中国人称为头道沟公园。头道沟在尚未开埠前，清政府曾
发布禁止将土地私售给外人的命令，然而，"日本当局诱骗头道沟农民赵
洛天，非法盗买赵的田产。日人在获得地照、买契等手续后，令赵举家远
逃，然后胁迫中国官府承认既成事实"。③ 随后这里被纳入"满铁"附属
地中，又因为这里地处附属地边缘，也被当时的日本人称为"国界"。这

---

① ［日］伊豆井敬治：《满铁附属地经营沿革全史（下卷）》，"南满洲铁道株式会社"1939
年版，第 463 页。

② ［日］伊豆井敬治：《满铁附属地经营沿革全史（下卷）》，第 464 页。

③ 宽城史话编委会：《宽城史话》，吉林人民出版社 2009 年版，第 119 页。

个占地 337629 坪（约 111 万平方米），占去附属地面积十分之一土地的公园紧邻着日本军事区。①

　　1907 年，日本人就开始从公主岭农业试验场调来了一批农业技师，在头道沟周边的腹地进行水田种植实验，实验失败后这里的土地便闲置了，由此被纳入公园建设用地。公园由白泽保美博士设计并于 1915 年 4 月开始建设，建设之初并没有潭月池、水源地里的千鸟池，也没有被埋的莲池等景观，仅有一条头道沟的河流。于是，规划设计后的建设就沿着头道沟的河流展开，首先修建公园道路，其次开始大量种植景观树木并推进各种游乐设施的建设。② 为和当时东公园相对称，这里也被日本人改称为西公园。1919 年，日本人中止了东公园的设施建设，加快了西公园的建设步伐。

　　1923 年，日本人在赵洛天的旧居之处，建造起了新的公园事务所。③1924 年后，陆续修建了公园的正门、动物笼、喷水塔、凉亭、潭月池、水源地里的千鸟池、莲池、蓄水池、壁泉、大花坛、新温室、动物保护室等景观，并围绕这些景观修建了景观步道。据长春县志记载：

　　　　每际春夏之时，游人络绎不绝，诚胜地也。园之地势，平冈相错，中有溪水一泓，可分二支；北支为头道沟之正派（距发源之任家屯里许）；南支为黄瓜沟之别流，来自西南流入园之南界，与头道沟合。沟两岸平冈高起，冈下潴为泽，加以人工修凿，掘成数泡，或备小船，或栽莲花。冈上遍植各种树木，树荫之下均设有坐具，以便游人之休息。园之东北隅，有洋房数间，即公园事务所。所之东为花圃，有花百余种。又筑小石岛一，上植松、柳等树，布以各色电灯，忽明忽灭，灿然可观。岛下有池，池置喷水机，上有瀑泉，泉水下

---

① ［日］伊豆井敬治：《满铁附属地经营沿革全史（下卷）》，第 464 页。
② ［日］伊豆井敬治：《满铁附属地经营沿革全史（下卷）》，第 464 页。
③ 长春社会科学院编辑：《长春厅志·长春县志》，第 472 页。

激，机轮旋转，轧轧作响。

花圃之南有花窖，上覆玻璃，中设暖气管，以备冬日藏花之用。事务所西，大树下为儿童运动场，置有秋千、浪桥、滑梯等项。再西即满铁会社之大运动场及公共体育场也。园之南界，建有小木室，为乒乓球场。厕所设有多处，而木石坐具随处皆有，设备尚极完全。

……

在莲池之东南隅，有照像馆一，游人每拍照于此，以作雪泥鸿爪。茶社在冈之上下，共有中日俄三国所设者四处，售汽水、茶、酒及果品、面包等类，并有戏匣、风琴各乐器。每当斜阳一抹，即闻琴韵悠扬，尘襟为之一涤。此外复有苗圃一处，在园之东南隅，面积约数十亩，所养树苗有松、柏、桑、梓、色树、枫树等多种，系备头道沟街路之用。东侧更有花圃一，亦约数亩，专养各种花苗。花匠数人，专司灌溉，园中各种之花，皆取给于此焉。①

可见，当时公园中的人工造景无不是借自然之势运用假象技巧展开配置，在自然的背景上极力描画出各色景观，小船载着游客借流动的溪水成为移动景观，将园内各处景观连接在了一起（见图4-40）。

不仅如此，随着游客数量的增多，新的休闲游乐和运动设施也随之诞生。特别是在1927年9月，公园西边设立了可以容纳约三千名游客的棒球场（19658坪）和33775坪的田径场。伪满成立后，根据"国都"建设城市街道的计划，中央通向南延长，把这条干线道路以东约62830坪的公园地域编入了城市街道规划用地，被分割成了关东局用地和商店住宅区域。公园西南方向一带以及紧邻地区的急剧变化夺走了能够一目千里的视野。但作为补偿，西公园获得了自西方延长的四五条街道，白菊町（今白菊路）、菖蒲町（今建设街）以及北安路围绕的8409612坪的土地，用来

---

① 长春社会科学院编辑：《长春厅志·长春县志》，第472—475页。

图 4-40　西公园内景 [1]

移设苗圃和游泳池，并且还获得足够用作将来儿童游乐园建造、道路以及绿植扩张的场地。除棒球场、竞技场、滑冰场外，1934 年 7 月，公园内第二水源池的南边旧时用来散步兜风的道路以及树苗园的遗迹重新被设计成为总面积有 2288 坪的网球场，同时还在 1936 年 8 月填埋了莲池建成了儿童游乐场。[2] 如此现代化的公园，自始至终都是为日本人服务的，能够到公园里休憩游乐的大都是日本人，或是伪政府官员，中国普通民众进入公园不仅受到严格盘查而且还要被驱逐出园区。[3]

　　经过不断建设，西公园成为了集休闲游乐和运动为一体的具有"现代"面孔的大公园。然而，日本殖民者在极力打造这一可感可触的现代公园景观的同时，依然假借这一现代面孔，向民众行使输出殖民意识形态的

①　图片来源：爱知大学国际中国学研究センター。
②　[日]伊豆井敬治：《满铁附属地经营沿革全史（下卷）》，第 464—465 页。
③　宽城史话编委会：《宽城史话》，第 120 页。

勾当。

在建造公园景观的同时，日本人就在位于公园湖面游船处的西面高地上先后建起两座纪念碑。一座是为了纪念 1919 年 7 月在宽城子中日军队冲突中死去的日本人而建的"诚忠碑"。① 另外一座是"表忠塔"，又称"海军忠魂碑"，是为纪念日俄战争时对马海战中战死的日本军人而建。这座"表忠塔"最初建在树苗园，但由于和伪满"建国"时在西公园的南面修建的关东军司令部厅舍冲突，所以被移到了公园西南端。② 可见，西公园不仅仅是一座"现代公园"，也是日本侵略者重要的"招魂祭"之地，更是其展现"武威"的场所。伪满建立后，随着"忠灵塔"和"建国忠灵庙"的兴建，西公园内的两座碑渐渐势微。

除此之外，西公园在刚刚建成时经常被日本侵略者作为重要集会之地。即使在伪满"建国"之初的国家各种仪式上，只要是需要野外会场的仪式几乎全部都是在这里举行的。1931 年 10 月，在园内竞技场举行了"满洲国承认庆祝会"；在九一八事变前后，日本战死者的追悼会也是在公园野外游场举行；1932 年在西公园举办的"招魂祭"中溥仪也到场；1933 年6 月，还在此举行了"奉迎"园游会、"奉迎"大运动会，以庆祝"帝制"的实施；同年秋天，伪满建立后第一次大演习的最后一天，溥仪和参加大演习的将校在夕阳之丘举行了"赐餐"的宴会。伪满的其他大运动会、"满洲产业开发日本学徒研究团"来访、"日满青年学生交流会"、奥林匹克出场选手模范竞技会等，也在这里举办。1937 年 12 月，取消"满铁"附属地的日本治外法权后，公园移交"新京"市政府管理。1938 年 11 月 3 日，日本殖民当局将陆军大将儿玉源太郎的铜像安置在公园正门前，揭幕之时也将西公园更名为儿玉公园。③ 后来，大同公园（今儿童公园）建成，取

---

①　长春社会科学院编辑：《长春厅志·长春县志》，第 472—474 页。

②　[日] 伊豆井敬治：《满铁附属地经营沿革全史（下卷）》，第 465 页。

③　"新京特别市"长官房庶务科编撰：《国都新京》，1942 年版，第 201 页。

代了儿玉公园成为殖民文化活动的新会场。①

1933年，大同公园开始建设，依地形起伏配置景观，在公园的中央设有五万平方米的池塘和草坪广场，使用者人数仅次于儿玉公园。1938年，"国都建设局"将公园移交给"新京"后，这里成为伪满文化活动的中心（见图4-41）。首先在公园的南部建造一个能够容纳一万五千人的大同公堂(也称为户外音乐堂)，还建造了一处能容纳一万人的相扑场，四周建有硬式网球场，并且建有二十五米和五十米两种泳道的现代游泳池，在公园南部一带形成了文化和运动竞技的中心地。大同公园的草坪广场被用于举办各种各样的集会活动，户外音乐堂经常举办音乐会。1938年，在本地举行了郑孝胥"国葬"仪式，并于同年举行了意大利使节来"京"的仪式，作为纪念品，赠送的罗马式狼像也被置放在大同公园的一角。②

图4-41　大同公园内景③

① ［日］伊豆井敬治：《满铁附属地经营沿革全史（下卷）》，第465—466页。
② "新京特别市"长官房庶务科编撰：《国都新京》，1942年版，第201页。
③ 图片来源：爱知大学国际中国学研究センター。

这里也是"满洲建国十周年纪念—大东亚建设大博览会"主会场。

白山公园（今杏花邨公园）毗邻大同大街，面向西部，呈带状并与宫廷御造营地相接，园内夹杂着溪流，地势多起伏，来此游玩观赏者以居住在公园附近的市民居多，靠近西部的杏花森林是从宫廷御造营地的杏花村移植的，花开时节人们接踵而至，好不热闹。1938 年 1 月，被"国都建设局"移管后，将软式庭球厂由四面设置成一角，建成的儿童乐园、大草坪等也能够与周围的景致相呼应。与白山公园毗邻的还有牡丹公园。它横跨了白山公园南部和高级住宅区域，是大致平行于白山公园的带状公园。由顺天广场方向流入的溪流经本园中央注入大同公园，流水两侧是利用自然溪谷而形成的景观，树木繁茂，园内除了 528 平方米的温室外还有花坛以及专门栽培花卉的场所，还建有休息所、网球场、儿童乐园等。除此之外，还在如此景致的园内建造一座为纪念日本纪元二千六百年的"神武殿"，经过一年的建造，1940 年 10 月，纯粹日本建筑风格和装饰样式的"神武殿"竣工，并投入使用。

除了上面所提及的公园外，当时市内最大的人工公园当属南湖公园。它位于新市街规划区域的中心。南湖公园以阻挡低湿地而建造的面积为967680 平方米的大人工湖为中心，东部公园道路临近黄龙公园，北部则与"宣诏纪念塔"用地、伪中央法衙、居住地相邻，东部与"建国忠灵庙"毗连。东南部一带是平坦的丘陵地带，池中有一座突出的小岛，上面建有凉亭和桥以及小船屋等设施。南部距离市立苗圃很近，有民俗博物馆；东部有四季常青的大森林和落叶松森林。作为陆地风貌的公园，游客也十分旺盛，特别是为了钓鱼而饲养了大量的鱼，前来垂钓的"太公"源源不绝，在西南部还建设有一座佛舍利塔①——在"新京"这座殖民都市所展示出来的殖民意识形态极为浓郁的城市景观中，不论是深受殖民权力压抑的中

---

① "新京特别市"长官房庶务科编撰：《国都新京》，1942 年版，第 201—203 页。

国人，还是欲望激荡的殖民者，大概都需要这些人工自然的景观来抚慰心灵和调适情感。然而，那些经过精心设计而楔入这一人工自然景观中的殖民意识形态符号，却时时同这一人工自然区域以外的殖民建筑景观、意象相呼应，进而将公园纳入殖民主义都市景观的陈列和展示系统中。

第 五 章

长春现代城市景观的美学、历史与文化分析

1945 年 8 月 15 日，日本帝国主义宣布无条件投降，在中国东北大地上存续了 14 年的伪满洲国也随之土崩瓦解。这座城市重新恢复了长春的旧称，至此，这座城市在屈辱的殖民史中走过了一段"现代化"重要历程。十余年的殖民都市营建和此前长春开埠三十年的城市现代化变革，以及更为久远的长达百年的传统城市形态，最终层累、积淀、转换为空间的形式，在偌大的城市版图中呈现为界域分明、风格迥异而又互相对峙、凝视的城市景观群落——1945 年的长春，城市总面积扩展到 440 平方公里，其中城市约 160 平方公里，周边地区约为 280 平方公里，城市人口已达 55 万人，在当时东北城市中仅次于沈阳和哈尔滨占第三位。[①]

如果我们站在 1945 年的某个制高点上俯瞰整个长春，一定会被它那宏大却又处处释放着压抑、沉闷气息的景观风貌所震撼。

整座城市以火车站、城市中心的大同广场、孟家屯停车场、城市与长岭方向和前往吉林的道路交叉点为基准划分出城市外部轮廓。市内总体结构和布局则以建成的大同广场为中心展开，主要街路纵向上有从中央大街到大同广场的大同大街，一直向南延伸至南岭的"建国"广场；横向上有

---

① 　与同时期东北大连相比较，到 1945 年人口虽然没有大连多，但城区面积要比其大得多。参见"满洲国通讯社"：《满洲国现势》，1942 年版，第 218—220 页；眭庆曦、张复合等：《中国近代建筑总览——大连篇》，中国建筑工业出版社 1995 年版，第 2 页。

通往长岭的兴安大路，南"新京"站向东的兴仁大路以及通往吉林的吉林大路。大同广场是政治、商业和娱乐中心，这里有市政府、银行以及一些其他的商社等公用建筑。在这片区域内凹陷的地方，利用那里的低缓地势设立了大同公园、牡丹公园、白山公园等公共设施。在城市的西端是原日本军队的所在地，往南延伸到西公园的南侧是原日本关东军司令部、关东局、军人俱乐部等建筑物，还有关东军参谋长、司令官的官舍。在大同广场西面地理位置稍微高点的顺天大街有未建成的"帝宫"和伪满洲国国务院等官衙。城市的住宅及商业地域等编入了街道网里。在城市的西北方建有一个非常大的机场，它的南面是高尔夫球场和赛马场。工业区被安排在紧邻长春老城和商埠地的北面和东面。在南岭是教育区以及综合运动场。

这些直到当下在长春城市景观中仍极具"可识别性"的城市符号与建筑意象，交织在一起，形成了能够"产生社会作用"、承担某种"行动、信念和信息的组织者"的空间结构①，形塑着生活于其中的人的感知、经验、情感与意义。这正如英国人文地理学者多林·马西在讨论"作为历史和空间之隐喻"的地理学方法时所强调的那样，"地理学不可只看地表，在政治、资本、意识形态作用之下形成的社会关系会堆叠出种种地层组织，产生我们看得见的地理空间形式"②。因而，从城市景观为我们所能感知到的形式，从它所能唤醒的审美体验和美学思考，以及从它在观念和意义层面所生成的隐喻结构等不同的视角，对长春现代城市景观所堆叠的种种"地层组织"展开整体性的美学的历史的与文化的分析与阐释，就显得尤为必要。

① 参见［美］凯文·林奇：《城市的印象》，项秉仁译，中国建筑工业出版社1990年版，第4页。
② 方玲玲：《媒介空间论——媒介的空间想象力与城市景观》，中国传媒大学出版社2011年版，第32页。

一、色彩、纹理与景深装置：景观中的城市肌理

所谓城市肌理，是作为一个完整空间形式的城市之平面视觉形象，在构造组织上所呈现出的触觉质感——当然，这种触感主要是由视觉通感而生成的，并非经验意义上的触感。从语义学上来说，肌理原指"皮肤或果肉上的纹理"①，后来衍生、引申为描述审美对象的表面形式特征的概念，如在美术中，"肌理"用来指称艺术品物质表面形式与色彩综合作用下的质感显现②，包括"质地纹理的各种微妙细节、光反射性能以及其他难以界定的品质特征"③；在造型艺术中，肌理除具有上述内涵外，还特别突出了它在艺术品之立体感和景深效果生成上的重要影响；在城市设计领域，对城市肌理的理解则为："城市是由街道、建筑物组成的地段和公共绿地等组成规则或不规则的几何形态。由这些几何形态组成的不同密度、不同形式以及不同材料的建筑形成的质地所产生的城市视觉特征为城市肌理。"④综合上述定义，我们可以看到，城市空间平面所展现出的光和色、质地与纹理，以及"自然"与人工建筑（道路和建筑物）之交错所形成的节奏和景深装置，构成了城市肌理之美感效果的三种要素。

通过本文前四章对于长春城市景观史的梳理，可以发现，长春现代城市的肌理在空间的、平面的阐释视角之外，还应该重视其历史的、层累的时间性阐释，进而洞察附着在这一城市表面审美品质上的意识形态魅影——回望1945年的长春，在殖民者、殖民政治美学以及殖民文化的作用下，当时的城市色彩、城市总体形态以及城市"自然"景观呈现出怎样

---

① 参见朱立元：《美学大辞典》，上海辞书出版社2014年版，第240页。

② 王化斌：《画面肌理构成》，人民美术出版社1995年版，第3页。

③ ［美］琳达·霍茨舒：《设计色彩导论》，李慧娟译，上海人民美术出版社2006年版，第110页。

④ 齐康：《江南水乡一个点——乡镇规划的理论与实践》，江苏科学技术出版社1990年版，第28页。

的肌理意象呢？

（一）美学与政治交织的城市色彩

"一切视觉表象都是由色彩和亮度产生的"①。不仅如此，色彩还能够"表现感情"②。也就是说，色彩不仅是一种区分、辨别物体的特征，而且还维系着特定的视觉审美体验，更是情感和经验的象征。它是物质和精神的统一，是在场与不在场的联结③。就此而言，引申到城市的文本中，城市色彩作为城市的表情，不仅承载着人们对一座城市的感知印象和审美情感，更是城市某种记忆的象征。对于城市色彩的审美体验是宏观的，是俯视视角下的景观呈现。自然环境与人文环境构成了这一景观的大背景，而城市建筑集合的区域所呈现的整体色彩是前景，它是"色彩与色彩之间，色彩与各个在场、不在场的事物之间的关系"④。而且，城市色彩是开放式的、可变的，是在历史时间轴上不断累积生成的结果。

俯瞰 1945 年的长春，就会发现一个有趣的城市色彩意象结构——那就是在以自然环境色彩为背景的映衬下，这座殖民都市呈现出以褐色为主色调⑤、红砖色与"青 + 黄灰色"为辅助色调的色彩风貌。褐色分布在当时"国都新京"新建街区，既是新建街区的主体色，又是这座城市的统治色。而红砖色集中在城市的北部俄国人和日本人城区，也就是说集中在宽城子铁路附属地以及日本"满铁"附属地内。"青 + 黄灰色"主要呈现在这座城市东部区域，这里是中国人区，包括原来的长春老城和商埠地。

---

① ［美］鲁道夫·阿恩海姆：《艺术与视知觉》，滕守尧、朱疆源译，中国社会科学出版社1984 年版，第 454 页。

② ［美］鲁道夫·阿恩海姆：《艺术与视知觉》，第 460 页。

③ 张世英：《新哲学讲演录》，广西师范大学出版社 2005 年版，第 63—65 页。

④ 王京红：《城市色彩：表述城市精神》，中国建筑工业出版社 2014 年版，第 8 页。

⑤ 在这里，褐色是伪满洲国时期，殖民官厅建筑上广泛采用的壁砖呈现出来的色彩，它不是专指一种色彩，而是一种从棕红到褐黄的色系。

褐色，这种色彩来自一种褐色壁砖，主要呈现在日本殖民当局和伪满洲国官厅以及"建国神庙"等"宏大"建筑上。这些建筑都采取青绿色的屋顶，以及在建筑立面运用白色"勾边"配色方法，强化明度对比，不仅凸显主体褐色，而且制造出建筑物整体三维层次和膨胀感，并与周围自然环境形成色彩共振关系，成为整座城市主导性色彩，控制着城市轴线、主要街路和主要广场，成为殖民权力象征色。这种褐色材料对于日本殖民者而言，有着一种天然的亲和力和感受力，是日本传统建筑文化和习俗在这里的投射①，成为殖民政治美学和技术现代性的表征物。②除此之外，还有些外饰大理石和石灰石的灰白色建筑③，被这些褐色建筑紧紧"包裹"其中，成为彰显殖民权力的背景色。

而对于俄国人来说，红砖色不仅有着唤醒母国记忆作用，而且在这母国记忆中，还掺杂着功能性的考量，那就是利用红色所能唤起的情感和心理感受来对抗严寒④。红砖是随着沙俄的殖民侵略进入到长春的⑤，后来在

---

① 在日本，审美感受力是由自然告知的。木材之色是其情有独钟的色彩之一而广泛应用到寺庙、茶舍和住宅上。而且，日本色彩的微妙在于它的含糊。从棕到绿到微黄色调的各种褐色——所有混合都被几种色调的影响中和了。它们在成组成簇中显得互相间关系和谐。参见［美］洛伊丝·斯文诺芙：《城市色彩：一个国际化视角》，屠苏南、黄勇忠译，中国水利水电出版社、知识产权出版社2007年版，第103—108页。

② 笔者认为，在色彩上尽管有着日本传统建筑文化习俗，但这种褐色与德国纳粹色极为接近，有着法西斯的象征。另外，这里的技术现代性主要体现在建筑材料美学和工艺上，尤其壁砖这种建筑材料，是当时日本殖民当局利用先进烧制技术制造出来的一种现代建筑材料。表面有着粗糙的竖向纹理。不仅有着避寒、防火的功能，而且还有美化的功能。参见［日］西泽泰彦：《海を渡つた日本人建筑家：20世纪中国东北地方における建筑活动》，第231—234页。

③ 这样的色彩主要呈现在伪满洲国"国家银行"和伪满洲国电信电话株式会社以及大同大街两侧的商社的民间建筑上。

④ 来自"沙俄帝国克里姆林宫的红色记忆"。参见王京红：《城市色彩：表述城市精神》，第8页。

⑤ 大量红砖应用到沙俄兵营、亚乔辛制粉公司以及民间建筑上。参见于维联、李之吉、戚勇：《长春近代建筑》，第33—45页；［日］丰田要三：《满洲工业事情》，"满洲事情咨询所"1939年版，第52页。

沙俄二道沟火车站附属地和日本"满铁"附属地内被大量应用。值得注意的是，在日本"满铁"附属地内，红砖色建筑为了凸显造型和主体色彩，常常使用灰白色的清水水泥或石料进行"勾边"强化处理①，并在有限的空间以及秩序井然的灰色街路网格内密集地排列。这样一种人工色彩，使整个区域与自然分离，在灰色街路的切割下，呈现出团块化的肌理特征。在这两个区域中建筑不但呈现出独特的色彩纹理，而且成为这两个区域的主导色。

"青＋黄灰色"则是中国人城区特有的个性色彩②，是青砖、青瓦和土坯这些建造材料固有的色彩③。青色在中国传统的色彩文化中，有着独特的美学和观念属性④，它不是西方科学色彩学意义上的单一的色彩，而是指一个色系，包括蓝色、绿色，甚至黑色等⑤。"青＋黄灰色"就属于青色系列，它是一种从东北大地生长出来的色彩，更是一种积淀了中国传统建筑工艺和文化习俗的色彩。长春地处微波状的台地平原，有着肥沃黑土和草甸土，在这片土地上繁衍生息的中国人就地取材，生产建筑材料应对生存环境的挑战。这里土质使生产出来的砖、瓦和土坯都呈现或青黑或黄灰

---

① 1928年，"南满电器会社"长春支店在长春日本"满铁"附属地内建成并投入使用，这座建筑外表饰以褐色面砖，这标志着一种人造新的外墙建筑材料开始在长春使用。参见于维联、李之吉、戚勇：《长春近代建筑》，第67页。
② 这里指民族主义时期的长春老城和帝国主义时期的商埠地。
③ 除了官衙、寺庙等重要建筑用一些烧制的青砖和瓦以外，民间建筑所用的青砖和瓦不是烧制的，而是将一定比例的高粱壳或切碎的杂草与黏土和水搅拌混合后，倒入坯模中，待成型后去掉坯模，经过晾晒后形成晒干砖，最终颜色呈黄灰色。这样的材料隔热效果好，所以成为当时主要的建筑材料。参见［日］西泽泰彦：《海を渡つた日本人建筑家：20世纪中国东北地方における建筑活动》，第225页；丁艳丽、吕海平：《中东铁路南支线附属地及其建筑特征（1898—1907）》，载张复合：《中国近代建筑研究与保护》第8卷，第260页。
④ 参见姜澄清：《中国色彩论》，甘肃人民美术出版社2007年版，第20页。
⑤ 宋凤娣：《青色与中国传统民族审美心理》，《山东大学学报（哲学社会科学版）》2001年第1期。

色彩，青黑色砖瓦材料主要应用在官衙、寺庙等高大景观建筑上，而青灰色和黄灰色的土坯则更广泛应用到民屋上。年复一年，随着人口的增长和城市空间的拓展，长春的旧城区不仅形成了独特的"青＋黄灰色"的色彩风貌，而且转变为一种集体性的观念和审美认同①。不仅如此，沿着自然形成的狭窄街路，"青＋黄灰色"房屋越来越密集，连成一片，使这个立体的现实环境空间在这些来自大地色彩的解构下成为一个"青＋黄灰色"的平面。

如果说褐色、红色和"青＋黄灰色"构成了长春城市景观的前景，那么，绿色、黄色和白色则可以说是大自然提供给这座城市的本底色，亦即背景色，承担着调适着人们对于这座城市色彩的总体感知的功能。长春季节更替分明——夏季，这里绿意盎然，阳光提高了色彩的亮度和对比度，清晰勾勒出一切物体的轮廓。到了秋季，绿色渐渐褪去，形成枯黄的地表。黄色是典型的大地色，它不具有深度感。在蓝天下，偏冷色时，就会给城市蒙上一层"病态"的色调。给人以抑郁苦闷，烦躁之感②。而在阳光下，偏暖时，它又给人以"安静和愉快"之感③，使人"回想起耀眼的秋叶在夏末的阳光中与蓝天融为一色的那种灿烂景色"④。这里的冬季漫长而寒冷，大雪纷飞，银装素裹是常见的自然景观。在这个白色世界中，给人一种静谧之感⑤，并使由暖色系主导的长春，呈现出统一整体风格。

---

① 即使在 20 世纪初，烧制的红砖非常盛行的时候，在长春老城和商埠地中依然没有使用。参见［日］丰田要三：《满洲工业事情》，第 52 页；建筑学会"新京"支部编：《满洲建筑概论》，"满洲事情咨询所"1940 年版，第 103 页。

② ［俄］瓦西里·康定斯基：《论艺术的精神》，查立译，中国社会科学出版社 1987 年版，第 49 页。

③ ［美］鲁道夫·阿恩海姆：《艺术与视知觉》，第 470 页。

④ ［俄］瓦西里·康定斯基：《论艺术的精神》，第 49 页。

⑤ ［俄］瓦西里·康定斯基：《论艺术的精神》，第 50—51 页。

在殖民政治美学操纵下，殖民都市建设将同一暖色系的褐色区域与红砖色区域紧密地联结在了一起，形成大面积的褐红色，占据了城市的主要空间。而"青＋黄灰色"的冷色区域偏于城市一隅，被褐红色半围合了起来，在色相、面积以及冷暖的强烈对比下，视觉心理上产生出一种褐红色针对"青＋黄灰色"强大的统治和挤压力量，也昭示出殖民权力对中国人生活空间的统治和挤压不仅体现在空间形式中，也存在于城市色彩中。

（二）"平面—浅浮雕—高浮雕"：异质性的城市纹理

1945年，伪满洲国按照都市计划已完成了"国都新京"新市街主要街路和广场的建设，并且通过道路将长春老城、过去的商埠地、"满铁"附属地以及二道沟站区连接了起来，使整座城市联结成了一个"整体"。

然而，当我们俯瞰整座城市，这些被贯通、连接为一个平面空间的区域，在道路的区隔下，轮廓线反而更加清晰明确，并彼此衔接、富有节奏，即使去掉色彩，各个区域的独特质地纹理依然清晰可辨。前文曾详尽梳理了长春现代城市景观的历史层累和积淀历程，可以说，时间性不同的城市区域及其建筑群落，在构形为空间性的整体城市空间时，其景观中所沉淀的美学、历史和文化质地并未被抹平，而是编织成一幅更加复杂的异质性城市纹理。

此时的长春，在东西向早已越过了伊通河和"南满铁路"线两条城市边界，而且南北向也在不断拓展。整座城市以网格街路与九个广场为骨骼呈现出富有理性、秩序感的城市结构和肌理。

在连绵起伏的台地上，成就了巴洛克壮丽风格的新市街。在这里，"宏大、壮丽"既是巴洛克美学风格的核心属性，也是"国都"新市街建设的尺度和标准。在殖民政治美学视阈下，这种尺度和标准不仅使建筑、景观、街道、公共空间获得了"大"这个终极属性，而且还"调动起建筑及其相关领域的全部智性"①。

　　笔直宽阔的巴洛克式景观大道——大同大街（现人民大街）从"新京"火车站广场沿着连绵起伏的台地向南伸向 8 公里以外的"建国"广场，这条城市的中轴线，与被称为"新京的星星"的大同广场②，构成了这座城市中心骨架。兴安大路、兴仁大路、至圣大路都在每一处台地的高点处穿过这条中轴线，所形成的交叉点成为远眺这条巴洛克景观大道和远景的绝佳视点。顺天大街是专门为伪满洲国傀儡皇帝打造的另一条城市副轴线，连接着顺天广场和安民广场，它的长度还不及大同大街的一半。"宏大"的广场与网格街路成为塑造这座殖民都市独特肌理与容貌的基底。

　　在视阈极佳的节点处建造建筑物是巴洛克式的造景手法。通过这种限定视线的方法，建造一幢观者可以环绕观看、可以触知的建筑③。所有日本殖民当局和伪满洲国的官厅以及"建国神庙"等这些"宏大"建筑，都以大尺度的间距或在中轴线两侧占据着重要路口节点，或环广场布局。这些官厅之间不仅有着极为顺畅的道路相连，而且在景观大道——大同大街以及顺天大街两侧种植的行道景观树随着地形的起伏与这些官厅相辉映。每座建筑上除了标志性塔楼外，大面积的公共空间——绿地、溪流、公园勾联在一起填充进大尺度间距的空间中，成为这些建筑物的景观背景，使这些殖民建筑的形态和样式在各个方向上都得到充分的展现。另外，站在大同广场中心点上沿轴线景观大道望向远方，在视觉透视作用下，两侧官厅建筑和行道景观树使建筑样式发生变形，产生一种使人愉悦的运动效果。而且，"在这种入画的运动效果中，在建筑物从我们身边移开的印象

---

①　[荷] 雷姆·库哈斯：《大》，姜珺译，《世界建筑》2003 年第 2 期。

②　当时，《格兰戈尔》报纸通讯员吉扬·道琼将直径 218.1 米、周长约 1000 米的大同广场比作巴黎凯旋门所在的星星广场，称为"新京的星星"。参见 [日] 春山行夫：《满洲风物志》，生活社刊 1940 年版，第 55 页。

③　[瑞] H. 沃尔夫林：《艺术风格学：美术史的基本概念》，潘耀昌译，中国人民大学出版社 2003 年版，第 89 页。

中，纵深的感觉起着重要的作用。然而，这时的实际视觉是，对象的清晰性退居于这样的外貌之后，在这种外貌中轮廓和表面已同事物的纯粹的形体分离开。这种外貌并非已不可辨认，不过，它的直角已不再是直角，而且平行线也已丧失其平行性。正如投影轮廓和内部形状等一切都被改变那样，各种形状的完全独立的作用得到发展。基本形式，即出发点，在外貌的整个变化中越是能够被觉察得到，这种作用就越能使人产生快感"①。

这些殖民建筑分布在这座城市街路、广场的重要节点上，成为重要的城市地标，不仅构成极为精密的城市网络组织，而且当人们穿行其中时，殖民文化和意识形态自觉地进入眼中，并将其自然化。也就是说："任何地标都有意识形态潜文本，不经意地阅读，就会将意识形态内化。"②这一切叠加在一起呈现出具有立体感的城市表皮纹理。

相较而言，原"满铁"附属地区域，尽管也是网格街路和广场结构，但这里的建筑物和街道繁密，与新市街"宏大"的巴洛克街路和建筑配置相比，显得狭小而琐碎，当人穿行在建筑物和街道互相争夺的空间中有种被挤压之感。如果俯瞰这一区域，这里建筑物虽不高大，但轮廓线清晰，在与街路相互作用下，在新市街和商埠地的映衬下，整个区域显现出一种浮雕感的表皮纹理。这和中国传统的建筑美学观发生了很大冲突，中国传统建筑在空间上向来追求水平铺陈而不追求高度，在美学上以和谐与平衡为特质，尤其是作为日常居住的房屋。而长春老城和商埠地并无精细化的网格街路，重重叠叠的低矮建筑，相互拥挤在一起，形成一个巨大平面空间，尽管在大马路两侧建有一些相对比较高的建筑，但在大面积的平面化下，只是些凸起的杂音而已。

纵览"新京"全貌，新市街和旧附属地的高楼大厦则"以垂直性、矛

---

① ［瑞］H. 沃尔夫林：《艺术风格学：美术史的基本概念》，第37页。
② Azaryahu M. and Golan A ., （Re）naming the Landscape：The Formation of the Hebrew Map of Israel 1949—1960, *Journal of Historical Geography*, Vol.27, No.2 （2001）.

盾性和对具体情境的蔑视改写了中国人的空间观"①。整座城市也呈现出"平面—浅浮雕—高浮雕"式的表皮纹理。如此美学性的构图法加上公式化的合成规划法，在人为的景观美学表达中，潜藏着殖民秩序及其意义系统得以建立的时空逻辑。

（三）挤压式与对抗性的景深装置：绿地、水系、公园的配置

荒野中的植被与河流在与人类未触及之前，本是纯粹的自然之物。当与人和城市相遇后，这些纯粹的自然之物被艺术和精神性改造后幻化为城市中绿地、水系、公园等景观元素，这些景观元素彼此勾联、融合，或成为人工建筑物乃至整个城市的背景，或成为人们游戏其中进行审美活动的前景。在这种景别身份的不断转换过程中，这些城市中的"自然"风景被赋予了诸多文化性和象征性，成为调适城市景观体验的独特景深装置。

就此而言，我们将视线聚焦到 1945 年时的长春，俯瞰这座城市，清晰地发现四条水系犹如银带一般蜿蜒东行，穿过大半个城市，将城市从南到北象征性地分成四个部分，并与伊通河、人工挖掘的南湖和净月潭水系组成流动景观，与绿地、公园共同构成城市最富有节奏感的独特的表皮肌理和景观风貌。②

绿地、水系、公园主要集中在城市中部和南部，这里是殖民政治、经济和宗教的集中地。流经这里的水系在殖民者的精密规划、设计和改造下，布置成人们休憩、观景的公园和绿地。形成以公园为节点、以水系为连线，富有层次的绿地穿插其间，彼此勾联、融合、将殖民统治集团的政治、宗教建筑景观围合其中，不仅与这些政治景观一样成为人们观看的景

---

① 孙绍谊：《想象的城市——文学、电影和视觉上海（1927—1937）》，复旦大学出版社 2009 年版，第 18 页。

② 当时的绿地、水系、公园面积已经达到了整座城市面积的 7%。这个比例高出当时 2% 的世界城市绿地标准。大约是当时柏林和东京的 3 倍（柏林 2%、东京 2.8%），与伦敦（9%）相当。参见《国都大新京の全貌》。

观对象，还成为这些政治景观凸显"宏大、壮丽"美学效果的背景。

在这里，绿地、水系、公园作为公共空间，人们穿行其中，体验到的不仅是水色连天、镜花水月的水系美景，以及移步换景所带来的近距离审美，更为重要的是人们在对这些"自然景观"进行"如画"组织和欣赏的时候，一种被"限制"的视觉机制出现了，那就是周边的殖民建筑总是能作为一个"景色"进入画面而成为知觉物。人们正是在这样的景观审美体验中被塑造、被教育。可见，城市中的这些"自然"景观不仅是审美的空间，更是殖民教育的空间。并且，这些"自然"景观连同穿行其中进行审美活动的人一起都成为殖民都市乃至殖民建筑景观的视觉背景。

对于背景进行审美体验和关照的考察，可以从艾伦·卡尔松关于环境审美体验的观念中得到启发。在他看来，对于作为背景的环境审美体验可以从地形和领地两个维度展开①。地形"是指实际上的地面，物理表面和相应的区域特征"。在"地形"这一前提之下，审美关照物的实际形状、尺度和比例看上去是否应该如其所是般的和谐乃是对审美对象展开评价的重要标准。卡尔松认为，"一个建筑应当看上去如同从场地中生长出来，并且被塑造成与周围的环境仿佛和谐共生一般"，并且"舒缓的坡屋顶、低矮的体量与恬静的天际线完美地融合在一起"②。可见，和谐与共生是地形这一审美体验维度的核心属性。然而，在长春的现代城市景观中，尽管绿地、水系与公园的覆盖空间相当大，但是我们却很难从其地形感知到"和谐与共生"——这源于殖民建筑间大尺度的距离与背景、建筑景观三者间的对抗，以及巨大的背景释放出的"托起"力量与建筑景观的"重力"之间产生强烈的视觉张力。对抗来自失衡的比例关系，而视觉张力，来自无边界的"自然"基底与建筑景观的中心视觉力的紧张关系。在这里建筑

---

① ［加］艾伦·卡尔松：《自然与景观》，第80—91页。
② ［加］艾伦·卡尔松：《自然与景观》，第84页。

景观成为"一个力场的中心，一个诸力发出并向其会聚的焦点"①。在中心力场的作用下，周围的空间充满了它们这种同心性的作用。正是在这样比例对抗和视觉力紧张关系中，建筑凸显为殖民荣耀与贪婪的纪念碑，并向外散发出某种力量的线条，影响着周围的空间和人。另外，巨大边界将观者限定在显现建筑物"宏大"之感的视点上，从而在人、"自然"景观与建筑景观的共同构筑下，制造出"宏大、壮丽、理性与秩序"的殖民都市景观风貌。

　　领地，在卡尔松那里，所指不只是一片土地，而是指环绕某物四周的土地，更重要的是"人（或其他'具有领地意识'的动物）在其中的'投入'和他所施加的影响"②。这实质上意指景观间的权力关系。就此而言，从宏观来说城市中的这些绿地、水系和公园所构成的自然景观背景，隐喻着对殖民地的控制与辐射的权力范围。具体到单体殖民建筑景观，体现的则是使用者（建造者）对背景、建筑景观控制上的权力关系，只要踏入由殖民者设计规划建造的绿地、水系和公园三者构成的公共空间中，在精神上和视觉上就要被附以殖民意识形态的环境所控制，在审美、历史、文化的各个层面，无不在告诉人们：如此典型特性的建筑和环境空间仅属于殖民者的领地，是日本殖民者的家园。譬如一座纯粹日式建筑——日本武道馆，就坐落在由日本人规划建造的牡丹公园内。公园内主要景致的设计中对日式园林的复制自不必说，作为背景的水系和绿地，也都被染上一层日本色彩——对于日本殖民者来说，一踏入公园，仿佛置身在母国，带来的一定是愉悦的体验；而对于其他人来说，一踏入公园，就像进入危险之地一样有种莫名的恐惧感，既紧张又好奇，仿佛只有保持距离才能获得安全

①　[美] 鲁道夫·阿恩海姆：《中心的力量——视觉艺术构图研究》，张维波、周彦译，四川美术出版社 1991 年版，第 2 页。

②　[加] 艾伦·卡尔松：《自然与景观》，第 85 页。

感。如此体验，在其他殖民空间中也是一样的①。如此都市景观规划，绝不仅仅是"田园诗般"的美学表达，背后表征的是殖民主义权力的荣耀。

综上所述，城市色彩、城市肌理和城市自然景观既是完成式的，又是发展的。它们是这座城市在发展中一个历史节点上的呈现，在这一节点上，城市色彩、城市纹理和城市自然景观构成了由殖民者规划、设计和建设的殖民都市景观的三个视觉维度，三者相互作用，形成一个整体，呈现出独特的城市肌理和景观风貌。

二、命名的巫术：伪满城市景观的风格化运动批判

在中国近代建筑史研究领域中，伪满建筑的外观和形式特征，作为一种独异性的存在，往往会引起较大的争议。毋庸讳言，争议的起因就在于这些建筑形式乃是殖民意识形态的象征性符号。从中国近代建筑样式的类型划分上来看，伪满建筑样式并非"主动吸纳外来建筑文化以及建造材料和技术"的"文化承续"型，也不是"沿海开放口岸城市由外国直接传入、或受外来建筑文化影响较大"的"文化移植"型，而是"以殖民的强制手段通过武力入侵"形成的"文化植入"型②。因此，不少城市和建筑史研究者在讨论长春伪满时期的建筑时，往往采用一种貌似审慎、客观的话语策略，即一方面对观念、文化和历史层面上的殖民因素严词批判，另一方面试探性地肯定其形式特征和艺术风格；而在现实的城市和建筑设计中，则出现了一些复制、摹仿伪满建筑的极端个案。上述研究和实践领域中存在的问题，学界已有严肃的讨论和批评③，兹不具论。值得关注的是，在

---

① ［加］艾伦·卡尔松：《自然与景观》，第86页。
② 参见张复合：《长春历史文化研究与紫线划定》，载张复合主编：《中国近代建筑研究与保护》第5卷，第123—146页。
③ 张复合：《长春历史文化研究与紫线划定》，载张复合主编：《中国近代建筑研究与保护》第5卷，第123—146页。

相关的研究和实践中，往往闪烁其词地使用一个词语，那就是所谓的"满洲式"。

本书第四章在梳理伪满"新京"政治建筑的风格化实验时，曾详细描述和分析过所谓"满洲式"的形式构成、样式来源以及其背后的殖民意识形态问题。这里想要进一步讨论的问题是，伪满时期所谓"满洲式"的建筑形式，从艺术和美学的角度来说，是否能够真正构成一种"风格"？而那些貌似审慎、客观地对伪满建筑展开的艺术和风格讨论，又是否能够成立？

（一）"满洲式"："风格"的假面

"满洲式"又称为"满洲国式"，是伪满洲国时期日伪当局对官衙样式的命名。前文述及，"满洲式"是由日本殖民集团主导设计并借助现代钢筋混凝土的材料和技术建造的，是将罗马式或文艺复兴式的主体、突出的玄关车寄、高耸的塔楼、中国传统坡屋顶以及日本传统样式的装饰图形、图案杂糅在一起而成一种建筑样式。这样一种杂糅"复古"样式被日伪集团上升到具有表征国家形象的"艺术风格"的高度来展现，这不仅是日本帝国的殖民政治需要而采取的一种美学策略，而且，这样的命名背后既包含着殖民政治美学以及"特定文化的暗示"，又包含着"命名主体的自我建构"①。

如此的命名，就使得当时的这些官衙建筑和景观变成一个艺术理论和美学的话题——把一个具体的建筑景观和样式上升到一个艺术风格或美学高度上去讨论，进而在世界建筑艺术史中确认伪满洲国的主体地位。且不论其殖民意图，单从艺术和美学上看，这样的野心可以实现吗？

事实上，从世界建筑艺术史或城市景观史的发展脉络上来看，日伪殖

① 王确：《汉字的力量——作为学科命名的"美学"概念的跨际旅行》，《文学评论》2020年第4期。

民者的建筑和城市景观实践，以及他们对此进行的风格化的努力，是难以经得起艺术和美学尺度的考量的。

艺术风格，在美术史家海因里希·沃尔夫林的论述中，不仅是个人气质、作品品质的呈现，还是一个时代和一个民族的性情的表征，包含着个人以及团体"美的理想"①。而在另一位艺术史家迈耶·夏皮罗看来，风格不仅指艺术品元素、品质和表现所具有的恒常形式，一种美的痕迹②，而且，在艺术史家眼里，风格是"一个带有一定品质和意义表现的形式系统，艺术家的个性，乃至一个团体宽泛的世界观，正是通过这一系统得以显现"。③ 而在文化史和历史学家看来，"风格乃是作为一个整体的文化的某种表现，是其统一性的可见符号。风格反映了，或者说投射了集体思想感情的'内在形式'。这里，重要的不是个别艺术家或个别作品的风格，而是在一个重要的时间跨度中一种文化的所有种类的艺术共享的形式和特征。"④歌德则将风格视为"艺术所能企及的最高境界"⑤。可见，尽管他们各自的立论和理论背景不一样，但就有关风格的讨论中，对于风格的构成要素的界定是相对一致的。他们认为，只有以下几个要素才能够构成一种完整的艺术风格：一是要具有独特的个性；二是时代性，或者说符合时代审美需求；三是要有民族内在思想的体现；四是它应具有可复制的典范性。

就此而言，可以将这几个要素作为尺度，对伪满洲国所标榜的"满洲式"艺术风格展开分析与评判，揭示这一"风格"假面的虚幻性。

---

① ［瑞］H.沃尔夫林：《艺术风格学：美术史的基本概念》，第12页。
② ［美］迈耶·夏皮罗：《艺术的理论与哲学：风格、艺术家和社会》，沈语冰、王玉冬译，江苏凤凰美术出版社2016年版，第50页。
③ ［美］迈耶·夏皮罗：《艺术的理论与哲学：风格、艺术家和社会》，第51—52页。
④ ［美］迈耶·夏皮罗：《艺术的理论与哲学：风格、艺术家和社会》，第50—51页。
⑤ ［德］歌德：《自然的单纯模仿·作风·风格——文学风格论》，王元化译，上海译文出版社1982年版，第3页。

首先，从"个性"上看。个性是事物自身的一种特殊的"表情"。在建筑艺术上，个性化的表情取决于建筑外部特殊形状和色彩，它是建筑形式语法方面的具体呈现，因此，"形式相应地就被视为一种独特效果的载体"①。就"满洲式"而言，前文述及前期的第一、二、三厅舍，中期的第四厅舍伪满国务院，后期的伪经济部尽管在外观形式上有着差异，但总体外观特征，依然是由罗马式或文艺复兴式的形式和构图作为建筑的基本型，着重突出建筑主体正立面的古典柱式，从构图到比例以及美学风格极力接近于西方古典建筑美学形式（见本书第四章）。在正门处加装着区分内外的玄关车寄，顶面则覆以中国传统样式的屋顶，建筑装饰构件以及装饰图案则是日本式的，在中央顶部竖立着高耸的塔楼，而每座建筑最大不同点也主要集中在这"塔的高度和造型词汇以及细部装饰的简繁上"②。这样具有极大差异性的样式杂糅一起造成建筑在审美尺度上呈现出极其不和谐之感——众所周知，在建筑审美尺度上，中、西有着极大的差异。中国传统建筑是以人为审美尺度的，以体现"现实人间的统治秩序为最要……也少有难以以人自身的尺度来理解的巨大体量，连那些超凡脱俗的佛寺道观也都是以宜人的'遂生'的面目出现，一切都是易于理解的、平易近人的。"③这样一种从人的角度出发，注重宜人的审美感受是中国建筑审美尺度的要义。而西方古典建筑则是以神为审美尺度的，在人与神亲近的场所——神庙则用完美的神的尺度来表现神性的崇高，以数的和谐营构超验和永恒的空间和世界④。因此，两种建筑风格样式结合在一起完全打破了建筑与人在审美尺度上的和谐与平衡⑤。再加上褐色建筑外观，加重了不

---

① ［美］迈耶·夏皮罗：《艺术的理论与哲学：风格、艺术家和社会》，第55页。

② ［日］村松伸：《东亚建筑世界二百年》，包慕萍译，《建筑史》2003年第3辑。

③ 萧默：《中国建筑艺术史》，文物出版社1999年版，第1069页。

④ 刘月：《中西建筑美学比较研究》，博士学位论文，复旦大学文艺学，2004年。

⑤ ［美］托伯特·哈姆林：《建筑形式美的原则》，邹德侬译，中国建筑工业出版社1982年版，第96页。

和谐的审美体验。可见，如此表情，固然成就了其独异的个性。然而，要想成为一种作为"风格"要素的"个性"，也就是艺术个性，仅仅只有独异的形式外观是不够的，它还要具备高贵的品质——艺术作品的品质是内在美的思想的投射，是时代和民族文化的反映。这个问题不在这里展开探讨，详见第二和第三点。在此意义上来说，"满洲式"的"个性"也只是对西方古典建筑和中国古典建筑的形制粗劣模仿和拼贴，一种粗俗的形式杂烩，是无法企及艺术个性的高度的。①

其次，从世界建筑艺术史和中国建筑艺术史潮流上看，"满洲式"的设计与营建，乃是逆历史潮流而动。20世纪30年代，世界建筑已进入现代主义盛期阶段，由钢铁、玻璃及钢筋混凝土材料建造的、呈现机器美学风格的建筑变成了现代主义建筑的中心，并开始跨越国界进入世界各地，开启了世界建筑美学的新风尚。具体而言，此一时期的建筑风格和形式，已经从"立体派以及初期的表现派发展创作出了矿物结晶化的设计"，转向"风格派、纯粹派、包浩斯派等运用白色加直角的组合达到了一个几何学的层面"②。这样的设计以省略"装饰"，强化简洁，凸显建筑功能性，使之更适应和符合机器化时代需求。然而，我们回头再看"满洲式"，它们只不过是在钢筋混凝土现代材料支配下的一个集文艺复兴式或罗马式、传统中式坡屋顶、传统日式杂糅在一起的"复古"建筑，既不是某一古典风格的复兴与创新，又与强调机器美学的世界现代主义建筑史潮流相去甚远，其设计思想和观念依然停留在对19世纪末那种历史主义模仿的窠臼中。从中国近代建筑艺术史上看，20世纪初到30年代，纯粹古典式、国际式、古典折中式代表了当时实践倾向。尽管如此，整个中国的建筑还是以追求现代国际主义风格为主流的，这种现代风潮直到抗战爆发戛然

---

① ［美］迈耶·夏皮罗：《艺术的理论与哲学：风格、艺术家和社会》，第52页。
② ［日］藤森照信：《日本近代建筑》，第314页。

而止①。所谓"满洲式"与古典折中式极为近似。这种样式只出现在当时国民党政府铁道部等个别建筑上②。这样的建筑虽然也是以现代建筑材料为基底，中西古典样式结合，但是，中国建筑师在空间和造型上以中国传统审美尺度进行了改造，使之更符合中国的审美标准，并且使中国古建筑的反曲屋顶、秩序性、构造的明快、大量使用华丽色彩、建筑各元素之间完美的比例凸显出来，使之看上去更和谐均衡。另外，鸱吻、斗拱等建筑构件依然延续着中国传统样式和造型。可见，这种古典折中式所显现出的"精神是东方的，物质是西方近代化的，这就是中国复兴根本有别于古建筑的地方。任何一个民族在接受外来新生事物的时候都不会泯灭自己民族的文化内涵，物质技术可以不断更新换代，然而文化则不可取代，这成为一条规律"③。然而，"满洲式"并没有延续中国建筑传统，只选择了中式的屋顶，而建筑比例以及建筑构件和装饰图案都换成了日式的，使之形成了拼合样式。这样古典折中式在建筑学家童寯看来可谓"犯了一个时代性错误"④。另外，"满洲式"诞生在殖民时期的东北，这是一种在殖民的秩序中生产出来的样式，它们的"风格"呈现与殖民实践之间具有不可分割的联系。也就是说，这样的样式只有在殖民的语境下才能存活与流通。失掉了殖民地的土壤和地基，这样的建筑样式就不可能延续了。历史也证明这一点。可见这样杂糅的"复古"式建筑既不符合当时的世界现代建筑艺术史潮流，也不符合中国建筑艺术史潮流，根本就不具有进入艺术史风格序列的可能性。

再次，在民族内在思想性上，"满洲式"又称为"满洲国式"，是以一

---

① 徐苏斌：《比较、交往、启示——中日近现代建筑史之研究》，博士学位论文，天津大学建筑设计及其理论，1991年。

② 除了赵深设计的国民党政府铁道部外，还有武汉大学、梁思成设计的北平王府井大街仁立地毯公司等。参见徐苏斌：《比较、交往、启示——中日近现代建筑史之研究》。

③ 徐苏斌：《比较、交往、启示——中日近现代建筑史之研究》。

④ 徐苏斌：《比较、交往、启示——中日近现代建筑史之研究》。

个"国名"对这一样式的命名。然而，日本殖民者在确立"满洲国"的时候，故意将一个部族名称混淆为地理空间上的名称——所谓"满洲"，在中国历史上，从未被用作指示地理空间的概念，这一点早有定论（见本书第三章第一节）。这样的命名实则为建构中国东北与日本之间新的空间、文化和历史关系，割断东北与中国的地理、历史以及文化脐带，并将新塑造的虚妄国家历史与文化，通过"满洲式"这样的建筑样式载体注入伪满洲国的地理、文化和政治空间秩序中。另外，从单纯的艺术风格命名的角度来讲，如果用一个部族的名称来称谓"满洲式"，是具有可能性的。但是从实际上来说，满族早已在文化、艺术各个方面都融入了中国文化结构之中，在建筑艺术上，它所具有的民族性的东西已经完全消融在了中国建筑文化当中，自身根本不具备风格化的建筑文化要素，更谈不上风格了。譬如沈阳（盛京）故宫，这一营建于明清之际的旧宫，就业已承袭了中国传统建筑的主流风格，而满族建筑的形式与风格则已经消融在前者之中。而伪满时期的"满洲式"，只是借用了中国建筑坡形屋顶的形式，完全没有体现出中国建筑思想以及满族建筑的独特民族特征。所以说，"满洲式"从本质上说既不是一个民族建筑形式的历史延续，更不是一个民族内在情感、审美意识和思想观念的投射。这样的称谓，所指向的乃是一个空洞的、虚无的主体。

最后，从风格的典范性上看。典范是在空间和时间维度中展现的，被摹仿和借鉴是其内蕴的属性。也就是说，建筑艺术风格，作为一种典范性的艺术个性，与其他艺术形式中的表现一样，总是被有意识地重复、摹仿和借鉴。或者说，重复、摹仿和借鉴的实践，促成了被摹仿对象的"典范性"。在空间上，风格不仅在"宽广的艺术范围中呈现"，有着某个时期风格之间横向的联系性，而且，在时间上还有着历史的延续性 ①。通过前面

①　[美]迈耶·夏皮罗:《艺术的理论与哲学:风格、艺术家和社会》，第52页。

三点的分析可以看出，"满洲式"是在东北殖民语境下被塑造出来的，因此，在空间上，它的合法有效性和联系性只体现在日本国内和殖民地中。它是日本国内"帝寇式"的延伸，是日本建筑文化与帝国意识、殖民话语在一种同构性关系中塑造自身，凸显自身的美学的手段。这样的建筑样式，只有在海外殖民实践中，背靠武力的驱遣，才有可能展开大规模的复制。另外，除了在建筑技术上以外，它与世界建筑艺术史和中国建筑艺术史都是绝缘的。因此，它有着孤立的特质。从历史上看，自从伪满覆亡以后，所谓"满洲式"所经历的，也只有拆除，或大规模的改造。尽管在新中国成立以后，在对城市进行大规模建设和改造中，曾经出现过类似的样式，如现在新民大街上原吉林省图书馆以及地质宫，经常被有些人误认为是为了协调整条新民大街的建筑样式而对"满洲式"进行的仿制，但是只要仔细加以甄别，就会发现这两座建筑与这些"满洲式"建筑有着本质上和细节上的区别。不仅延续着中国古典折中式，而且在细节上有着极为清晰的中国建筑文化脉络，在这一点上与"满洲式"之间形成了鲜明的对照。因此，"满洲式"从来就不具有一种艺术风格所具备的典范性。

综上而言，所谓"满洲式"在艺术和美学上，都与风格的构成要素相去甚远，根本无法构成一种建筑艺术风格。如此，在剥掉了其"艺术风格"的假面具后，这一词语，连同伪满城市景观的风格化运动所显现的，也只有殖民话语的单一逻辑了。

（二）命名的巫术：殖民话语实践的内在逻辑

其实，在殖民语境下，命名对于日伪当局而言，"是一种主权要求，暗示命名者与被命名者的关系"，并且是殖民当局"政治承载行为"[1]。将伪满洲国官衙冠以"满洲式"的风格命名，从语言的运用角度来说，乃是

---

[1]　Elizabeth T.Hayes，The Named and the Nameless：Morrison's 124 and Naylor's "the Other Place" as Semiotic Chorae，*African American Review*，Vol.38，No.4，2004.

一种"施事话语"实践，其目的在于人为制造一种"合法语言"，推动殖民知识的话语生产，并在其支持下，"使其所要说的东西得以成立"，亦即用语言生产存在①，建构殖民主体。就此而言，日本殖民者通过"满洲式"这一风格化的命名，把伪满洲国虚幻的国家意识和形象赋予在建筑上，映射出日本殖民者的殖民话语实践的内在逻辑。

命名首先是对构造对象注入本质性的规定。它是一种"向被命名对象指认其本质，确定其社会命运，并因而也向被命名者提出了一条律令：即成其所是"②。它规定着"他是什么，他必须做什么，将这些东西既向他表明又强加于他"③。在"满洲式"建筑景观的制造过程中，本书第四章所提及的殖民地人民甚至傀儡皇帝溥仪对其所流露出的厌恶之情，就印证了此种命名行为的外部强加性质。更为重要的是，在这样一种命名的行为中，暗含了命名主体，亦即殖民者命运中的匮乏，即殖民者通过"满洲式"的风格化运动所欲建构的世界，恰恰是他所欲望的世界，因此命名主体只有通过一种暴力性行为强制对表征所欲望世界之物进行命名而满足其匮乏。就"满洲式"而言，日本殖民者赋予了这一命名一明一暗两种内涵属性，名义上是伪满洲国的象征，隐喻着傀儡溥仪复辟梦想在实践中的展开，实质上则是日本殖民者对于伪满洲国统治的表征，昭示了日本殖民者的殖民理想和欲望世界。正是后者，确定了"满洲式"这一刻意制造出来的艺术和美学能指的社会命运，担负起分派给它的殖民任务，使其所指不断与艺术和美学等知识话语结盟，并在伪满洲国的殖民事业中进行播撒。可见，"隐藏于言辞的表达有效性之

---

① ［法］皮埃尔·布尔迪厄：《言语意味着什么：语言交换的经济》，褚思真、刘晖译，商务印书馆 2005 年版，第 13—14 页。

② 朱国华：《语言交换的经济与符号权力：图绘布迪厄语言理论》，《徐州工程学院学报（社会科学版）》2015 年第 6 期。

③ ［法］皮埃尔·布尔迪厄：《言语意味着什么：语言交换的经济》，第 103 页。

下的权威是一种被觉察的状况，是一种被知晓，这种知晓允许一种被觉察的东西被实施，或者更准确地，允许作为常识基础的关于社会世界意义的一致意见被正式实施"。① 因此，"满洲式"不仅建构了创造它的主体——日伪集团，并且通过命名这样一种巫术性的仪式也构造了这一殖民化世界的景观现实。

其次，在语言实践中，对伪满洲国官衙之"风格"展开本质规定性的命名，其实是日伪当局尤其是日本殖民者对于所欲望世界的秩序，通过美学方式加以重构与分类的行为表征。它通过命名对欲望对象的边界重新展开定义，制造与周围之物或相似之物的差异，这就"像一束探照灯的灯光，使得被黑暗所笼罩的某个社会存在从背景中凸现出来"，而且"突破我们视为当然的自然连续性，引入一种不连贯的、具有神秘性质的区分原则，使某种暧昧不明的东西具有可见形式，使所宣称的东西变成存在，使对于现实的表征变成表征的现实"②。推而论之，正是通过"满洲式"的风格命名与所塑造出的独特的"国家主义建筑样式"以及所指涉的意义，将其神圣化，来表征和强化伪满洲国在建筑形式上，强调与国际、中国的差异性。③ 在殖民实践中，通过不断复制、生产这种建筑样式，使之成为一种景观现实，并期待为国际社会所认可。这种"国家主义建筑"立场与同一时期轴心国的纳粹德国如出一辙，那就是剔除国际主义建筑风格流派的精神和理论，采取国家主义政策，在建筑中朝着强调"民族的理想主义"

---

① ［法］皮埃尔·布尔迪厄：《言语意味着什么：语言交换的经济》，第83页。

② 朱国华：《语言交换的经济与符号权力：图绘布迪厄语言理论》。

③ 在村田治郎书写的《满洲的史迹》中，他的意图很明白。就是在论述建筑的演变时，分万里长城以南和以北"满洲"两个地域，要证明在"满洲"有与中华民国统治下的地域不同的建筑文化的存在。他否定以汉族为中心的建筑史，强调正是蒙古系、女真族系、汉族系、西藏系，加之俄罗斯和日本的建筑这五个方面的复合，才是"满洲建筑"的特色。这样的差异化观念不仅影响着伪满洲国的建筑以及命名，也存在于日本殖民体系的各个维度。参见［日］村松伸：《东亚建筑世界二百年》，包慕萍译。

方向前进，并且"排除个人主义"，将国家政治意识形态，带入建筑领域，并加强对建筑样式的统治。① 因此，在殖民政治权力的操纵下，"满洲式"这一命名，无论在语言实践方面还是在强化"国家主义"建筑实践方面，都获得了殖民国家体制的背书，它的意义"在于认可事物的特殊状态或者既定秩序，使之神圣化"，而且"在命名或仪式过程中确定的区隔得到承认和尊崇，使出现的这种区隔得到永久化和自然化"②。

最后，对于"满洲式"的命名行为并非单纯涉及建筑艺术和美学问题，作为一种社会巫术活动，它能否获得成功，还取决于掌握建筑艺术、设计、规划等权力的人。这些人本身就是殖民统治机关的一部分，是殖民权力在建筑、规划、艺术、文化领域的显现。在这些殖民权威话语的代言人中，最为重要的是日本建筑师，他们是这种社会巫术活动的直接参与者和推动者。用建筑语言阐释"满洲式"的设计和营建活动，是由其语言习性引导的。这里语言习性具有两种指向：一是指建筑师的建筑艺术语言习性，二是指建筑师的意识形态性。建筑师的建筑艺术语言习性主要来自教育，而意识形态性则来自国家以及阶级属性。譬如，对于"满洲式"的命名日伪当局就来自佐野利器的启发。佐野利器毕业于东京帝国大学建筑科，受过系统专业训练，毕业后在东京帝国大学、东京工业大学、日本大学担任教职，他既对日本的建筑技术起一定推动作用，又是一个"帝冠式"的积极倡导者，伪满洲国成立后被日本关东军聘任为"国都建设局"顾问。③ 他虽没有参加对伪满"国都新京"的规划，但对单体建筑的样式原则却有一定影响，在"新京"规划时，他就提出官衙建筑在重外形和实质

---

① ［日］岸田日出刀：《纳粹德意志建筑的一体化》，《建筑杂志》1937 年第 3 期；［日］伊东忠泰：《新德意志文化与日本》，《建筑杂志》1939 年第 2 期。

② 朱国华：《语言交换的经济与符号权力：图绘布迪厄语言理论》。

③ ［日］西泽泰彦：《海を渡つた日本人建筑家：20 世纪中国东北地方における建筑活动》，第 118 页；徐苏斌：《比较、交往、启示——中日近现代建筑史之研究》。

的同时，更应以"满洲"的气氛为基准的建议①。另外，佐野利器还将自己的学生或他看重的建筑师推荐到伪满洲国任职。② 这些建筑师都受到过专业系统培训，而且在意识形态上也深受帝国殖民思想的影响，他们服从殖民体制的内在逻辑，并与殖民统治机关一起构建了殖民"语言共同体"，在伪满洲国官衙设计与规划中，自觉迎合日本殖民当局的政治要求，将一些所谓"满洲式"的符号具体化，使其获得社会巫术的效力。因此，这些建筑师在命名的巫术仪式中扮演着极为重要的角色，并确保这种巫术在实践中被强力推行。

"满洲式"从艺术和美学角度看，无法构成一种"建筑风格"。究其根源，统制性和计划性是伪满洲国官衙建设的基本特征，殖民政治权力大于一切。③"满洲式"的风格命名，只是殖民政治权力附着在殖民美学上的显现，是殖民权力强力下对一个所欲望之物的命名。然而，其所显现出的语言力量和价值并不能完成其"永久化和自然化"的企图，而是随着1945 年日本投降和伪满洲国覆灭而土崩瓦解。

三、城市景观审美现代性的再审视

19 世纪末，随着一声火车汽笛在长春上空响起，"现代性"在外来侵略武装力量的裹挟下，伴随着殖民化的步伐，长驱直入，来到长春。在后来的半个世纪中，它所展现出的巨大吞噬能量，震惊着这里每一个人。当人穿行在这座殖民都市中，首先感受到的是林荫大道与宽阔的街路、宏伟

---

① "南满洲铁道株式会社经济调查会"：《新京都市建设方策》立案调查书类第二〇编第二卷，第 124 页。

② 如"国都建设局"局长笠原敏郎，以及比他先到任的石井达郎、桑原英治、奥田男、藤生满、葛冈正男、小野薰、牧野正巳、冈大路、相贺兼介、河野三男、太田资爱、笛木英雄、河濑寿美雄、土肥求等。参见［日］西泽泰彦：《海を渡つた日本人建筑家：20 世纪中国东北地方における建筑活动》，第 106—118 页。

③ ［日］佐藤武夫：《满洲国の建筑に寄す》，《满洲建筑杂志》1942 年第 11 期。

官厅与现代建筑样式、水系与公园以及独特的城市色彩交织在一起所带来的视觉震惊感。林荫大道、宽阔的街路与布局来自当时世界流行的巴洛克风格与霍华德田园风的结合；而城市建筑既有美式的现代样式又有杂糅的"复古"样式，这是殖民政治美学与城市现代性相结合的结果，既体现"新而不同"，又体现了所谓"满洲气氛"的整一性；独特的褐色城市主导色彩，则来自建筑外表所敷设的壁砖在制造过程中对现代工艺技术的运用。以上三种城市肌理的构成维度，是在城市现代性中逐步展开生成的结果。它们聚集而形成的城市景观，不仅急剧改变了城市与自然环境之间的关系，而且重新构筑了人们感知、体验这座城市的认知框架及其内在秩序——如果对这庞大之物做总体的把握，作为前景的城市以及作为背景的自然互相映衬而凸显出的天际线，则显得格外突出。在这里，城市天际线是殖民政治美学刻意表现的结果，是运用现代技术将代表殖民力量的景观象征物及其结构嵌入大地的产物，几何化的城市轮廓表征着对抗性的张力。如果视线下移，转向、投射到被这紧张、压抑的天际线和城市轮廓所笼罩着的景观结构内部，人们的情绪或许会因从伊通河畔的传统城市街区转移到以巴洛克风格与霍华德田园风构成的现代化的街区中所体验到的现代都市审美体验而稍加舒缓。由林荫大道、现代建筑以及独特的城市色彩构成的现代城市肌理，使长春作为一座现代殖民都市，构成了一个巨大的城市现代性的体验空间。

这种城市的现代性，以技术和审美双重维度凸显出来。由殖民力量推动的现代都市建设，包含着看得见与看不见的部分。在 1945 年的长春，如果说林荫大道与宽阔的街路、街路灯、宏伟官厅与现代建筑、水系与公园、独特的城市色彩以及水冲厕所 ①、城市内公共汽车、有轨电车等现代化设施，可以看作一种显性的城市景观，那么沿着主要街道方向敷埋在地

---

① ［日］越泽明：《伪满洲国首都规划》，第 125—126 页。

下的下水道、电线等则是城市中的隐性景观，它们没有明显的外貌，但却凭借另一种方式显示其力量。然而，无论显性还是隐性的城市景观，无论城市规划还是建筑防寒技术、建筑材料制造以及建筑构造的改造等①，都奠基于现代知识与技术。可见，技术现代性就隐藏在审美现代性后面，发挥着结构性的作用。正如黑德利克在《帝国的工具——欧洲的膨胀与技术》中所说，帝国主义的殖民地化扩大的主要原因之一是技术——这些看起来是"中立"的技术，统统被他称为"帝国的工具"。他指出，技术在促进了帝国主义者对殖民地的渗透的同时，又使作为"帝国的工具"的技术本身变得更加锐利。② 因此，技术不仅是殖民者实现殖民扩张的一种有效手段，而且还是制造"景观"、打造"美好生活"，进而固化扩张成果，实现殖民再生产的锐利工具。譬如，整洁宽阔的街路，不仅使汽车增多，而且有轨电车和公共汽车的出现极大地改变了长春的城市交通，不但造成城市空间感的改变，而且也使时间的概念改变了。人们轻易通达城市的各个角落，体验街头漫步、看展览、听音乐会等新的文化休闲活动。正是在殖民知识与技术的协作下，将这些现代化之物与现代生活方式和城市景观集合在一起，在不断给穿行在城市中的人们带来各种现代性体验的同时，试图改变和重塑其主体意识。

如果说审美现代性是"表"，技术现代性是"里"，那么制度现代性则构成了推动城市现代性的抽象力量。"国都建设局"③ 和"国都建设咨询委

---

① ［日］西泽泰彦：《海を渡つた日本人建筑家：20世纪中国东北地方における建筑活动》，第220—235页。

② Daniel R.Headrick，*The Tools of Empire*：*Technology and European Imperialism in the Nineteenth Century*，Oxford University Press，USA，1981，pp.1–11. 转引自 ［日］村松伸：《东亚建筑世界二百年》，包慕萍译，《建筑史》2003年第2辑。

③ 首任局长阮振铎，总务处长结城清太郎，技术处长近藤安吉。此外，总务科长由"满铁"新来的江崎猛就任，沟江五月任计划科长，相贺兼介为建筑科长。参见 ［日］相贺兼介：《建国前後の思出》。

员会"是为了加快"国都新京"建设以及对伪满洲国的建筑实施统治而设立的现代科层化制度性存在。前者受伪国务总理指挥与监督，掌管城市规划、整地，技术处掌握"国都"计划上的技术以及施行的事项①；后者则负责在"国都"以及未来伪满洲国的规划和建设方面加强对"国都"建设局的统制和指导②。在建筑制度上，它们不仅制定了适用于"国都新京"的两个建筑规则，即《新京特别市建筑规则》和《国都建设局建筑指示条款》，还出台了适用于伪满洲国的《都市计划法》和《都市计划法实施规则》③。此外，作为现代知识生产和传播的制度性媒介的《满洲建筑协会杂志》，将在伪满洲国的所有日本建筑师聚集在一起，为伪满洲国建筑、规划、设计以及实施技术提供知识支持。就像法国学者路易·多洛在《国际文化关系》一书中描绘 20 世纪初期以来的文化制度演进史时所概括的那样，这一时期，国家权力开始主动介入文化领域，制定各种文化政策，建立体系化的文化机制，这就出现了"国家机关越来越多地安排国民的文化

---

① 根据 1932 年 11 月 1 日公布实施的"国都建设局分科规程"，确定技术处建筑科的职能，主要对伪满洲国政府建筑物的设计、施工监理和民间建筑的建筑指导及建筑申请的审查。参见 ［日］西泽泰彦：《海を渡つた日本人建筑家：20 世纪中国东北地方における建筑活动》，第 106 页。

② "满洲国通讯社"：《满洲国现势》，1933 年版，第 143 页。

③ 在《新京特别市建筑规则》中，没有限制建筑高度下限的条款，只限制建筑物高度的上限。另外，《国都建设局的指示条款》只适用于规模较大的增物（面积 150 平方米以上）以及适用建筑技术人员的资格制度。这吸取了之前导入大连市建筑规则中主任技术人员制度而引起大混乱的经验。制定时的建筑高度上限为 20 米，不过四年后设置了例外条款，使高层建筑成为可能。这是随着伪满洲国的经济发展而改变了的，也在一定程度上应对了"新京"（长春）的建筑热潮。而伪满洲国《都市计划法》从性质上看相当于日本城市计划法。1937 年 12 月 28 日在"全国"范围内都实施了建筑规则。其内容大致跟"国都建设局"建筑指示条款相同。在《都市计划法实施规则》中采用与现在的容积率制度完全相同算法的建筑规则。引入容积率制度这一概念，实质上是为了保证城市的美观。参见 ［日］西泽泰彦：《海を渡つた日本人建筑家：20 世纪中国东北地方における建筑活动》，第 240 页。

生活并为此建立适当的机构"①。因此，"国都建设局"、殖民权力机关、社会文化机构、建筑师协会等都属于此类制度现代性的体制化的显现，它们构成了擘画长春现代城市景观的隐性的主宰力量。

因此，有关长春城市景观之审美现代性的分析，也就不能不加入技术现代性和制度现代性的视角，并对其做历史的、语境化的分析，进而还原和描述长春城市审美现代性之表象的表意结构。

（一）都市审美现代性的华丽表象与复杂性体验构成

1942 年，"满映"拍摄制作了一部比较典型的殖民都市背景的娱乐影片《皆大欢喜》。电影的主人公是一个乡下人吴老太太，她的几个子女则生活在大都市"新京"，从事医生、记者、歌手、服务员等职业，褪去了乡下人的色彩。吴老太太及其长子本来留在乡下居住，在伪满洲国"建国十周年成就展——大东亚建设博览会"在"新京"大同公园举办之际，生活在城市中的子女把吴老太太从乡下接到"新京"来，一则是带老人参观博览会、体验城市风光，二则是请老人调停兄弟姐妹间的一些琐碎矛盾。这部电影的导演是中国人王心齐，编剧和摄影分别是日本人八木宽和福岛宏，演员则全部是中国人。它看似一个极其简单的日常生活故事片，且带有喜剧性，但在深层意图上，却有着不同寻常的殖民象征意义。电影的叙事线和象征线互为表里，意图通过镜头语言的运用，透过吴老太太一家人的视线和对话以及所遭遇的事件，从不同侧面把日本殖民中国东北取得的"成就"向观看影片的人做出展示。

譬如吴老太太乘着象征工业文明的火车，从乡下来到伪满洲国"新京"后，坐在汽车上一边观光，一边回味长春在十年间演变成一个现代化都市的巨大变迁：这座现代化都市里有报纸看、有洋烟吸、有牛奶喝、有汽车坐等诸多"摩登"生活方式。尤其是在伪满洲国"建国十周年成就展——

---

① ［法］路易·多洛：《国际文化关系》，孙恒译，上海人民出版社 1987 年版，第 1—2 页。

大东亚建设博览会"会场，她看到这里人声鼎沸，各种游艺活动、音乐会等无不从最佳视角展现光怪陆离的现代感。这座城市犹如一面既透明又反射的镜子，透过这面"镜子"映射出伪满洲国对于"落后"的中国传统生活方式和水平、文化习俗的"他者"形象的建构——吴老太太一身大袍、一串念珠的乡下人装束，来到城市后追逐摩登生活，被描述为"老古董学摩登"[①]。她的形象，隐喻着需要"启蒙"与"教育"的乡下人形象，连同其所生活的乡村的无秩序的生活及自然景观等，一同构成了上述"他者"的序列。吴老太太在现代都市"新京"所体验到的惊奇感，"蕴含了人类遭遇都市的普遍感受"[②]。这种惊奇感的体验首先遭遇的是对于感知对象的陌生，是对"从未谋面的事物特质的感受、反应和判断"[③]。正如 M. 李普曼所说：

> 我们最初不清楚这究竟是种什么特质，只是感到受它的吸引，不由自主地去注意它，在直接接触中、在直觉中去掌握它。这种激动通常还包含着一阵由以上性质引起的愉快的惊奇感。或者不如说，尽管我们还没有来得及对以上特质作出清晰的判断，就已经对它感到惊奇了。[④]

而惊奇，从最直接、朴素的审美心理上来说，则给人以快感。[⑤] 这种与现代城市遭遇所产生的惊奇感体验早在 1918 年东北作家萧军初来长春时就曾经历过[⑥]。虽然那时日本在长春施展的城市建设和景观营造还只局限于

---

① 《皆大欢喜》，《电影画报》1942 年第 11 期。

② 孙绍谊：《想象的城市——文学、电影和视觉上海（1927—1937）》，第 15 页。

③ 王确：《文学的审美属性——以卡夫卡的〈变形记〉为例》，《东北师大学报（哲学社会科学版）》2006 年第 4 期。

④ ［美］M. 李普曼：《当代美学》，邓鹏译，光明日报出版社 1986 年版，第 290 页。

⑤ ［古希腊］亚里士多德：《诗学》，陈中梅译注，商务印书馆 1996 年版，第 71 页。

⑥ 参见第二章第二节。萧军：《人与人间——萧军回忆录》，第 109 页；萧军：《过去的年代（下）》，第 524—526 页。

"满铁"附属地这一块街区，但现代化的街区和建筑足以使人感到惊奇不已。1932 年，长春从一块殖民地转换成伪满洲国的"国都新京"，日伪当局尤其日本殖民者为了炫耀所谓"帝国"的权力和荣光，其对"国都新京"之现代性的展示更加着力。此时的长春，虽然没有北京、上海那样繁华，但到了1938 年，"新京"已经有四十万人口。在接近城市的时候，就能感到一座现代都市的气息：

> 从火车到达"新京"站之前，我就一直站在车窗的右手边，即使是从远处眺望也可以立刻认出这是满洲的建筑，在一望无际的满洲平原上，建筑物鳞次栉比的排列着。这些都是以国务院为首的各个官衙的建筑，这些官衙建筑规模很大，很容易引人注目。①

下了火车，站在站前广场，周边都是高大的建筑物和宽广的路。② 在文学家的陌生化的修辞中，这些建筑物和道路都笼罩着一种非人的惊怖与震慑："市街像蜘蛛网似的伸张着，浪速通是一只披着金甲的爬虫，从网的左端斜滚下去，穿过转盘街，一直到商埠地的边沿，它带着滚沸的尘烟，狂暴的哮喘，惊人的速度追赶着年月向前飞奔。"③ 而"从车站前的直线大道离开旧附属地后，街名从中央大道变为大同大街，并且一直延伸到前方八千米的建国大学。以这条大街为序曲，'国都'现身了，外观也为之一变。此时的'新京'，是旧长春的二十倍，占东京市的七成多。车站的附近是旧'满铁'附属地，相当于东京的京桥大道，在大阪的话就是中之岛，名古屋的话就是大津町。"④

　　进入新建市街，鳞次栉比的道路和整齐划一的街灯、人口攒动的街

---

① ［日］岸田日出刀：《满洲建国十周年とその建筑》，《满洲建筑杂志》1942 年第 11 期。

② ［韩］咸大勋：《南北满洲遍踏记》，载［韩］崔三龙、许京镇：《满洲游记》，图书出版报告社 2010 年版，第 123 页。

③ 山丁：《山丁作品集》，载刘晓丽主编：《伪满洲国文学资料整理与研究（作品选）》，北方文艺出版社 2017 年版，第 123 页。

④ ［日］春山行夫：《满洲风物志》，第 47 页。

道纷纷映入眼帘。还有关东军司令部、伪满洲国的各个政府机关、中央银行……这些"在曾经的荒野上建起的、一柱擎天般高大的建筑，展示着自己的宏伟与威严"①。日伪文宣机构，也刻意组织御用文人和艺术家从审美的视角诠释他们所营造的都市景观的现代性："从道路看，达到60米。分成两排，有快车道和慢车道，两车道中间还有绿化带做成的警戒线。犹如电车的安全带，隔着安全距离，种着树木。30米、40米的道路贯穿着整个街市，一直延伸到没有建筑的平原。没有尽头延伸的公路铺的都是沥青，好似铺在干枯草地上的黑色绸缎。道路重要的交叉点都是转盘式的，电信、电灯线全部都是埋在地下的电缆。整个新街市看不到一个电线杆，街路又十分整洁干净。"②车行走在连绵起伏的台地上，"像在豆腐块儿上奔驰一样，泛起波波涟漪"③。这里公园众多，自由公园、牡丹公园、大同公园等多个公园相邻而坐。城市渐次扩大，向西、向东早已越过了铁路线和伊通河，伊通河已成为都市区划的一条界线了④。

这座城市街路纵横交错，四通八达。和建筑一样，街道马路成了引人注目的景观。一方面，街道马路指向了人，是人把它塑造成公共展示中心，正是通过这种实践，"人类得以将其观念和价值烙印在物质环境上"。反过来，马路"亦成为某种'缄默'的话语，在与人们发生言说关系的同时，也改变或塑造着人们的时空观念"⑤。另一方面，道路指向交通，它与交通工具进行着对话，为它提供行走的空间，汽车与马车在马路上并行，覆盖

---

① ［韩］全武吉：《满洲走看记》，载 ［韩］崔三龙、许京镇：《满洲游记》，第 197 页。

② ［韩］安容纯：《北满巡旅记》，载 ［韩］崔三龙、许京镇：《满洲游记》，第 312—313 页。

③ ［韩］李泰俊：《满洲纪行》，载 ［韩］崔三龙、许京镇：《满洲游记》，第 155 页。

④ 爵青：《爵青作品集》，载刘晓丽主编：《伪满洲国文学资料整理与研究（作品选）》，第 53 页。

⑤ 孙绍谊：《想象的城市——文学、电影和视觉上海（1927—1937）》，第 19 页。

了整座城市，而且汽车的触角也伸向郊区。① 这使得"公共与私人空间的疆界变得充满孔隙"②。两种内在的、互相指涉的空间感知、引导和塑造因素，本身就制造了一种混杂了惊奇、紧张、刺激的感知体验，如果考虑长春此种城市空间事实上浸泡在殖民意识形态的空气中，那么，它所引发的情感和精神的波动，就更为复杂了。

　　城市景观与城市生活是紧密联系在一起的，在景观的作用下，城市总体生活也有着不一样的容貌。在这座城市中既有爵青笔下的长春散发着一种远离第二次世界大战的那种懒惰、逸乐、停滞的一面：

　　　　懒惰、逸乐、停滞、熟睡……的感情依然支配着每个市民，在市街上，与其说是形成着公共生活的集团的规律，勿宁说是呈现着家族生活的散漫的团乐。通俗的音乐、原色的广告、嚣张的车铃以及喁喁细语的行人……都像留恋着这初秋午后的街头，轻易不肯悄静下去。③

也有季风笔下喧闹的一面："电影院、咖啡馆、餐馆、跑马场等让人联想到的近代娱乐场所在'新京'都有，虽然是一座都市却拥有独特的地方特色。到了黄昏，车声、人声鼎沸的不夜城出现了。"④ 这样以景观为媒介，动与静的生活情景交织在一起，结构成这座城市的审美现代性叙事，从而

---

① 民国初年，汽车被日本殖民者带到长春。1914 年，汽车进入长春并开辟公共交通线路，开创了以汽车为工具的市内交通。到了 1937 年，市内公共交通运行线路达 16 条，郊区线路 10 条。而且，1941—1944 年间，在长春市内开通了 6 条有轨电车公交线路，到 1944 年，有轨电车数量也从开办初期的 40 辆增加到 72 辆。参见于泾、孙彦平、杨洪友：《长春史话（全二册）》，第 599—606 页。

② ［美］大卫·哈维：《巴黎城记：现代性之都的诞生》，黄煜文译，广西师范大学出版社 2009 年版，第 222 页。

③ 爵青：《爵青作品集》，载刘晓丽主编：《伪满洲国文学资料整理与研究（作品选）》，第 44 页。

④ ［日］季风：《浪漫诗人般的城市新京》，载 ［日］山田清三郎：《现地随笔》，"满洲新闻社" 1943 年版，第 58 页。

所引发的视觉性浸渗在各种体验中。

在这座城市中也不乏穿着皮鞋以及深色洋装行走在柏油路上的"游手好闲者"①。然而，他们并不是波德莱尔笔下能"把一个城市所能提供声、像和商品囤集起来将之转换成艺术"的艺术家，他们穿行在城市中，更不是把城市变成"抒情诗的对象"的美学行动②。这些游手好闲的人，白天流连于跑马场、高尔夫球场、公园、咖啡馆、股票交易所，出入三中井、宝山等百货商店……夜晚则出没于歌舞厅、妓院、酒吧、影剧院之中，是物质与欲望的追逐者。他们是内嵌于长春现代殖民城市的审美现代性华丽表象和复杂性体验结构中的一种构成性因素，而不是超越于这一表象和体验结构之外的欣赏者。城市中的光与色，和他们构成了一种互相对话的沉浸性关联。在这种沉浸性关联中，人被物所刺激、调动、激励，从而迷失了主体性和判断能力。

路灯和霓虹灯是这一城市审美现代性的隐喻。每当夜幕降临，路灯一盏一盏地亮起，"把周围的一切都投上了恰到好处、光彩耀人的光芒"。而在丰乐路、吉野町这样的步行街上，灯火通明，各种灯光交织在一起，在这里，路灯成了可有可无的角色，而霓虹灯成为这里的主角，它那频频闪动的各色光不断刺激着人们的视觉神经，给人以"突然被霓虹灯照亮这一情景的可怕的震惊"③。正如阿诺德·伯林特所说："灯光是尚未被充分挖掘的诗意源泉。它不仅可以用来辨识或给人以安全感，而且可以使环境具有一种戏剧性，突然出现的建筑物和街道由于灯光的效果显现出别样的情调。"④正是在这样具有戏剧性的灯光召唤下，歌舞厅、妓院、酒吧、影剧

---

① ［日］季风：《浪漫诗人般的城市新京》，载 ［日］山田清三郎：《现地随笔》，第 55 页。

② ［美］李欧梵：《上海摩登：一种新都市文化在中国（1930—1945）》，毛尖译，北京大学出版社 2001 年版，第 51—52 页。

③ ［德］瓦尔特·本雅明：《发达资本主义时代的抒情诗人》，张旭东、魏文生译，生活·读书·新知三联书店 2007 年版，第 69 页。

④ ［美］阿诺德·伯林特：《环境美学》，第 65 页。

院才成为达官显贵以及那些"游手好闲者"夜晚聚集的场所，"'蒙特卡洛'舞厅，男男女女像是水上浮萍一般肆意摇摆……而卡巴莱歌舞厅，则呈现一种来自外国的风情，这里聚集着俄国人、满洲人、德国人、希腊人，还有韩国人。而且只要是这里的客人，谁都可以和这里的侍者一起跳舞、一同享受"①。"妓院里昏暗的灯光下聚集着男男女女，房间的窗帘中映现着妓女的剪影……酒吧中，灯光随着音乐忽明忽暗……"②除了这些声光色公共之地，诸如康德会馆、军人会馆、银行俱乐部等私密会馆则聚集着不同级别的日本殖民者。而长春老城和商埠地早已被殖民当局悬置在城市一隅，这一区域不仅道路泥泞，房屋破旧，没有上下水，还时常有人冻毙街头。③除了前述仅有的几家破旧的电影院和一处公园外，再没有其他现代休闲娱乐之地，电报、电话更是这里的奢侈之物，就连公共汽车也很少有人享用。

显然，在这座殖民都市中，所谓审美现代性乃是相对的——对于被殖民者和贫困者来说，审美现代性的体验并不是常有的，即使有那也是单一的、有限的体验。只有那些日本人、日伪集团的人以及殖民帮凶的人才有权力和财力常常享受到审美现代性所带来的快感。因此，对于日本殖民者来说这里是乐土，是"浪漫诗人般的城市"；而对于被殖民者来说这里是悲哀之地，是病态的城市。

这些表征着殖民荣光的景观不仅仅只是审美现代性的具体呈现，更是殖民意识形态和权力所留下的印记。它们是殖民者的殖民意识形态现实化的产物，反过来，殖民意识形态又对这些景观加以影响和塑造，使之更符合殖民目标和理想。殖民性与审美现代性在这里同一了。正如艾伦·贝克所说："'实在'景观由意识形态塑造而成，意识形态自身又反过来被'实在'景观塑造：二者的关系是相辅相成的，其结果乃是自然与文化、实践

① ［韩］李泰俊：《满洲纪行》，载［韩］崔三龙、许京镇：《满洲游记》，第156—157页。
② ［日］春山行夫：《满洲风物志》，第61页。
③ ［韩］全武吉：《满洲走看记》，载［韩］崔三龙、许京镇：《满洲游记》，第197页。

与哲学、理性与想象、'真实'与'象征'之间整合而成的辩证景观。"①

（二）对抗、凝视与他者化：殖民都市审美现代性的差异性结构

这种都市审美现代性的华丽表象与复杂性体验构成，如同其他殖民都市景观和文化一样，在不同的体验主体和判断尺度中，自然会激发不同的观点。直到当代，仍有不少人对现代时期长春的都市现代性津津乐道，如在城市形象宣传中认为它的"和谐美感"可以构成"文化活动的活力源头"②，甚至将其定位为"风景名胜"，而无视这一概念所指向的"中华民族珍贵的自然与文化历史遗产"的内涵③。但是，从认识和判断的构成来看，这种看法，无疑是停留在"应激"与"反应"的感官层面上，沉浸在对象所提供的感知氛围中，尚未唤醒知性的参与和理性的判断。

20世纪前期长春现代城市景观所展现的审美现代性，是随着帝国主义的殖民侵略来到这里的。后者在城市特定的发展历史时期，扮演着极为重要的角色，起到了主导作用。然而，历史事实也显示出，在相当长的一段时期内，延续了中国本土传统的城市现代化及其景观实践，在这一片土地上，尽管处于弱势地位，是被压抑和漠视的，但是，它所象征的中国城市文化和建筑美学是绝对的存在并始终在场的。

从长春的城市发展史来看，中国城市文化和建筑美学构成了其基本背景和底色。正如本书第一章、第二章的梳理所表明的那样，中国文化传统、城市美学、建筑风格构成了整个长春城市景观发展的原初土壤和基本背景。

殖民地时期，长春老城和商埠地构成长春现代性的起点之一。20世

---

① Baker, Alan R.H, Biger, Gideon, Dennis, Richard, *Ideology and Landscape in Historical Perspective*, Cambridge University Press, 1992, p.7.

② 《日籍"长春城市规划顾问"越泽明眼中的长春——春城正向国际文化大都市迈进》，《长春日报》2016年12月19日。

③ 《国务院批转建设部关于审定第二批国家重点风景名胜区报告的通知》，1988年8月1日，见 http://www.tengzhou.gov.cn/ly/lyfg/t20040630_1050.htm。

纪初，新的建筑样式以及建造技术，随着沙俄和日本在中国东北的殖民活动扩散到这里：俄国人带来了新艺术样式、拜占庭样式以及西伯利亚木屋样式；日本人则将欧美文艺复兴、辰野式和日本风带到了长春。这一时期，还有变体的欧美文艺复兴以及巴洛克等的西欧古典样式悄然流入这一地域的，尤其以西欧古典样式在 20 世纪初对中国东北的建筑施以的影响为巨。处于中国东北腹地的长春，自然处于这样的影响的旋涡中。在长春，这样的影响不仅仅体现在建筑样式风格上，最重要的是砖瓦与钢筋混凝土配合、钢筋混凝土与玻璃结合所能制造出丰富的建筑外观。正是在这样新式材料以及建造技术的冲击下，长春的景观也在发生巨大变化。因长春地处东北腹地，处于南北的咽喉，正是这样得天独厚的地理位置，使得俄国和日本对长春极为重视，因此，在长春，中、日、俄三者之间形成对抗性存在，互为他者，互相凝视，并将新式景观建筑视为夸示自身、宣示存在的重要媒介。于是，各式建筑样式出现在长春老城和商埠地、日本"满铁"附属地以及宽城子铁路附属地中，道台衙门、商埠地街路规划、"满铁"附属地的规划、长春大和旅馆和中东铁路俱乐部就是展示当时欧美流行古典风格和现代建筑技术与工艺的最好例证。这样，长春就成为欧美、俄、中、日的建筑样式的复杂交错的地域——现代材料、技术与建筑和规划的现代主义思想汇集到一起，成为"中华巴洛克"建筑样式诞生的驱动力。

所谓的"中华巴洛克"，就是在建筑外观造型中添加西式古典柱式和山形墙等建筑元素，而其细部以及建筑内在结构，则与西洋古典风格的建筑完全不同。也就是说，这种"中华巴洛克"的建筑风格，只是意象性地借用了西式建筑外观局部样式，完全是展示性、装饰性的，达到形似即可。因此，在长春城和商埠地景观建筑中，中国建筑文化、美学以及乡土文化依然是主导力量，譬如，在建筑结构上依然是架梁结构；在装饰上，不仅要有实在的功能价值，而且还有其象征意义；房屋开间尺寸重视数象关系；更重要的是在观念上，要有"中"观和时序观。① 这种风格的建筑在长春老城、商埠地，尤其大马路商业街被大量实践着，其实践中并不是简单模仿俄国和日本建筑风格，而是进行了改造，不仅加入大量本土装饰元素，而且在建筑中加入了现代材料，并运用现代建造技术完成了木与石结合。这样的建筑美学风格不仅形成商埠地一道独特景观线，而且也形成了长春旧城区与另外两块殖民地强烈的对抗与竞争性存在。正是在这样一种对比的张力关系中，形成了三种风格迥异的风景线。

伪满时期，长春旧城（长春老城和商埠地）成为伪满"新京"得以确立自己的对比性存在，并且，"新京"的现代化建设是以汲取与压榨包括长春旧城在内的中国资源为基础的。

作为殖民者对比性存在，被殖民者是被重新书写的对象化了的他者。伪满洲国成立后，日本殖民当局获得了绝对的殖民权力，并借助这一权力开始生产"特定殖民形式的社会歧视"，体现在城市建设和景观营造上，就是将长春旧城悬置在"新京"一隅，并对生活在这里的中国人进行全方位的压制——从"信仰、观念、形象、符号或知识……无论是思想性的还是视觉上的"②，力图在感知、情感和观念层面将中国人强行规训到他们所创设的殖民社会的体系中。就建筑角度而言，那就是去中国化，从中国的建筑艺术观念到美学观念都要去除掉。具体而言，在官衙建筑中加入中国建筑坡屋顶样式，从表面上看融入了中国元素，争取到被殖民中国人的认同，而实际上是把中国建筑样式进行裁剪、变形后与日式和西式拼接在一起，从而达到将中国建筑样式解构掉的目的。从长远看，一方面，日本殖民者利用自身的知识通过解构中国的建筑样式，达到割断与中国文化、建筑艺术与美学联系的目的；另一方面，将所生产出的新殖民政治美学观通

---

① 傅崇兰、白晨曦、曹文明：《中国城市发展史》，第 551—572 页。

② ［秘］阿尼巴尔·奎杰罗：《殖民性与现代性／理性》，何卫华译，《国外理论动态》2013 年第 11 期。

过景观、技术和制度固化下来并加以推广，用所建造的现代景观将长春旧城围合起来，不仅俯瞰着旧城区的民居，而且还对中国的建筑美学产生压制，从而使殖民者所生产的都市景观审美现代性释放出一种诱惑力，制造出一种现代性与日本性同一的幻觉，激发被殖民者中国人产生一种对于这样现代性的渴望。总而言之，那就是通过由殖民政治美学观所构成的城市景观审美现代性来影响和改造中国人的审美与思想意识，从而使殖民事业得以顺利"发展"。

作为殖民权力的他者，被殖民者成为与殖民者互相"凝视"的对抗性存在。凝视是来自双方的互"看"。正是在这种双向的凝视中，殖民者与被殖民者的"差异"得以显现，也使殖民者与被殖民者和殖民世界的关系得以建立。

对伪满"新京"而言，长春旧城首先是日本殖民者窥视的对象，从而在窥视中表征出进步与落后的隐喻关系，在这种隐喻关系中日本殖民者所阐释的城市景观审美现代性不仅被制造和渲染出来。而且，长春旧城所表达的落后被日本殖民者所代表的"现代文明"所包围并改造，于是，日本殖民者的"文明进步"主体形象在对长春旧城的窥视中被建构了出来。这种建构也使象征"文明进步"的日本与"落后"的中国两元对立结构得以巩固。与此同时，日本殖民者也将视线转向对自我的关照中，在确证自身的身份、位置以及权力后，开始"展示自我"①。在如此螺旋式的循环中，日本殖民者的殖民结构不断得以完善，城市景观审美现代性所具有的对抗、凝视与他者化的差异性结构也日益坚固。

在伪满"新京"都市现代化过程中，日本殖民当局不仅大肆强买土地、建筑材料、奴役中国工人，而且使长春旧城成为被掠夺与压榨的对象。据当时日本建筑师相贺兼介回忆，在决定第二厅舍（即当时的伪满"首都"

---

① 吴琼：《他者的凝视——拉康的"凝视"理论》，《文艺研究》2010 年第 4 期。

警察厅舍）位置的时候，因日伪当局强制征买这块土地遭到了周围农民的反对，这样的掠夺也导致有的中国人因失去了祖先留下来的土地而自杀的结果。① 殖民都市"新京"朝向现代化道路上所呈现的审美现代性，是日本殖民者通过高压手段对中国掠夺与压榨的结果，正如伪满时期东北作家山丁所描述的那样：

> 火车从广漠的大平原上滚进这个充满了烟雾的市街，它以怪兽一般的吼叫震碎了这市街的春梦。谁都知道，使这市街繁荣的脉管，便是一年比一年更年轻更喜悦的火车，它从这里带走千万吨土地上收获的成果和发掘出来的宝藏，回头捎来"亲善""合作""共荣""携手"……②

山丁笔下的火车和市街意象，无疑是对殖民地时期长春城市现代性之内在结构的隐喻，它们像寄生物延伸到生命肌体中的触手和脉管，以残暴和罪恶的压榨和汲取，来维持寄生体光鲜艳丽的外表。

（三）层累的景观遗存及其审美困境

"城市其实就是一种三维的羊皮纸文字：在一定的区域内，循环往复地改变、覆盖与沉积，造成了历史本身的层层相叠。"形成一种"'非共时的共时性'，这一说法不仅适用于生活在同一时代而分别属于不同年代的人，而且也适用于存留于当代却建于不同年代层次的城市建筑。"③ 的确，正如阿莱达·阿斯曼对于城市所做的阐释那样，长春在城市历史发展的不同时期所形成的城市景观，均为这座城市留下了富有特征的物质痕迹，呈现出清晰的"非共时的共时性"特征。19 世纪初叶，长春是清政府一个

---

① ［日］相贺兼介：《建国前後の思出》。
② 山丁：《山丁作品集》，载刘晓丽主编：《伪满洲国文学资料整理与研究（作品选）》，第127 页。
③ ［德］阿莱达·阿斯曼：《记忆中的历史：从个人经历到公共演示》，袁斯乔译，南京大学出版社 2017 年版，第 91 页。

治所之地。近一个世纪后，随着帝国主义的侵入城区开始扩大，当时现代城市规划理念和技术开始在日本"满铁"附属地中出现，各种砖木结构建筑也随之出现在这座中、日、俄风格共存的城市中。伪满洲国建立后，象征权力秩序的城市街路与日本殖民者设计的强固混凝土大楼以异质的"满洲式"迅速占领"满铁"附属地以南地区，它所塑造的异态景观与"满铁"附属地景观统合在一起，成为长春这座城市景观统治力量并深刻影响着这座城市乃至未来的发展。

伪满洲国覆亡后，新的城市规划与建设对日本殖民者留下来的大量象征殖民统治的建筑遗物进行了拆除、改造和功能性再利用。首先进行的是主要街路大规模的更名改造，如 1945 年，长春光复后，就曾将大同广场更名为中正广场，北段大同大街为中山大街，南段为中正大街，1948年，又更名为斯大林大街，1996 年，更名为现在的人民大街；伪满洲国官厅街顺天大街改为新民大街；兴安大路更名为西安大路；兴仁大路更名为解放大路；至圣大路更名为自由大路；洪熙街改为红旗街等。其次是拆除了所有街道上、建筑物上和公园中与日本帝国主义紧密相连的视觉符号和标识 ①；拆除了精神象征的神社和忠灵塔。再次是进行功能性转化、改造与再利用。如将曾经作为伪满洲国官厅街（旧顺天大街，现新民大街）两侧的伪官衙改造成医院与医学科学研究场所 ②；对人民大街（旧大同大街）两侧上的旧关东军司令部、关东局以及康德会馆等建筑进行重新布局和改造，成为吉林省委省政府、长春市政府及各级机关的办公场所。这样的改造乃是战胜日本帝国主义的象征，同时将这些殖民建筑保存下来，起到警

---

① 拆除更换大街带有伪满标识的井盖，拆除各类建筑物上伪满标识，拆除西公园日本侵华头目儿玉源太郎像以及大同公园的由意大利墨索里尼法西斯政府赠送的牝狼育婴青铜像等。

② 伪国务院、伪军事部、伪经济部、伪司法部、伪交通部经过改造，目前被吉林大学医院教学使用。伪中央法衙改造后被 461 医院使用。

示后人勿忘那段屈辱历史的爱国主义教育作用①。但是，如果从美学角度看，这种改造、利用以及后续的城市建设和发展，事实上依然要面对伪满时期所形成的城市景观所带来的审美困境。

巴洛克式街路、超大体量的"满洲式"建筑形式以及褐色的城市色彩是形构伪满时期长春城市形态、凸显殖民美学主要力量。城市被巴洛克式宽阔的景观大道切割而沦为中空，成为炫耀殖民政治权力的舞台②，而且高度等级化的街路，将城市肢解成无数个格子。各个功能区被安置在这些清晰而明确的格子中，超大体量的"满洲式"建筑就占据在各个主要节点上。褐色成为整座城市的统治性色彩。这些形构城市的力量在殖民权力统合下形成一个完整的殖民政治化的景观。这样的殖民景观在城市发展中不但没有拓展性，而且还阻碍城市发展。

第一，从生态美学角度来说，高度等级化的街路对于今天以汽车和高楼大厦为尺度的环境来说无疑是灾难性的，狭窄的街路会引发出诸多环境与社会问题。这样的街路对于今天的城市规划来说不仅是反美学、反人性的，而且如果对这样已经定型的街路加以改造的话，也将付出巨大经济成本。从视觉美学角度来说，今天的城市的街路发展都是以流动的汽车为尺度的，要求街路视野宽阔，狭窄的街路不仅不适合，而且在城市向外拓展时，这样狭窄的街路在与拓展边缘街路接合处会发生错位，出现由窄变宽的样式，不仅影响区域街路的审美感观，而且也会带来安全问题。从审美心理角度来说，千篇一律的格网状街区，不仅丧失了多样性的美学活力，而且容易使人产生一种迷失方向的恐惧感与焦虑感。

---

① 2010 年 3 月 16 日，吉林省人民政府正式致函长春市人民政府，同意将人民大街街区、新民大街街区、伪满皇宫街区、南广场街区、第一汽车制造厂街区、中东铁路宽城子车站街区批准为历史文化街区。参见《新民大街等六街区成历史文化街区》，《长春晚报》2010 年 4 月 13 日。

② [德] 阿莱达·阿斯曼：《记忆中的历史：从个人经历到公共演示》，第 92 页。

　　第二，定型化的殖民建筑景观有着明确的殖民政治意涵并对周围形成一体化力量，它是殖民政治权力的显现，因此在美学上呈现的是一种虚假的崇高，它具有道德上的欺骗性与破坏性，给人以极其压抑、不愉快感。不仅如此，"它逾越了艺术的准则从而具有'侵犯性'"。当侵犯性发生时，它不仅"侮辱我们的道德感和美学感受力"①，而且还破坏了区域建筑形式生态，进而使其与周围建筑以及环境产生对抗性的张力关系②。

　　第三，殖民者进行的功能区划在空间及心理上具有明确的区隔性。殖民者都生活在"满铁"附属地和新市街中，而被殖民者中国人生活在长春旧城，相互间有着清晰的界限，这就形成了凯文·林奇所说的"粗糙而清晰（被断然隔开）"的城市纹理意象。这种殖民权力强制下的种族区隔，不仅在对资源和设施的享用机会上会更加不平等③，而且也造成情感和心理上的巨大伤害和压迫。新中国成立后，虽然这样的社会区隔在对城市改造中得以消除，但是它对于城市功能区的调整与改造所带来的挑战，直到今天仍然还在持续。

　　第四，伪满洲国时期形成由褐色主导的城市色彩，同前面提及的城市纹理一样，以单一的姿态压抑着人们多样性、有活力的审美需求。这样的殖民城市色彩在相当长的一段时间中起着作用，直到改革开放后，随着经济的发展，城市建设步伐加快，伪满时期遗留下来的建筑物也拆除了很多，旧城改造也使城区色彩日趋多元，而且市内高楼大厦林立，建筑广

---

① ［美］阿诺德·伯林特：《生活在景观中——走向一种环境美学》，第50—52页。

② ［美］阿诺德·伯林特：《生活在景观中——走向一种环境美学》，第56—57页。

③ 凯文·林奇将城市纹理分为细致的和粗糙的，当相似的元素或一小簇一小簇相似的元素遍布于不相似的元素中间时，混合体的纹理就是细致的；当一大片某物与一大片他物相互间隔时，混合体的纹理就是粗糙的。并且从一簇相似元素到其相邻的不同元素的转变是突然的，那么这种纹理就是清晰的；如果转变是逐渐的，那么该纹理就是模糊的。参见［美］凯文·林奇：《城市形态》，林庆怡、陈朝晖、邓华译，华夏出版社2001年版，第188页。

告、车体广告充斥在大街小巷，城市色彩才变得丰富了起来，加上市内大树的遮挡，才将殖民时期的色彩消解掉。

可以说，层累于当下长春城市中的伪满建筑和城市景观遗存，以及它所引发的审美困境，对这座城市的发展以及生活在这座城市里的人产生的破坏力是隐性的，城市的后续发展史，默默承受、抵抗、消解着这种破坏力。但在进入都市景观主义时代的当下，美学判断渐次成为人们生活中的主要尺度之一。在这种审美化的都市文化语境中，如何认识、判断和定位这些城市景观遗存，依然是一个具有挑战性的问题——今天的城市已经是"充满生活和艺术的环境，是一个人类全部的体验可能发生的场所"[1]。城市要为人的美好生活提供最基本的生活环境。从美学的角度来讲，生活美学的兴起使生活和艺术之间的界限已经变得越来越模糊，或者说生活与艺术已经融为一体，那么这就要求城市更多地体现出审美品质。从城市景观的风格上来说，我们当下的生活美学所谈论的城市审美品质，既不排斥古典美学，也不排斥现代美学，它具有极大的包容性，强调多元化，多主体间性，把古典的、现代的和后现代的都容纳在一起[2]。从城市景观的要素上来说，城市中的建筑、道路和景观与生活在城市当中的人形成一种交互关系，让人在工作、生活、学习的环境当中体验和感受到感性的完善，则构成了生活美学视野下的城市景观的理想状态。伪满时期所留下的那些殖民政治类的建筑，从这一尺度来说，是反美学的。但是未来的城市景观可以有限度地包容它们——它们只能作为一种承载着屈辱历史"记忆"元素而在城市景观中呈现。但作为城市美学的主体来说，未来的趋势显然应该将克服和超越它所带来的审美困境作为主要问题加以思考。

---

[1] [美] 阿诺德·伯林特：《环境美学》，第 55 页。

[2] 王确：《中国美学转型与生活美学新范式》，《哲学动态》2013 年第 1 期。

结　语

　　通过上述关于长春城市景观史的梳理和反思，可以发现，在作为直观表象的城市景观背后，实际上交织着复杂的历史、政治、文化等重要因素及其之间的对抗与碰撞，因此，景观的完整性就不能仅仅体现于形式和质料的层面，更应该把上述因素涵盖进来，这就对我们的景观理论和景观研究方法做出了有效的补充。

　　在不同学科的景观研究和理论建构中，审美是暗含在"景观"中的一个基本视角。景观作为一种人工创造的综合，既具有人类活动背景的功能性，又具有装饰艺术性，审美与功能具有不可分离性，这是美学与功能的综合。就此而言，米切尔对景观的理解能够给予我们新的启发，"'景观'应从名词变为动词——我们不是把景观看成一个可供观看的物体或者供阅读的文本，而是一个过程，社会和主体身份通过这个过程而形成。"[①] 同时，人类还形成了一个具有完整而统一的并得到集中和强化的审美经验。因此，在美学层面，我们将从对景观外在形式的把握到对景观深刻理解的过程中获得"整一性、丰富性、积累性和圆满性"[②] 的审美经验。

　　在功能层面的把握属于第一个层次。景观被人们各取所需译解成各种文本系统，并同各种日常生活事件联系起来，社会和主体身份在这种交互

---

① ［美］W. J. T. 米切尔：《风景与权力》，第 1 页。

② ［美］约翰·杜威：《艺术即经验》，译者"前言"第ⅩⅣ页。

过程中得到建构和确认。在这一过程中，对景观的理解和认知先从直观开始。通过与对象保持一定的心理距离，在静观中才能描述感知主体与审美对象之间的关系。这种分离式的直观把握是整体性的，是对景观外在感性表象物理形式的最初视觉感知，从而产生最单纯的美感。这种美感特征：一是审美对象呈现的外在形式感；二是审美主体的共通美感即康德所说的"审美共通感"。同时，人们对所感知到的景观，通过其外在形式（节奏、韵律）和关于同一主题的各种变化所给予的信息进行分类，这种分类也是获得对景观理解的基本前提。①

对景观内在形式的把握属于第二个层次，是对直观审美经验的丰富与超越。这里的内在形式不是指事物所呈现的外在样式，而是构成景观内涵要素之间辩证关系所形成的文化形式，是超越直观审美层面进入审美文化创造层面。在文化作用下，不同的审美主体面对同样的景观召唤，会激荡出层次不同的审美情感和富有个性的心理经验，这种"远近高低各不同"的差异性，凝结成地方文化并构成了自然或城市景观的独特性。地方文化还试图通过"景观"这种形式力图保持自身的同一性。② 同时，对景观的文化"感知"也由单一的视觉向——闻、嗅、听和触碰等多元体验拓展，由此产生出对景观的特殊审美经验，并运用所得经验建构起来的景观知识来理解景观。

对景观所负载的象征意义的把握，构成了景观的第三个层次。"景观"不仅仅是一种使人产生愉悦的审美对象，它还是人类在其中生存和发展的场所和空间，人类的理想生活通过此物化形式得以展开。从这种意义上说，它还具有符号性。景观作为一种负载象征意义的符号，是"设计者"创造性审美活动的产物。"设计者"是具有独特文化特质的人，能够运用

---

① ［美］史蒂文·C.布拉萨：《景观美学》，第124页。
② ［美］史蒂文·C.布拉萨：《景观美学》，第129页。

其所具有的超越既定传统文化限制能力来生产景观，赋予景观某种意识形态。从而促使"观赏者"对景观审美与文化态度发生转变，因此，审美同道德实践以及审美与功能领域的关系不可分割地纠缠在对景观的经验中，正如康德所说："美是道德的象征"①。

　　透过长春城市"景观"内涵演变的历史，以及景观研究不断丰富、深化和拓展的视野，能够发现，城市"景观"从外在于人的日常生活、相对独立的他者，逐步与人发生情感的、审美的关联，进而演化为人的生存"环境"，全方位介入人的日常生活。城市"景观"研究的不同视角，以及把握景观的多个层次则表明，我们所面对的"景观问题"，实则是一个"生活"问题，是如何建构和拓展人类生活经验与形式的问题。就此而言，对于城市"景观"的研究不仅是历史的、当下的，更是未来的。

---

① 　[德] 康德：《判断力批判》（上卷），第 202 页。

参考文献

一、著作

（清）昆冈等编撰：《光绪大清会典事例（卷九百九六）》，光绪二十五年（1899 年）重修本。

《清实录·高宗实录》（卷三百四八）第 13 册，中华书局 1986 年版。

《清实录·仁宗实录》（卷七一）第 28 册，中华书局 1986 年版。

（清）萨英额等：《吉林外纪·吉林志略》，史吉祥等点校，吉林文史出版社 1986 年版。

（清）杨宾撰：《柳边纪略》（卷一），商务印书馆 1936 年版。

阿成：《他乡的中国——密约下的中东铁路秘史》，武汉大学出版社 2013 年版。

艾周昌、程纯：《早期殖民主义侵略史》，上海人民出版社 1982 年版。

爱新觉罗·溥仪：《我的前半生》（全本），群众出版社 2007 年版。

卜维义、孙丕任：《康熙诗选》，春风文艺出版社 1984 年版。

步平、郭蕴深、张宗海等：《东北国际约章汇释（1689—1919 年）》，黑龙江人民出版社 1987 年版。

曹殿举：《吉林方志大全》，吉林文史出版社 1989 年版。

长春市南关区地方史志编纂委员会：《长春市南关区志》，吉林文史出版社 1993 年版。

长春市宽城区地方志编纂委员会：《长春市宽城区志》，吉林人民出版社 1996 年版。

长春社会科学院编辑：《长春厅志·长春县志》，于泾校注，长春出版社 2002 年版。

长春市政协文史资料委员会、伪满皇宫博物院编：《见证伪满皇宫——伪满皇宫见证人采访录》,《长春文史资料》总第 72 辑,2006 年版。

长春电视台:《发现长春》,吉林美术出版社 2011 年版。

成玉宁:《现代景观设计理论与方法》,东南大学出版社 2010 年版。

方玲玲:《媒介空间论——媒介的空间想象力与城市景观》,中国传媒大学出版社 2011 年版。

房友良:《长春街路图志》,吉林人民出版社 2016 年版。

傅崇兰、白晨曦、曹文明:《中国城市发展史》,社会科学文献出版社 2009 年版。

傅斯年:《民族与中国古代史》,生活·读书·新知三联书店 2017 年版。

何一民:《近代中国城市发展与社会变迁(1840—1949)》,科学出版社 2004 年版。

《红档杂志有关中国交涉史料选译》,张蓉初译,生活·读书·新知三联书店 1957 年版。

胡昶、古泉:《满映——国策电影面面观》,中华书局 1990 年版。

吉林省金融研究所:《伪满洲国中央银行史料》,吉林人民出版社 1984 年版。

吉林师范学院古籍研究所编:《涉外经济贸易》(上),吉林文史出版社 1995 年版。

姜澄清:《中国色彩论》,甘肃人民美术出版社 2007 年版。

姜进:《都市文化中的现代中国》,华东大学出版社 2007 年版。

李泽厚:《美的历程》,上海文艺出版社 1986 年版。

李泽厚:《己卯五说》,中国电影出版社 1999 年版。

李澍田主编:《吉林地志 鸡林旧闻录 吉林乡土志》,吉林文史出版社 1986 年版。

李澍田主编:《吉林志书·吉林分巡道造送会典馆清册》,李澍田等点校,吉林文史出版社 1988 年版。

黎翔凤撰:《管子校注(上)》卷一,梁运华整理,中华书局 2004 年版。

彭一刚:《建筑空间组合论》,中国建筑工业出版社 1983 年版。

齐康:《江南水乡一个点——乡镇规划的理论与实践》,江苏科学技术出版社 1990 年版。

卿希泰:《中国道教》(第三卷),上海人民出版社 1990 年版。

曲晓范:《近代东北城市的历史变迁》,东北师范大学出版社 2001 年版。

商务印书馆编译所编纂:《国际条约大全》(下篇卷三),商务印书馆 1928 年版。

上海城市建筑档案馆:《上海外滩建筑群》,上海锦绣文章出版社 2017 年版。

舒新城、沈颐、徐言诰等:《辞海·上》(全二册),中华书局 1936 年版。

苏崇民:《满铁史》,中华书局 1990 年版。

苏秉琦：《华人·龙的传人·中国人——考古寻根记》，辽宁大学出版社 1994 年版。

眭庆曦、张复合等：《中国近代建筑总览——大连篇》，中国建筑工业出版社 1995 年版。

孙绍谊：《想象的城市——文学、电影和视觉上海（1927—1937)》，复旦大学出版社 2009 年版。

汤士安：《东北城市规划史》，辽宁大学出版社 1995 年版。

佟冬：《沙俄与东北》，吉林文史出版社 1985 年版。

王树楠、吴廷燮、金毓黻等撰：《奉天通志》（卷七十八），东北文史丛书编辑委员会 1983 年版。

王化斌：《画面肌理构成》，人民美术出版社 1995 年版。

王志和、马鸿超、王德才：《长春市志（少数民族志·宗教志)》下卷，吉林人民出版社 1998 年版。

王笛：《街头文化》，商务印书馆 2013 年版。

王京红：《城市色彩：表述城市精神》，中国建筑工业出版社 2014 年版。

闻人军译注：《考工记译注》，上海古籍出版社 2008 年版。

孙党伯、袁謇正主编：《闻一多全集》（第十卷），湖北人民出版社 2004 年版。

吴晓松：《近代东北城市建设史》，中山大学出版社 1999 年版。

吴家骅：《景观形态学：景观美学比较研究》，叶南译，中国建筑工业出版社 2003 年版。

萧军：《过去的年代（下)》，作家出版社 1957 年版。

萧军：《人与人间——萧军回忆录》，中国文联出版社 2006 年版。

萧默：《中国建筑艺术史》，文物出版社 1999 年版。

熊月之：《都市空间、社群与市民生活》，上海社会科学院出版社 2008 年版。

杨余练、王革生、张玉兴等编：《清代东北史》，辽宁教育出版社 1991 年版。

杨秉德：《中国近代城市与建筑（1840—1949)》，中国建筑工业出版社 1993 年版。

杨家安、莫畏：《伪满时期长春城市规划与建筑研究》，东北师范大学出版社 2008 年版。

于泾、杨洪友、孙彦平：《长春史话》（全二册），长春出版社 2018 年版。

于维联、李之吉、戚勇：《长春近代建筑》，长春出版社 2001 年版。

张玉兴：《清代东北流人诗选注》，辽沈书社 1988 年版。

张世英：《新哲学讲演录》，广西师范大学出版社 2005 年版。

张英进：《中国现代文学与电影中的城市：空间、时间与性别构形》，秦立彦译，江苏人民出版社 2007 年版。

赵继敏、张立宪：《图像档案解密伪满皇宫》，吉林文史出版社 2012 年版。

中国社会科学院近代史研究所：《沙俄侵华史》第四卷（上），人民出版社 1990 年版。

中国历史博物馆编：《郑孝胥日记》第五卷，劳祖德整理，中华书局 1993 年版。

中央档案馆、中国第二历史档案馆、吉林省社会科学院：《伪满傀儡政权》，中华书局 1994 年版。

朱立元：《美学大辞典》，上海辞书出版社 2014 年版。

[古希腊] 亚里士多德：《诗学》，陈中梅译注，商务印书馆 1996 年版。

[苏] B.阿瓦林：《帝国主义在满洲》，北京对外经贸学院俄语教研室译，商务印书馆 1980 年版。

[美] 鲁道夫·阿恩海姆：《艺术与视知觉》，滕守尧、朱疆源译，中国社会科学出版社 1984 年版。

[美] 鲁道夫·阿恩海姆：《中心的力量——视觉艺术构图研究》，张维波、周彦译，四川美术出版社 1991 年版。

[美] 鲁道夫·阿恩海姆：《建筑形式的视觉动力》，宁海林译，牛宏宝校，中国建筑工业出版社 2006 年版。

[英] 马尔科姆·安德鲁斯：《风景与西方艺术》，张翔译，上海人民出版社 2014 年版。

[德] 阿莱达·阿斯曼：《记忆中的历史：从个人经历到公共演示》，袁斯乔译，南京大学出版社 2017 年版。

[美] 丹尼尔·贝尔：《资本主义文化矛盾》，赵一凡、蒲隆、任晓晋译，生活·读书·新知三联书店 1989 年版。

[法] 皮埃尔·布迪厄、[美] 华康德：《实践与反思——反思社会学导引》，李猛、李康译，中央编译出版社 1998 年版。

[法] 皮埃尔·布尔迪厄：《言语意味着什么：语言交换的经济》，褚思真、刘晖译，商务印书馆 2005 年版。

[法] 罗兰·巴特：《罗兰·巴特随笔选》，怀宇译，百花文艺出版社 2005 年版。

[德] 瓦尔特·本雅明：《巴黎，19 世纪的首都》，刘北成译，上海人民出版社 2006 年版。

[德] 瓦尔特·本雅明：《发达资本主义时代的抒情诗人》，张旭东、魏文生译，生

活·读书·新知三联书店 2007 年版。

　　［美］阿诺德·伯林特：《环境美学》，张敏、周雨译，湖南科学技术出版社 2006 年版。

　　［美］阿诺德·伯林特：《生活在景观中——走向一种环境美学》，陈盼译，湖南科学技术出版社 2006 年版。

　　［美］阿诺德·伯林特：《环境与艺术：环境美学的多维视角》，刘悦笛等译，重庆出版社 2007 年版。

　　［英］阿兰·R.H. 贝克：《地理学与历史学：跨越楚河汉界》，阚维民译，商务印书馆 2008 年版。

　　［美］史蒂文·C. 布拉萨：《景观美学》，彭锋译，北京大学出版社 2008 年版。

　　［英］帕特里克·贝尔特、［葡］菲利佩·卡雷拉·达·席尔瓦：《二十世纪以来的社会理论》，瞿铁鹏译，商务印书馆 2014 年版。

　　［美］马泰·卡林内斯库：《现代性的五副面孔》，顾爱彬、李瑞华译，译林出版社 2015 年版。

　　［美］卡罗尔·邓肯：《文明化的仪式：公共美术馆之内》，王雅各译，（香港）远流出版公司 1998 年版。

　　［法］路易·多洛：《国际文化关系》，孙恒译，上海人民出版社 1987 年版。

　　［苏］莫·依·尔集亚宁：《俄罗斯建筑史》，陈志华译，建筑工程出版社 1955 年版。

　　［美］约翰·杜威：《艺术即经验》，高建平译，商务印书馆 2010 年版。

　　［法］米歇尔·福柯：《规训与惩罚》，刘北城、杨远婴译，生活·读书·新知三联书店 2017 年版。

　　［德］歌德：《自然的单纯模仿·作风·风格——文学风格论》，王元化译，上海译文出版社 1982 年版。

　　［日］古市雅子：《"满映"电影研究》，九州出版社 2010 年版。

　　［日］关野贞：《日本建筑史精要》，路秉杰译，同济大学出版社 2012 年版。

　　［德］黑格尔：《美学》（第一卷），朱光潜译，商务印书馆 1996 年版。

　　［美］托伯特·哈姆林：《建筑形式美的原则》，邹德侬译，中国建筑工业出版社 1982 年版。

　　［英］埃比尼泽·霍华德：《明日的田园城市》，金经元译，商务印书馆 2000 年版。

　　［美］琳达·霍茨舒：《设计色彩导论》，李慧娟译，上海人民美术出版社 2006 年版。

　　［荷］约翰·胡伊青加：《人：游戏者》，成穷译，贵州人民出版社 2007 年版。

［美］大卫·哈维：《巴黎城记：现代性之都的诞生》，黄煜文译，广西师范大学出版社 2010 年版。

［法］雨果：《巴黎圣母院》，管震湖译，上海译文出版社 2011 年版。

［英］艾瑞克·霍布斯鲍姆：《资本的年代》，张晓华等译，中信出版社 2017 年版。

［英］彼得·霍尔：《明日之城：1880 年以来城市规划与设计的思想史》，童明译，同济大学出版社 2017 年版。

［澳］简·M. 雅各布斯：《帝国的边缘：后殖民主义与城市》，何文郁译，江苏凤凰教育出版社 2016 年版。

［德］康德：《判断力批判》（上卷），宗白华译，商务印书馆 2019 年版。

［德］康德：《纯粹理性批判》，邓晓芒译，人民出版社 2004 年版。

［俄］瓦西里·康定斯基：《论艺术的精神》，查立译，中国社会科学出版社 1987 年版。

［加］艾伦·卡尔松：《自然与景观》，陈李波译，湖南科学技术出版社 2006 年版。

［加］艾伦·卡尔松：《环境美学——自然、艺术与建筑的鉴赏》，杨平译，四川人民出版社 2006 年版。

［加］艾伦·卡尔松：《从自然到人文——艾伦·卡尔松环境美学文选》，薛富兴译，广西师范大学出版社 2012 年版。

［法］勒·柯布西耶：《明日之城市》，李浩译，方晓灵校，中国建筑工业出版社 2009 年版。

［苏］鲍里斯·罗曼诺夫：《俄国在满洲（1892—1960 年）》，陶文钊等译，商务印书馆 1980 年版。

［美］M. 李普曼：《当代美学》，邓鹏译，光明日报出版社 1986 年版。

［美］凯文·林奇：《城市的印象》，项秉仁译，中国建筑工业出版社 1990 年版。

［美］凯文·林奇：《城市意象》，方益萍、何晓军译，华夏出版社 2001 年版。

［美］凯文·林奇：《城市形态》，林庆怡、陈朝晖、邓华译，华夏出版社 2001 年版。

［美］弗兰克·劳埃德·赖特：《建筑之梦》，于潼译，山东画报出版社 2011 年版。

［美］布莱恩·拉金：《信号与噪音》，陈静静译，商务印书馆 2014 年版。

［美］李欧梵：《上海摩登：一种新都市文化在中国（1930—1945）》，毛尖译，北京大学出版社 2001 年版。

［美］刘易斯·芒福德：《城市发展史——起源、演变和前景》，宋俊岭、倪文彦译，中国建筑工业出版社 2005 年版。

［美］刘易斯·芒福德：《城市文化》，宋俊岭、李翔宁、周鸣浩译，郑时龄校，中

国建筑工业出版社 2009 年版。

［美］W. J. T. 米切尔：《风景与权力》，杨丽、万信琼译，译林出版社 2014 年版。

［日］迷泽贵纪：《日本名城解剖书》，史诗译，南海出版公司 2016 年版。

［美］柯林·罗：《拼贴城市》，童明译，李德华校，中国建筑工业出版社 2003 年版。

［美］乔治·桑塔耶纳：《美感》，缪灵珠译，中国社会科学院出版社 1982 年版。

［德］格奥尔格·齐美尔：《桥与门——齐美尔随笔集》，涯鸿、宇声等译，生活·读书·新知三联书店 1991 年版。

［美］施坚雅：《中华帝国晚期的城市》，叶光庭等译，中华书局 2000 年版。

［芬］约·瑟帕玛：《环境之美》，武小西、张宜译，湖南科学技术出版社 2006 年版。

［美］洛伊丝·斯文诺芙：《城市色彩：一个国际化视角》，屠苏南、黄勇忠译，中国水利水电出版社、知识产权出版社 2007 年版。

［英］西蒙·沙玛：《风景与记忆》，胡淑陈、冯樨译，译林出版社 2013 年版。

［日］森郁夫：《瓦》，太文慧、高在学译，上海交通大学出版社 2015 年版。

［美］迈耶·夏皮罗：《艺术的理论与哲学：风格、艺术家和社会》，沈语冰、王玉冬译，江苏凤凰美术出版社 2016 年版。

［法］伊波利特·丹纳：《艺术哲学》，傅雷译，人民文学出版社 1996 年版。

［日］藤森照信：《日本近代建筑》，黄俊铭译，山东人民出版社 2010 年版。

［美］马文·特拉亨伯格、伊莎贝尔·海曼：《西方建筑史——从远古到后现代》，王贵祥、青锋、周玉鹏等译，机械工业出版社 2011 年版。

［瑞］H. 沃尔夫林：《艺术风格学：美术史的基本概念》，潘耀昌译，中国人民大学出版社 2003 年版。

［日］越泽明：《伪满洲国首都规划》，欧硕译，社会科学文献出版社 2011 年版。

二、期刊文章

长春市文物管理委员会编：《长春文物》（内部资料）1996 年第 8 期。

陈烨：《城市景观的语境及研究溯源》，《中国园林》2009 年第 8 期。

陈波：《日本明治时代的中国本部概念》，《学术月刊》2016 年第 7 期。

但丁：《关于"电影脚本"》，《满洲映画》1938 年第 5 期。

谷风、徐博：《试论中东铁路历史的分期问题》，《北方文物》2011 年第 3 期。

胡小松、王玉梅：《长春老商业街——商埠地大马路》，《兰台内外》2006 年第 1 期。

黄昕珮：《论"景观"的本质——从概念分裂到内涵统一》，《景观园林》2009年第4期。

姜东平：《消失的"长春孝子坟"》，《文史精华》2001年第3期。

姜玢：《凝视现代性：三十四年代上海电影文化与好莱坞因素》，《史林》2002年第3期。

《皆大欢喜》，《电影画报》1942年第11期。

李德英：《公园里的社会冲突——以近代成都城市公园为例》，《史林》2003年第1期。

李秀金、李文莉：《几经变故的中东铁路名称》，《中国地名》2010年第8期。

梁志忠：《长春养正书院》，《社会科学战线》1985年第4期。

林音：《满洲七大导演总批判之"周晓波论"》，《电影画报》1943年第3期。

柳叶：《电影在新京》，《满洲映画》1938年第8期。

毛曦：《城市史学与中国古代城市研究》，《天津师范大学学报（社会科学版）》2004年第5期。

潘力：《间——日本艺术中独特的时空观——访日本当代建筑大师矶崎新》，《美术观察》2009年第1期。

施立学：《柳条边伊通边门》，《满族研究》2006年第1期。

寿白、李晓光、杜建军：《长春的老商业街》，《兰台内外》2004年第3期。

宋凤娣：《青色与中国传统民族审美心理》，《山东大学学报（哲学社会科学版）》2001年第1期。

孙华：《李金镛与养正书院》，《兰台内外》2004年第5期。

孙建伟：《黑龙江电影史话》，《黑龙江史志》2006年第2期。

王孙公子：《日系映画馆的印象随想》，《满洲映画》1939年第7期。

王确：《文学的审美属性——以卡夫卡的〈变形记〉为例》，《东北师大学报（哲学社会科学版）》2006年第4期。

王确：《茶馆、劝业会和公园——中国近现代生活美学之一》，《文艺争鸣》2010年第13期。

王确：《中国美学转型与生活美学新范式》，《哲学动态》2013年第1期。

王确：《汉字的力量——作为学科命名的"美学"概念的跨际旅行》，《文学评论》2020年第4期。

王葆华：《宗教建筑的隐性美学》，《艺术评论》2010年第12期。

吴琼：《他者的凝视——拉康的"凝视"理论》，《文艺研究》2010年第4期。

吴琼：《电影院：一种拉康式的阅读》，《中国人民大学学报》2011 年第 6 期。

萧默：《从中西比较见中国古代建筑的艺术性格》，《新建筑》1984 年第 1 期。

杨洪友：《宽城子起源及长春厅衙署移建考论》，《东北史地》2014 年第 4 期。

余以平：《城市景观的特性及塑造》，《中国园林》2000 年第 4 期。

张未民：《东北论——中国时空感知下的东北》（上），《东北史地》2004 年第 4 期。

赵世瑜：《中国传统庙会中的狂欢精神》，《中国社会科学》1996 年第 1 期。

朱国华：《语言交换的经济与符号权力：图绘布迪厄语言理论》，《徐州工程学院学报（社会科学版）》2015 年第 6 期。

左南、李哲、陈强：《长春文庙恢复设计》，《中国园林》2007 年第 6 期。

［澳］托尼·本尼特：《作为展示体系的博物馆》，薛军伟译，《马克思主义美学研究》2012 年第 1 期。

［日］村松伸：《东亚建筑世界二百年》，包慕萍译，《建筑史》2003 年第 3 辑。

［荷］雷姆·库哈斯：《大》，姜珺译，《世界建筑》2003 年第 2 期。

［秘］阿尼巴尔·奎杰罗：《殖民性与现代性／理性》，何卫华译，《国外理论动态》2013 年第 11 期。

［瑞］西蒙·谢赫：《展览作为媒介》，黑亮译，《当代艺术与投资》2011 年第 10 期。

［俄］А.Г.伊萨钦科：《地理景观及其在地图上的表现》，丘宝剑译，《地理译报》1956 年第 2 期。

三、文集史料和论文

（清）长顺、讷钦修，李桂林、顾云纂：《吉林通志》，载凤凰出版社编：《中国地方志集成·省志辑·吉林》第 1 册，凤凰出版社 2009 年版。

（清）长顺、讷钦修，李桂林、顾云纂：《吉林通志》，载凤凰出版社编：《中国地方志集成·省志辑·吉林》第 2 册，凤凰出版社 2009 年版。

包慕萍：《殖民地时期的城市规划与技术人员的流动——呼和浩特、长春、大同的城市规划比较》，载张复合主编：《中国近代建筑研究与保护》第 6 卷，清华大学出版社 2008 年版。

《长春沿革史》，载长春地方史编纂委员会：《资料选译》第一辑，吉林省内部资料1989 年版。

陈苏柳：《长春市吉长道伊公署建筑考证及保护研究》，载张复合主编：《中国近代建筑研究与保护》第 3 卷，清华大学出版社 2004 年版。

陈学奎：《中东铁路长春宽城子火车站尘封往事》，载长春市政协文史资料委员会、民进长春市委员会编：《长春中东铁路记事》，2012 年版。

丁艳丽、吕海平：《中东铁路南支线附属地及其建筑特征（1898—1907）》，载张复合主编：《中国近代建筑研究与保护》第 8 卷，清华大学出版社 2012 年版。

爵青：《爵青作品集》，载刘晓丽主编：《伪满洲国文学资料整理与研究（作品选）》，北方文艺出版社 2017 年版。

李之吉：《远藤新与长春的"草原式住宅"》，载张复合主编：《中国近代建筑研究与保护》第 4 卷，清华大学出版社 2004 年版。

李之吉：《"满洲式"建筑解析》，载张复合主编：《中国近代建筑研究与保护》第 3 卷，清华大学出版社 2004 年版。

《民国长春县志》，载凤凰出版社编：《中国地方志集成·吉林府县志辑》，凤凰出版社 2006 年版。

莫畏、尚伶艳：《长春伪满皇宫建筑调查》，载张复合主编：《中国近代建筑研究与保护》第 5 卷，清华大学出版社 2006 年版。

莫畏、崔煜：《长春近代城市发展分期研究》，载张复合主编：《中国近代建筑研究与保护》第 7 卷，清华大学出版社 2010 年版。

山丁：《山丁作品集》，载刘晓丽主编：《伪满洲国文学资料整理与研究（作品选）》，北方文艺出版社 2017 年版。

司道光、王岩：《中东铁路站舍及附属地建筑中的中国影响》，载张复合主编：《中国近代建筑研究与保护》第 8 卷，清华大学出版社 2012 年版。

孙华：《旧长春的影剧院》，载房俐主编：《档案吉林——长春市卷》，吉林出版集团有限责任公司 2014 年版。

杨舒驿、王岩：《中东铁路历史建筑中砖的构筑形态初探》，载张复合主编：《中国近代建筑研究与保护》第 8 卷，清华大学出版社 2012 年版。

《御敌互相援助条约》，载王绳祖主编：《国际关系史资料选编（上）》第 1 分册，武汉大学出版社 1983 年版。

张复合：《长春历史文化研究与紫线划定》，载张复合主编：《中国近代建筑研究与保护》第 5 卷，清华大学出版社 2006 年版。

《政府公报（第 1142 号）1938 年 1 月 22 日》，载《伪满洲国政府公报全编》（第五十九册），线装书局 2009 年版。

［韩］安容纯：《北满巡旅记》，载崔三龙、许京镇：《满洲游记》，图书出版报告社 2010 年版。

［日］村松伸：《1500—2000 年亚洲建筑的构图》，载张复合主编：《中国近代建筑

研究与保护》第 1 卷，清华大学出版社 1999 年版。

［德］卡罗拉·海因：《从几个殖民地城市看日本城市的规划思想的演变》，载张复合主编：《中国近代建筑研究与保护》第 1 卷，清华大学出版社 1999 年版。

［日］季风：《浪漫诗人般的城市新京》，载［日］山田清三郎：《现地随笔》，满洲新闻社 1943 年版。

［韩］李泰俊：《满洲纪行》，载［韩］崔三龙、许京镇：《满洲游记》，图书出版报告社 2010 年版。

［韩］全武吉：《满洲走看记》，载［韩］崔三龙、许京镇：《满洲游记》，图书出版报告社 2010 年版。

［日］滕森照信：《外廊样式——中国近代建筑的原点》，载汪坦主编：《第三次中国近代建筑史研究讨论会论文集》，中国建筑工业出版社 1991 年版。

［日］西泽泰彦：《旧南满洲铁道株式会社的住宅政策》，载张复合主编：《中国近代建筑研究与保护》第 2 卷，清华大学出版社 2001 年版。

［日］西泽泰彦：《南满洲铁路附属地所施行的建筑规则之特征》，载张复合主编：《中国近代建筑研究与保护》第 8 卷，清华大学出版社 2012 年版。

［韩］咸大勋：《南北满洲遍踏记》，载［韩］崔三龙、许京镇：《满洲游记》，图书出版报告社 2010 年版。

［日］伊原幸之助：《长春发展志》，载长春市地方史志编纂委员会：《资料选译》第一辑，吉林省内部资料准印证第 8762 号，1989 年版。

四、报纸文章

《长春开埠办法》，《盛京时报》1906 年 12 月 19 日。

《长吉开埠》，《盛京时报》1907 年 1 月 15 日。

《长春营建商埠之计划》，《盛京时报》1909 年 6 月 4 日。

《长春户口之增加》，《盛京时报》1914 年 11 月 18 日。

《车站收买民地之细情》，《盛京时报》1907 年 5 月 19 日。

《从昔日的城隍庙祭祀看老长春民俗》，《长春晚报》2017 年 5 月 8 日。

《大东亚建设博览会——辉煌肃穆今日展开》，《盛京时报》1942 年 8 月 13 日。

《当道如何维持市面》，《盛京时报》1908 年 5 月 10 日。

《繁盛汇闻》，《盛京时报》1907 年 4 月 28 日。

《皇帝陛下日本临幸大东亚建设博览会》，《盛京时报》1942 年 9 月 23 日。

《吉长开埠工程师订定》，《盛京时报》1909 年 12 月 12 日。

《宽城子俱乐部开幕》，《盛京时报》1927 年 12 月 22 日。

《雷火烧着魁星楼》，《盛京时报》1917 年 7 月 15 日。

刘汉生口述实录：《伪满时期长春的电影院》，《长春日报》2011 年 11 月 28 日。

《楼阁纵横表现共荣气象，大东亚博览会一片辉煌》，《盛京时报》1942 年 8 月 15 日。

《马路确实开工》，《盛京时报》1909 年 7 月 28 日。

《满洲铁路交通》，《盛京时报》1906 年 10 月 26 日。

《孟家屯铁路起色》，《盛京时报》1906 年 11 月 8 日。

《谋宸居之安适，改建宫廷内苑》，《盛京时报》1935 年 7 月 10 日。

《日俄车站问题了结》，《盛京时报》1906 年 11 月 29 日。

《日籍"长春城市规划顾问"越泽明眼中的长春——春城正向国际文化大都市迈进》，《长春日报》2016 年 12 月 19 日。

《太守改修路线》，《盛京时报》1906 年 10 月 31 日。

《添废车站问题》，《盛京时报》1907 年 10 月 29 日。

《戏园将开（长春)》，《盛京时报》1909 年 3 月 3 日。

《新民大街等六街区成历史文化街区》，《长春晚报》2010 年 4 月 13 日。

《引伊通河水以供火车之用》，《盛京时报》1907 年 6 月 7 日。

《营造宫廷应用砖瓦预定下月竣工》，《盛京时报》1938 年 3 月 10 日。

俞孔坚：《也谈景观》，《财经时报》2004 年 1 月 10 日。

五、外文

[日] 春山行夫：《满洲风物志》，生活社刊 1940 年版。

[日] 丰田要三：《满洲工业事情》，"满洲事情咨询所" 1939 年版。

[日] 福富八郎：《满铁侧面史》，"满铁社员会" 1937 年版。

[日] 贵志俊彦：《满洲国のビジエアル・メデイア》，吉川弘文馆 2010 年版。

[日] 鹤见佑辅：《后藤新平传——满洲经营篇·上》，太平洋协会出版部 1943 年版。

[日] 鹤见佑辅：《后藤新平传——满洲经营篇·下》，太平洋协会出版部 1943 年版。

[日] 后藤新平：《日本殖民政策一斑》，日本评论社 1944 年版。

[日]《后藤新平殁八十周年纪念事业实行委员会 . 都市デザイン》，藤原书店 2010 年版。

[日] 驹井德三：《大满洲国建设录》，中央公论社 1933 年版。

建筑学会"新京"支部编：《满洲建筑概论》，"满洲事情咨询所" 1940 年版。

"满铁经济调查会"：《新京都市计划说明书》，1932 年版。

"满洲国政府国务院国都建设局总务处"：《国都大新京》，1933 年版。

"满洲国通讯社"：《满洲国现势》，1933 年版。

"满洲国通讯社"：《满洲国现势》，1935 年版。

"满洲国通讯社"：《满洲国现势》，1937 年版。

"满洲国通讯社"：《满洲国现势》，1938 年版。

"满洲国通讯社"：《满洲国现势》，1939 年版。

"满洲国通讯社"：《满洲国现势》，1941 年版。

"满洲国通讯社"：《满洲国现势》，1942 年版。

"满洲国通讯社"：《满洲国现势》，1943 年版。

《满蒙年鉴》，"满洲文化协会"，1922 年版。

《满洲年鉴》，"满洲文化协会"，1933 年版。

《满洲年鉴》，"满洲文化协会"，1936 年版。

《满洲年鉴》，"满洲文化协会"，1937 年版。

《满洲年鉴》，"满洲日日新闻社"，1944 年版。

《满洲年鉴》，"满洲文化协会"，1945 年版。

"满洲建国十周年纪念——大东亚建设大博览会事务局"：《满洲建国十周年纪念——大东亚建设大博览会》，1943 年版。

"南满洲铁道株式会社"：《南满洲铁道株式会社十年史》，1919 年版。

"南满洲铁道株式会社经济调查会"：《新京都市建设方策》立案调查书类第二〇编第二卷，1935 年版。

［日］泉廉治：《长春事情》，1912 年版。

［日］鑪田研一：《新京——满洲建国记（3）》，东京新潮社 1943 年版。

［日］桥谷弘：《帝国日本と殖民地都市》，吉川弘文館 2004 年版。

［日］石井达郎：《满洲建筑概说》，"满洲事情案内所" 1940 年版。

［日］五十殿利治：《帝国と美术——一九三零年代日本の对外美术战略》，株式会社国书刊行会 2010 年版。

"新京特别市"长官房庶务科编撰：《国都新京》，"新京特别市"公署 1942 年版。

"新京特别市"长官房庶务科编撰：《国都新京》，"满洲事情案内所" 1940 年版。

［日］小林龙夫、岛田俊彦：《满洲事变（现代史资料 7）》，みすず书房 1985 年版。

［日］小林龙夫、岛田俊彦：《满洲事变（现代史资料 11）》，みすず书房 1985 年版。

［日］西泽泰彦：《日本殖民地建筑论》，名古屋大学出版会 2008 年版。

［日］西泽泰彦：《日本の殖民地建筑》，河出书房 2009 年版。

［日］西泽泰彦：《图说"满洲"都市物语：ハルビン・大连・沈阳・长春》，河出书房 2006 年版。

［日］西泽泰彦：《海を渡つた日本人建筑家：20 世纪中国东北地方における建筑活动》，彰国社 1996 年版。

［日］筱原修：《新体系土木工程学——土木景观规划》，东京都技报堂 1999 年版。

［日］伊豆井敬治：《满铁附属地经营沿革全史（下卷）》，"南满洲铁道株式会社" 1939 年版。

［日］永见闻太郎：《新京案内》，"新京案内社" 1939 年版。

［日］越泽明：《满州国の首都计画》，筑摩书房 2002 年版。

［日］中岛直人：《都市美运动：シヴィックアートの都市计画史》，东京大学出版会 2009 年版。

［日］岸田日出刀：《纳粹德意志建筑的一体化》，《建筑杂志》1937 年第 3 期。

《本协の发展を回顾する座谈会》，《满洲建筑杂志》1940 年第 12 期。

［日］草野美雄：《国都建设への序曲》，《满洲建筑协会杂志》1932 年第 7 期。

《大东亚建设博览会建筑》，《满洲建筑杂志》1942 年第 11 期。

《第 8 厅舍（交通部）新筑工事概要》，《满洲建筑杂志》1938 年第 2 期。

《第 10 厅舍（经济部）新营工事完成す》，《满洲建筑杂志》1939 年第 11 期。

《对满洲国首都建设相关都市计划及建筑计划的意见募集》，《满洲建筑协会杂志》1932 年第 5 期。

［日］高原富次郎：《启民电影和观客》，《电影画报》1941 年第 11 期。

［日］冈大路：《满洲国新首都建设に关する都市计划并建筑计划に对する意见》，《满洲建筑协会杂志》1932 年第 6 期。

《关东军司令部厅舍新筑工事概要》，《满洲建筑杂志》1934 年第 10 期。

《国都大新京の全貌》，《满洲建筑杂志》1934 年第 3 期。

《国务院厅舍新筑工事概要》，《满洲建筑杂志》1937 年第 1 期。

［日］近藤伊與吉：《满洲映画生い立ち記》，《藝文》1942 年第 8 期。

［日］泷川政次郎：《新京》，《满洲行政》1939 年第 4 期。

《满洲国第一厅舍新筑工事概要》，《满洲建筑协会杂志》1933 年第 11 期。

《满洲国第二厅舍新筑工事概要》，《满洲建筑协会杂志》1933 年第 11 期。

"满洲国政府国都建设局"：《国都大新京建设の全貌》，《满洲建筑杂志》1934 年第 3 期。

《满洲中央银行总行本建筑を语る座谈会》，《满洲建筑杂志》1938 年第 11 期。

《满洲建筑座谈会——岸田·坂仓两氏を圍みて》，《满洲建筑杂志》1939年第11期。

"满映"总务部宣传课：《满洲映画协会现况》，《宣抚月报》1939年第7期。

[日] 牧野正巳：《满洲国法衙厅舍设计要项》，《满洲建筑杂志》1938年第6期。

[日] 牧野正巳：《建国拾年と建筑文化》，《满洲建筑杂志》1942年第10期。

[日] 山边钢：《新京に就いて》，《满洲建筑协会杂志》1932年第6期。

《商工纪闻》，《奉天省城总商会月刊》1925年第9期。

[日] 矢追又三郎：《建国神庙·建国忠灵庙》，《满洲建筑杂志》1943年第1期。

[日] 石井达郎：《国务院を建てる顷》，《满洲建筑杂志》1942年第10期。

[日] 松室重光：《国土の创造と建筑》，《满洲建筑协会杂志》1933年第9期。

[日] 汤本三郎：《新国都の建设》，《满洲建筑协会杂志》1932年第6期。

[日]小野木孝治：《满洲国首都建设に就いて》，《满洲建筑协会杂志》1932年第6期。

[日] 相贺兼介：《建国前後の思出》，《满洲建筑杂志》1942年第10期。

《新国都の建设》，《满洲建筑协会杂志》1932年第12期。

[日] 伊东忠泰：《新德意志文化与日本》，《建筑杂志》1939年第2期。

[日] 中泽：《新国都计划に对する所见》，《满洲建筑协会杂志》1932年第6期。

[日] 中村孝爱：《东支铁道建筑沿革史》，《满洲建筑杂志》1936年第4期。

[日] 佐藤武夫：《满洲国の建筑に寄す》，《满洲建筑杂志》1942年第11期。

Azaryahu M. and Golan A., （Re）naming the Landscape：The Formation of the Hebrew Map of Israel 1949—1960, *Journal of Historical Geography*, Vol.27, No.2（2001）.

Baker, Alan R.H, Biger, Gideon, Dennis, Richard, *Ideology and Landscape in Historical Perspective*, Cambridge University Press, 1992.

D.W. Meinig, The Beholding Eye：Ten Versions of the Same Scene, *Landscape Architecture*, No.1（1976）.

Daniel R.Headrick, *The Tools of Empire：Technology and European Imperialism in the Nineteenth Century*, Oxford University Press, USA, 1981.

David L. Gold, "English Nouns and Verbs Ending in—scape", *Revista Alicantina de Estudios Ingleses*, No.15（2002）.

Denis E. Cosgrove, *Social Formation and Symbolic Landscape*, Croom Helm London and Sydney, 1984.

Elizabeth T. Hayes, The Named and the Nameless：Morrison's 124 and Naylor's "the Other Place" as Semiotic Chorae, *African American Review*, Vol.38, No.4（2004）.

F. L.Wright，*The Disappearing City*，New York，1932.

George.R.Collins & C.C.Collins，*Camllo Sitte—The Birth of Modern City Planning*，Rizzoli International Publications，1986.

John Brinckerhoff Jackson，*Discovering the Vernacular Landscape*，New Haven and London：Yale University Press，1984.

John Michael Hunter，*Land into landscape*，G. Godwin，1985.

Maurice Merleau-Ponty，*Cezanne's Doubt*，*In Sense and Non—Sense*，trans.by Hubert L. Dreyfus & Patricia Allen Dreyfus，Northwestern University Press，1964.

六、档案

《长春府为长春开设商埠及对日交涉等事宜给吉林将军的禀文》，吉林省档案馆藏。

《道光五年五月初七日吉林将军富俊倭楞泰为请借支养廉银移建衙署易资弹压事由奏折》，中国第一历史档案馆藏，档案号 03-3627-006。

《中东铁路公司章程（光绪二十二年十二月四日）》，载黑龙江省档案馆编：《中东铁路（一）》，1986 年版。

七、电子资料

陈喜文等回忆录：《长春关帝庙——昔日庙宇群》，2013 年 12 月 5 日，http://www.360doc.com/content/13/1205/12/8290478_334649986.shtml。

《国务院批转建设部关于审定第二批国家重点风景名胜区报告的通知》，1988 年 8 月 1 日，http：//www.tengzhou.gov.cn/ly/lyfg/t20040630_1050.htm。

《养正书院》，2012 年 11 月 10 日，http://www.360doc.com/content/12/1110/22/1302411_247110219.shtml。

八、学位论文

刘月：《中西建筑美学比较研究》，博士学位论文，复旦大学文艺学，2004 年。

刘威：《长春近代城市建筑文化研究》，博士学位论文，吉林大学中国近现代史，2012 年。

徐苏斌：《比较、交往、启示——中日近现代建筑史之研究》，博士学位论文，天津大学建筑设计及其理论，1991 年。

后 记

搁笔之际，蓦然回首，发现自己走完了一个苦乐相伴的过程——这其中有阅读和研究带来的快乐、结出成果的开心，也有求索之中遇到阻滞的苦闷和焦虑，甚至还有灰心丧气的退缩。

对于这一论题的研究兴趣，不仅仅出于对"城市美学"这一学术领域的偏好，还源于我对这座城市的情感。自13岁来到长春求学始，我就一直生活在这座城市中。耳濡目染城市中的街区、建筑和风土人情，为今天的研究积累了一些经验的根基，而这些当初未曾深刻体察到的城市记忆和经验，在近年来精耕细作的研究中逐渐明晰。这样的研究过程不仅开阔了我的学术视野，而且这一成果也内化为自身的一笔丰厚的学术财富。

需要特意说明的是，在我的正文论述中，伪满洲国四个字按《人民日报》2021年6月29日第6版刊登的《中国共产党一百年大事记（1921年7月—2021年6月）之二》的权威用法，不加引号。

感谢王确先生。能师从先生学习，是我莫大的荣幸。先生诲人不倦、言传身教的精神，更是我在学术研究中不断前行的力量。这种精神和力量永远都是照亮我前行道路上的明灯。感谢先生在我研究过程中遇到种种问题，特别是当研究进入瓶颈之时的点拨和指导，使我有豁然开朗之感，终能攻坚克难。感谢先生在书稿完成之际，抽出宝贵时间为之作序。

感谢吉林大学文学院的刘中树先生，工人日报社的孙德宏先生，北京大学艺术学院的李洋先生，鲁迅美术学院的及云辉先生，长春理工大学文学院的杨燕翎女士，东北师范大学的王春雨先生、苏奎先生、刘研女士、殷晓峰先生对本书提出的宝贵意见和建议，他们深刻的见解给我的写作提供了巨大的启迪。

感谢赵强师兄、董赤师兄、赵禹冰师姐、吴洋洋师姐、徐科锐师姐、徐杨师姐所给予我的帮助和支持，让我体味到同门之情的温暖，我将永远铭记在心。感谢东北师范大学外国语学院金万峰先生、长春工业大学外语学院林进老师以及好友吴琼女士在文献收集和整理上所给予我的巨大帮助。

感谢我的长姐邸晓军和姐夫张澍军，在学习、生活以及事业上对我巨细无遗的关心和照顾。感谢我的妻子姜红梅，毫无怨言地给予我极大的支持，使我得以安心、顺利地完成本书的写作。

谨以此书献给远在天堂的母亲。

邸小松

2022 年 10 月

责任编辑：姜　虹

图书在版编目（CIP）数据

长春城市景观的历史构造与美学阐释：1800—1945 / 邸小松　著 . —北京：
　人民出版社，2024.6
ISBN 978 - 7 - 01 - 025464 - 7

I.①长…　II.①邸…　III.①城市景观 – 城市规划 – 研究 – 长春 – 近代
　IV.①TU – 856

中国国家版本馆 CIP 数据核字（2023）第 033106 号

长春城市景观的历史构造与美学阐释（1800—1945）
CHANGCHUN CHENGSHI JINGGUAN DE LISHI GOUZAO YU MEIXUE CHANSHI (1800–1945)

邸小松　著

人 民 出 版 社 出版发行
（100706　北京市东城区隆福寺街 99 号）

北京建宏印刷有限公司印刷　新华书店经销

2024 年 6 月第 1 版　2024 年 6 月北京第 1 次印刷
开本：710 毫米 × 1000 毫米 1/16　印张：23.25
字数：308 千字

ISBN 978 - 7 - 01 - 025464 - 7　定价：98.00 元

邮购地址 100706　北京市东城区隆福寺街 99 号
人民东方图书销售中心　电话（010）65250042　65289539